国家自然科学基金青年科学基金项目（61601185）资助
江西省科技创新杰出青年人才培养计划（20192BCBL23003）资助

基于积分方程的
电磁散射模型及高效数值解法

刘志伟　张月园　著

中国矿业大学出版社
· 徐州 ·

内 容 提 要

本书基于积分方程模型的矩量法展开论述,详细讨论了金属、介质目标电磁散射建模的方程、算法及实现。主要内容包括四部分:第一部分详细阐述了电磁散射的理论基础及物理机理,重点解决如何描述入射波、电流和散射三者之间的相互转化关系;第二部分详细阐述了计算电磁散射的解析模型、数值模型和近似模型;第三部分详细阐述了多层快速多极子、多层矩阵压缩等加速算法;第四部分介绍了介质目标的几何建模,即如何用计算机表示复杂目标结构,以及在计算电磁散射时如何与几何结构相关联。

本书适合电子、通信、信息、计算机及相关领域的从业者与研究人员阅读,也可作为高校研究生教材使用。

图书在版编目(C I P)数据

基于积分方程的电磁散射模型及高效数值解法 / 刘志伟,张月园著.—徐州:中国矿业大学出版社,2023.8

ISBN 978 - 7 - 5646 - 5941 - 7

Ⅰ.①基… Ⅱ.①刘…②张… Ⅲ.①电磁波散射—仿真—研究 Ⅳ.①O441.4

中国国家版本馆 CIP 数据核字(2023)第 172735 号

书　　名	基于积分方程的电磁散射模型及高效数值解法
著　　者	刘志伟　张月园
责任编辑	何晓明　耿东锋
出版发行	中国矿业大学出版社有限责任公司
	(江苏省徐州市解放南路　邮编 221008)
营销热线	(0516)83885370　83884103
出版服务	(0516)83995789　83884920
网　　址	http://www.cumtp.com　E-mail:cumtpvip@cumtp.com
印　　刷	苏州市古得堡数码印刷有限公司
开　　本	787 mm×1092 mm　1/16　印张 13　字数 255 千字
版次印次	2023 年 8 月第 1 版　2023 年 8 月第 1 次印刷
定　　价	58.00 元

(图书出现印装质量问题,本社负责调换)

前　言

随着电子、通信、雷达技术的蓬勃发展，精确高效地分析电大尺寸复杂目标的电磁散射特性成为迫切要求。自1873年麦克斯韦方程被提出以来，电磁建模经历三个发展阶段。第一阶段是解析法时代，始于19世纪末期，如Mie级数。解析法只能模拟简单规则形体，远不能满足科学和工程的需要。因此，很多近似方法被用来处理较为复杂的目标，这是电磁分析和计算的第二发展阶段。然而，近似方法应用范围有限，绝大多数情况下只能计算远区场，不能满足很多工程问题的需要。电磁特性计算的第三个发展阶段是数值方法时代，如基于微分方程的有限元法、时域有限差分方法，基于积分方程的矩量法等。由于基于积分方程的方法求解开域问题时不需要额外的边界处理，待求未知量相对微分方程方法较少，且计算精度高，因而采用矩量法求解积分方程来分析电大尺寸目标的电磁特性，是当前的研究热点。

本书围绕电磁散射计算的解析法、数值法、近似法展开论述，详细介绍了Mie级数、矩量法、多层快速多极子、物理光学法等基于积分方程的方法。首先，推导Mie级数计算无限长圆柱、球体的电磁散射解析解公式；其次，推导精确描述任意形体目标的电场积分方程、磁场积分方程、PMCHWT积分方程等，阐述矩量法求解积分方程的原理和公式，并给出程序设计框架以及结果分析；再次，推导在高频近似下描述任意形体目标的物理光学法公式，给出物理光学法中快速多重遮挡问题的解决思路，并给出计算结果分析；最后，给出三维任意目标的几何建模方法，重点阐述平面三角形网格的建模方法并给出程序设计框架。

我们近年来针对金属、介质目标的电磁建模问题开展了大量的研究工作，搭建了能够计算金属、介质目标的电磁仿真平台，包括混合场积分方程、PMCHWT方程、Stratton-Chu方程等，并融入了多层快速多极子、多层自适应交叉近似、子空间迭代求解器、预条件件技术等，计算复杂度为 O($N\log N$)，其中 N 为未知量个数，且可求解未知量超过8 000万。本书展示的内容均来自上述研究，并形成了完备的体系。在写作过程中，我们也参考和借鉴了国内外众多学者的相关理论和研究，在此表示由衷的感谢！

限于编者水平，书中难免存在疏漏之处，恳请专家与同行提出宝贵意见，以便及时修正。

著　者

2023年5月

目　录

第 1 章　预备知识

1.1　本书用到的常量及物理量

电磁场中用到的物理量及其符号见表 1-1。

表 1-1　电磁场中常用的物理量

物理量	符号	单位	说明
电荷	Q_e	C	质点所带的正电或负电
电荷密度	q_e	C/m^2, C/m^3	描述电荷分布的密度
磁荷	Q_m	Wb	类似于电荷
磁荷密度	q_m	Wb/m^2, Wb/m^3	描述磁荷分布的密度
电场强度	$\boldsymbol{E}$	V/m	表示电场的强弱和方向
磁场强度	$\boldsymbol{H}$	A/m	表示磁场的强弱和方向
电通量	$\boldsymbol{\Phi}_e$	V · m	表示电场分布情况
电通密度	$\boldsymbol{D}$	C/m^2	描述电场强弱和方向
磁通量	$\boldsymbol{\Phi}_m$	Wb	表示磁场分布情况
磁通密度	$\boldsymbol{B}$	T	描述磁场强弱和方向
电流	$\boldsymbol{I}_e$	A	指电荷在导体中的定向移动
电流密度	$\boldsymbol{J}_e$	A/m^2	描述电路中某点电流强弱和流动方向
磁流	$\boldsymbol{I}_m$	V	指磁荷的定向移动
磁流密度	$\boldsymbol{J}_m$	V/m^2	描述某点磁流强弱和流动方向
介电常数	ε	F/m	表征电介质或绝缘材料电性能
磁导率	μ	H/m	在磁场中导通磁力线的能力
电导率	σ	S/m	表征物质传输电流的能力

在本书中，定义圆周率 $\pi=3.141\ 592\ 653\ 589\ 793$。在自由空间（真空）中，介电常数 $\varepsilon_0=8.854\ 187\ 817\times10^{-12}$，磁导率 $\mu_0=4\pi\times10^{-7}$。

1.2　坐标系

在计算电磁学中，为了计算方便，不同的问题常常要用不同的坐标系。对于二维问题，常用平面直角坐标系和极坐标系；对于三维问题，常用的坐标系有空间直角坐标系、圆柱坐标系和球坐标系。二维坐标系的介绍，读者可以查阅高中教材或相关资料，这里不再赘述。下面简单介绍一下三维坐标系的定义。

（1）直角坐标系

空间任意选定一点 O，过点 O 作三条互相垂直的数轴 Ox、Oy、Oz，它们都以 O 为原点且具有相同的长度单位，如图 1-1 所示。这三条轴分别称作 x 轴（横轴）、y 轴（纵轴）、z 轴（竖轴），统称为坐标轴。它们的正方向符合右手规则，即以右手握住 z 轴，当右手的四个手指由 x 轴的正向以 90°转向 y 轴正向时，大拇指的指向就是 z 轴的正向。这样就构成了一个空间直角坐标系，定点 O 称为该坐标系的原点。

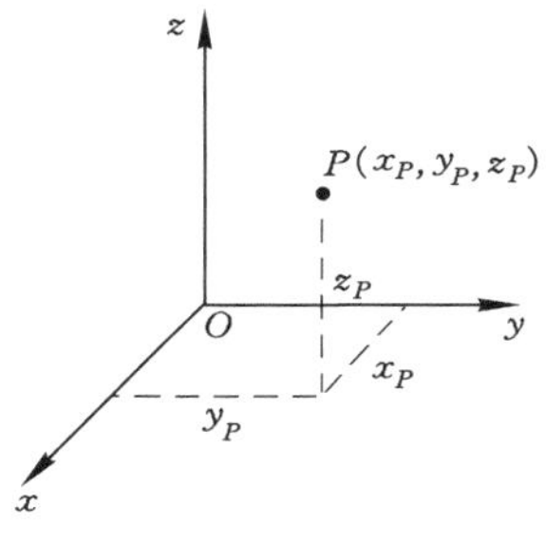

图 1-1　空间直角坐标系

（2）圆柱坐标系

圆柱坐标系是一种三维坐标系统，它是二维极坐标系往 z 轴的延伸。设空间任意一点 P，添加的第三个坐标专门用来表示 P 点离 xy 平面的高低，其径向距离、方位角、高度分别标记为 ρ、φ 和 z，如图 1-2 所示。

ρ_P 是 P 点与 z 轴的垂直距离（相当于二维极坐标中的半径 r），φ_P 是线 OP 在 xy 平面的投影线与 x 轴正向之间的夹角（相当于二维极坐标中的 θ），z_P 与直角坐标的 z 等值，即 P 点距 xy 平面的距离。圆柱坐标转换为空间直角坐标的公式为：

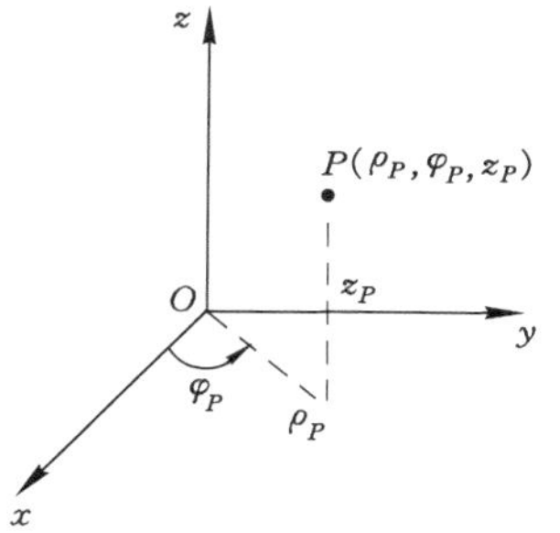

图 1-2 圆柱坐标系

$$\begin{cases} x = \rho\cos\varphi \\ y = \rho\sin\varphi \\ z = z \end{cases} \tag{1-1}$$

空间直角坐标转换为圆柱坐标的公式为：

$$\begin{cases} \rho = \sqrt{x^2 + y^2} \\ \varphi = \arctan\left(\dfrac{y}{x}\right) \\ z = z \end{cases} \tag{1-2}$$

(3) 球坐标系

球坐标系是三维坐标系的一种，用以确定三维空间中点、线、面以及体的位置，它以坐标原点为参考点，由距离 r、俯仰角 θ 和方位角 φ 构成，如图 1-3 所示。

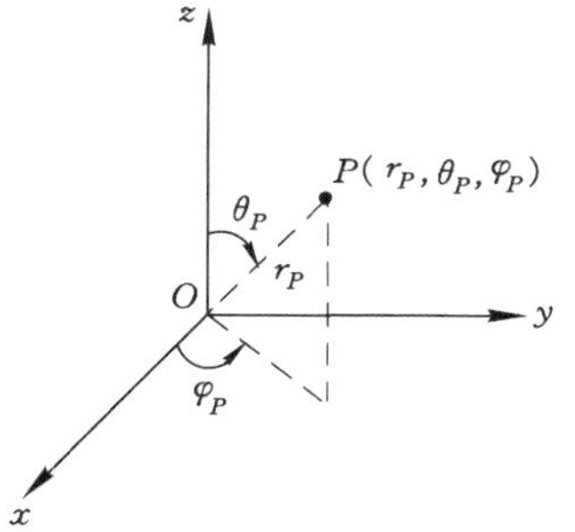

图 1-3 球坐标系

设空间任意一点 P，其球坐标为(r_P,θ_P,φ_P)，其中距离 r_P 表示点 P 到坐标原点的距离，俯仰角 θ_P 是线段 OP 与 z 轴正方向的夹角，方位角 φ_P 是通过 z 轴

和点 P 的半平面与坐标面所构成的角。球坐标转换为空间直角坐标的公式为：

$$\begin{cases} x = r\sin\theta\cos\varphi \\ y = r\sin\theta\sin\varphi \\ z = r\cos\theta \end{cases} \tag{1-3}$$

空间直角坐标转换为球坐标的公式为：

$$\begin{cases} r = \sqrt{x^2 + y^2 + z^2} \\ \theta = \arccos\left(\dfrac{z}{r}\right) \\ \varphi = \arccos\left(\dfrac{y}{x}\right) \end{cases} \tag{1-4}$$

（4）平行、垂直极化方向

在描述均匀平面电磁波时，常常需要描述均匀平面电磁波的极化，即电场方向。由于电场方向垂直于电磁波的传播方向，所以需要用两个单位正交矢量来构建局部坐标系，用来描述与电磁波传播方向垂直的平面。这两个单位正交矢量即平行极化方向和垂直极化方向，也可以用 H、V 或 $\hat{\boldsymbol{\theta}}$、$\hat{\boldsymbol{\varphi}}$ 来表示，如图 1-4 所示。

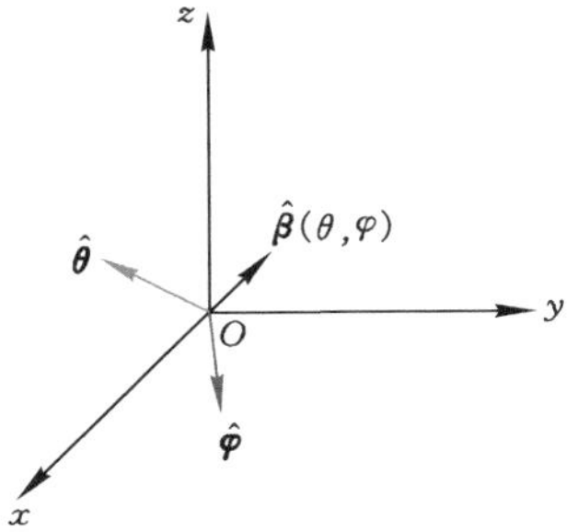

图 1-4　平行、垂直极化方向

图中，$\hat{\boldsymbol{\beta}}$ 为电磁波传播方向的单位矢量，表达式为：

$$\hat{\boldsymbol{\beta}} = \hat{\boldsymbol{a}}_x\sin\theta\cos\varphi + \hat{\boldsymbol{a}}_y\sin\theta\sin\varphi + \hat{\boldsymbol{a}}_z\cos\theta \tag{1-5}$$

将 $\hat{\boldsymbol{\beta}}$ 和 z 坐标轴组成的面称为入射面，那么 $\hat{\boldsymbol{\theta}}$ 描述为垂直于 $\hat{\boldsymbol{\beta}}$ 并平行于入射面的方向矢量，称为 $\hat{\boldsymbol{\theta}}$ 极化方向矢量(或称为平行极化方向矢量)，即：

$$\hat{\boldsymbol{\theta}} = \hat{\boldsymbol{a}}_x\cos\theta\cos\varphi + \hat{\boldsymbol{a}}_y\cos\theta\sin\varphi - \hat{\boldsymbol{a}}_z\sin\theta \tag{1-6}$$

$\hat{\boldsymbol{\varphi}}$ 描述为垂直于 $\hat{\boldsymbol{\beta}}$ 并垂直于入射面的方向矢量，称为 $\hat{\boldsymbol{\varphi}}$ 极化方向矢量(或称为垂直极化方向矢量)，即：

$$\hat{\boldsymbol{\varphi}} = -\hat{\boldsymbol{a}}_x\sin\varphi + \hat{\boldsymbol{a}}_y\cos\varphi \tag{1-7}$$

由此可见，$\hat{\boldsymbol{\beta}}$、$\hat{\boldsymbol{\theta}}$ 和 $\hat{\boldsymbol{\varphi}}$ 共同组成了一个新的局部坐标系。

1.3　矢量的定义及基本运算

1.3.1　矢量的定义

标量是只用大小描述的物理量，如温度 T、密度 ρ 等。矢量是既有大小又有方向特性的物理量，常用黑体字母或带箭头的字母表示，如电场强度 $\boldsymbol{E}$ 和 $\vec{E}$、磁通密度 $\boldsymbol{B}$ 和 $\vec{B}$ 等。在图形表示中，矢量可以用一条有方向的线段来表示，如图 1-5 所示。

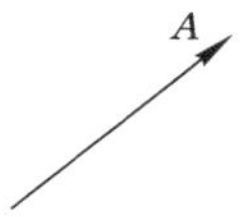

图 1-5　矢量的图形表示

矢量有二维矢量和三维矢量，二维矢量可以用公式表示为 $\boldsymbol{A}=[A_x, A_y]^{\mathrm{T}}$，三维矢量可以用公式表示为 $\boldsymbol{A}=[A_x, A_y, A_z]^{\mathrm{T}}$。这里的下标 x、y 和 z 对应的是直角坐标系，对于柱坐标则下标改为 ρ、φ、z，对于球坐标则下标改为 r、θ、φ。不同坐标系的矢量用坐标分量表示为：

$$\boldsymbol{A}=\hat{\boldsymbol{a}}_x A_x+\hat{\boldsymbol{a}}_y A_y+\hat{\boldsymbol{a}}_z A_z \tag{1-8}$$

$$\boldsymbol{A}=\hat{\boldsymbol{a}}_\rho A_\rho+\hat{\boldsymbol{a}}_\varphi A_\varphi+\hat{\boldsymbol{a}}_z A_z \tag{1-9}$$

$$\boldsymbol{A}=\hat{\boldsymbol{a}}_r A_r+\hat{\boldsymbol{a}}_\theta A_\theta+\hat{\boldsymbol{a}}_\varphi A_\varphi \tag{1-10}$$

以直角坐标系为例，矢量模表示矢量的大小，即：

$$|\boldsymbol{A}|=\sqrt{A_x^2+A_y^2}\text{（二维矢量）}，|\boldsymbol{A}|=\sqrt{A_x^2+A_y^2+A_z^2}\text{（三维矢量）} \tag{1-11}$$

单位矢量指的是模为 1 的矢量，常常用来表示方向，即：

$$\hat{\boldsymbol{A}}=\frac{\boldsymbol{A}}{|\boldsymbol{A}|} \tag{1-12}$$

还有一种矢量称为常矢量，即矢量中的每个元素都是常量。

1.3.2　矢量的基本运算

在几何上，矢量的加减法可以描述为以两矢量为邻边的平行四边形的对角线，如图 1-6(a)、(b)所示。在直角坐标系中，两矢量的加减法用式子表示为：

$$\boldsymbol{A}\pm\boldsymbol{B}=\hat{\boldsymbol{a}}_x(A_x\pm B_x)+\hat{\boldsymbol{a}}_y(A_y\pm B_y)+\hat{\boldsymbol{a}}_z(A_z\pm B_z) \tag{1-13}$$

且加减法均满足交换律，加法满足结合律，即：

$$\boldsymbol{A}+\boldsymbol{B}=\boldsymbol{B}+\boldsymbol{A},\boldsymbol{A}-\boldsymbol{B}=\boldsymbol{B}-\boldsymbol{A} \tag{1-14}$$

$$(\boldsymbol{A}+\boldsymbol{B})+\boldsymbol{C}=\boldsymbol{A}+(\boldsymbol{B}+\boldsymbol{C}) \tag{1-15}$$

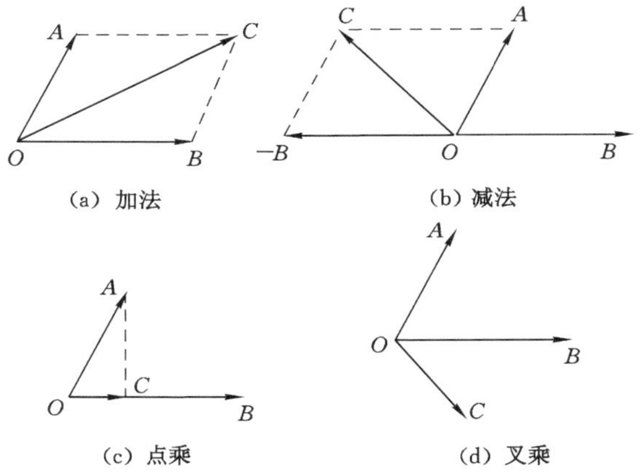

图 1-6　矢量基本运算的图形表示

矢量的乘法分为标量乘矢量、矢量的点乘和矢量的叉乘。在直角坐标系中，标量 λ 乘矢量 $\boldsymbol{A}$ 表示为：

$$\lambda\boldsymbol{A}=\hat{\boldsymbol{a}}_x\lambda A_x+\hat{\boldsymbol{a}}_y\lambda A_y+\hat{\boldsymbol{a}}_z\lambda A_z \tag{1-16}$$

矢量 $\boldsymbol{A}$ 点乘矢量 $\boldsymbol{B}$ 表示为：

$$\boldsymbol{A}\cdot\boldsymbol{B}=|\boldsymbol{A}||\boldsymbol{B}|\cos\theta=A_xB_x+A_yB_y+A_zB_z \tag{1-17}$$

其中，θ 为矢量 $\boldsymbol{A}$ 和矢量 $\boldsymbol{B}$ 的夹角，计算结果为标量。如果 $\boldsymbol{B}$ 为单位矢量，那么矢量 $\boldsymbol{A}$ 点乘矢量 $\boldsymbol{B}$ 可以在图形上理解为矢量 $\boldsymbol{A}$ 在矢量 $\boldsymbol{B}$ 的方向上的投影再乘以 $\boldsymbol{B}$ 的模，如图 1-6(c)所示。

矢量 $\boldsymbol{A}$ 叉乘矢量 $\boldsymbol{B}$ 表示为：

$$\boldsymbol{A}\times\boldsymbol{B}=|\boldsymbol{A}||\boldsymbol{B}|\sin\theta\hat{\boldsymbol{a}}\times\hat{\boldsymbol{b}}=|\boldsymbol{A}||\boldsymbol{B}|\sin\theta\hat{\boldsymbol{n}}=\begin{vmatrix}\hat{\boldsymbol{a}}_x & \hat{\boldsymbol{a}}_y & \hat{\boldsymbol{a}}_z\\ A_x & A_y & A_z\\ B_x & B_y & B_z\end{vmatrix} \tag{1-18}$$

其中，θ 为矢量 $\boldsymbol{A}$ 和矢量 $\boldsymbol{B}$ 的夹角，计算结果为矢量，且 $\hat{\boldsymbol{n}}$ 为结果矢量的方向。$\hat{\boldsymbol{n}}$ 可以利用右手法则来确定，并且很容易看出 $\hat{\boldsymbol{n}}$ 是矢量 $\boldsymbol{A}$ 和矢量 $\boldsymbol{B}$ 所围三角形面的其中一个法向量。由计算公式也可以看出，$\boldsymbol{A}\times\boldsymbol{B}$ 可以用来计算矢量 $\boldsymbol{A}$ 和矢量 $\boldsymbol{B}$ 所围平行四边形的面积。

点乘和叉乘还可以用来判断矢量 $\boldsymbol{A}$ 和矢量 $\boldsymbol{B}$ 是否垂直或平行。如果矢量 $\boldsymbol{A}$ 与矢量 $\boldsymbol{B}$ 垂直，那么矢量 $\boldsymbol{A}$ 和矢量 $\boldsymbol{B}$ 的点乘为 0，即：

$$\boldsymbol{A} \perp \boldsymbol{B} \Leftrightarrow \boldsymbol{A} \cdot \boldsymbol{B} = 0 \tag{1-19}$$

如果矢量 $\boldsymbol{A}$ 与矢量 $\boldsymbol{B}$ 平行，那么矢量 $\boldsymbol{A}$ 和矢量 $\boldsymbol{B}$ 的叉乘为 0，即：

$$\boldsymbol{A} /\!/ \boldsymbol{B} \Leftrightarrow \boldsymbol{A} \times \boldsymbol{B} = 0 \tag{1-20}$$

根据点乘和叉乘的公式，很容易得出点乘满足交换律，而叉乘不满足交换律，即：

$$\boldsymbol{A} \cdot \boldsymbol{B} = \boldsymbol{B} \cdot \boldsymbol{A} \tag{1-21}$$

$$\boldsymbol{A} \times \boldsymbol{B} \neq \boldsymbol{B} \times \boldsymbol{A} \tag{1-22}$$

证明如下：

$$\boldsymbol{A} \cdot \boldsymbol{B} = |\boldsymbol{A}||\boldsymbol{B}|\cos\theta = |\boldsymbol{B}||\boldsymbol{A}|\cos\theta = \boldsymbol{B} \cdot \boldsymbol{A} \tag{1-23}$$

$$\boldsymbol{A} \times \boldsymbol{B} = \begin{vmatrix} \hat{\boldsymbol{a}}_x & \hat{\boldsymbol{a}}_y & \hat{\boldsymbol{a}}_z \\ A_x & A_y & A_z \\ B_x & B_y & B_z \end{vmatrix} = -\begin{vmatrix} \hat{\boldsymbol{a}}_x & \hat{\boldsymbol{a}}_y & \hat{\boldsymbol{a}}_z \\ B_x & B_y & B_z \\ A_x & A_y & A_z \end{vmatrix} \tag{1-24}$$

可以看出，叉乘满足：

$$\boldsymbol{A} \times \boldsymbol{B} = -\boldsymbol{B} \times \boldsymbol{A} \tag{1-25}$$

可见，交换 $\boldsymbol{A}$ 和 $\boldsymbol{B}$ 会改变叉乘结果的方向，不会改变叉乘结果的大小。

矢量的点乘和叉乘满足分配律：

$$(\boldsymbol{A} + \boldsymbol{B}) \cdot \boldsymbol{C} = \boldsymbol{A} \cdot \boldsymbol{C} + \boldsymbol{B} \cdot \boldsymbol{C} \tag{1-26}$$

$$(\boldsymbol{A} + \boldsymbol{B}) \times \boldsymbol{C} = \boldsymbol{A} \times \boldsymbol{C} + \boldsymbol{B} \times \boldsymbol{C} \tag{1-27}$$

点乘和叉乘还存在三重积公式：

$$\boldsymbol{A} \cdot (\boldsymbol{B} \times \boldsymbol{C}) = \boldsymbol{B} \cdot (\boldsymbol{C} \times \boldsymbol{A}) = \boldsymbol{C} \cdot (\boldsymbol{A} \times \boldsymbol{B}) \tag{1-28}$$

$$\boldsymbol{A} \times (\boldsymbol{B} \times \boldsymbol{C}) = (\boldsymbol{A} \cdot \boldsymbol{C})\boldsymbol{B} - (\boldsymbol{A} \cdot \boldsymbol{B})\boldsymbol{C} \tag{1-29}$$

其中，第一个三重积公式可以理解为计算六面体的体积，如图 1-7 所示。以图 1-7(a)为例，矢量 $\boldsymbol{B}$ 叉乘矢量 $\boldsymbol{C}$ 的大小表示为平行四边形面 BC 的面积，方向为平行四边形的法方向；$\boldsymbol{B}$ 和 $\boldsymbol{C}$ 的叉积再跟矢量 $\boldsymbol{A}$ 点乘，相当于乘以矢量 $\boldsymbol{A}$ 在平行四边形面 BC 法方向上的投影，即乘以六面体的高，因此，最后结果是六面体的体积。

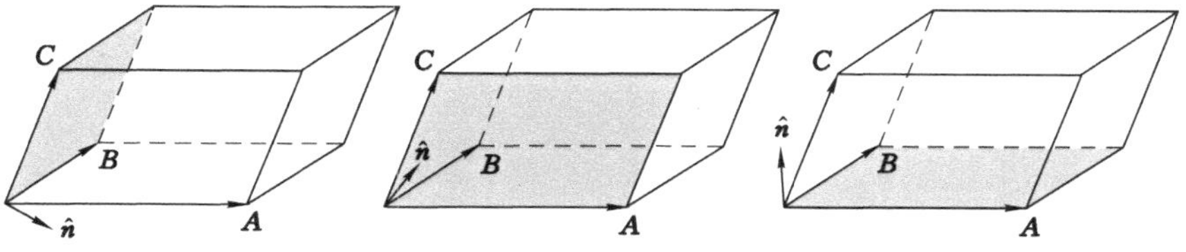

(a) $\boldsymbol{A} \cdot (\boldsymbol{B} \times \boldsymbol{C})$　(b) $\boldsymbol{B} \cdot (\boldsymbol{C} \times \boldsymbol{A})$　(c) $\boldsymbol{C} \cdot (\boldsymbol{A} \times \boldsymbol{B})$

图 1-7　六面体体积的计算

1.4 标量场、矢量场的微分运算

确定空间区域上的每一点都有确定物理量与之对应，称在该区域上定义了一个场。如果物理量是标量，称该场为标量场，如温度场、电位场、高度场等。如果物理量是矢量，称该场为矢量场，如流速场、重力场、电场、磁场等。如果场与时间无关，称为静态场；反之为时变场。标量场、矢量场的微分，包括标量的梯度、矢量的散度和旋度，以及拉普拉斯算子等。

1.4.1 标量的梯度

标量的梯度表示标量场在某一点上的最大变化率方向，用$\nabla \Phi$ 或 grad Φ 表示，其中算符∇读“Nabla”或者“Del”。根据梯度定义，下面写出直角坐标系、柱坐标系和球坐标系的梯度表达式：

$$\begin{aligned}\nabla \Phi &= \hat{\boldsymbol{a}}_x \frac{\partial \Phi}{\partial x} + \hat{\boldsymbol{a}}_y \frac{\partial \Phi}{\partial y} + \hat{\boldsymbol{a}}_z \frac{\partial \Phi}{\partial z} \\ &= \hat{\boldsymbol{a}}_\rho \frac{\partial \Phi}{\partial \rho} + \hat{\boldsymbol{a}}_\varphi \frac{1}{\rho} \frac{\partial \Phi}{\partial \varphi} + \hat{\boldsymbol{a}}_z \frac{\partial \Phi}{\partial z} \\ &= \hat{\boldsymbol{a}}_r \frac{\partial \Phi}{\partial r} + \hat{\boldsymbol{a}}_\theta \frac{1}{r} \frac{\partial \Phi}{\partial \theta} + \hat{\boldsymbol{a}}_\varphi \frac{1}{r\sin\theta} \frac{\partial \Phi}{\partial \varphi}\end{aligned} \tag{1-30}$$

可见标量场的梯度是一个矢量场。

1.4.2 矢量的散度

矢量场在某一点的散度是矢量通过包含该点的任意闭合小曲面的通量与曲面元体积之比的极限，用$\nabla \cdot \boldsymbol{A}$ 或 div $\boldsymbol{A}$ 表示。根据散度定义，下面写出直角坐标系、柱坐标系和球坐标系的散度表达式：

$$\begin{aligned}\nabla \cdot \boldsymbol{A} &= \frac{\partial A_x}{\partial x} + \frac{\partial A_y}{\partial y} + \frac{\partial A_z}{\partial z} \\ &= \frac{1}{\rho}\frac{\partial}{\partial \rho}(\rho A_\rho) + \frac{1}{\rho}\frac{\partial}{\partial \varphi}A_\varphi + \frac{1}{\rho}\frac{\partial}{\partial z}(\rho A_z) \\ &= \frac{1}{r^2}\frac{\partial}{\partial r}(r^2 A_r) + \frac{1}{r\sin\theta}\frac{\partial}{\partial \theta}(A_\theta \sin\theta) + \frac{1}{r\sin\theta}\frac{\partial}{\partial \varphi}A_\varphi\end{aligned} \tag{1-31}$$

可见矢量场的散度是一个标量场。很容易发现，矢量场在空间任意闭合曲面的通量等于该闭合曲面所包含体积中矢量场的散度的体积分，即：

$$\oint_S \boldsymbol{A} \cdot \mathrm{d}\boldsymbol{S} = \int_V \nabla \cdot \boldsymbol{A}\,\mathrm{d}V \tag{1-32}$$

这就是散度定理，揭示了闭合曲面面积分和体积分之间的一个变换关系。

1.4.3 矢量的旋度

矢量场在某一点的旋度为一矢量，其数值为该点的环流密度最大值，其方向为取得环流密度最大值时面积元的法线方向，用$\nabla\times\boldsymbol{A}$ 或 curl $\boldsymbol{A}$ 表示。根据旋度定义，下面写出直角坐标系、柱坐标系和球坐标系的旋度表达式：

$$\nabla\times\boldsymbol{A}(\boldsymbol{r})=\begin{vmatrix}\hat{\boldsymbol{a}}_x & \hat{\boldsymbol{a}}_y & \hat{\boldsymbol{a}}_z\\ \dfrac{\partial}{\partial x} & \dfrac{\partial}{\partial y} & \dfrac{\partial}{\partial z}\\ A_x & A_y & A_z\end{vmatrix}=\frac{1}{\rho}\begin{vmatrix}\hat{\boldsymbol{a}}_\rho & \rho\hat{\boldsymbol{a}}_\varphi & \hat{\boldsymbol{a}}_z\\ \dfrac{\partial}{\partial \rho} & \dfrac{\partial}{\partial \varphi} & \dfrac{\partial}{\partial z}\\ A_\rho & \rho A_\varphi & A_z\end{vmatrix}$$

$$=\frac{1}{r^2\sin\theta}\begin{vmatrix}\hat{\boldsymbol{a}}_r & r\hat{\boldsymbol{a}}_\theta & r\sin\theta\hat{\boldsymbol{a}}_\varphi\\ \dfrac{\partial}{\partial r} & \dfrac{\partial}{\partial \theta} & \dfrac{\partial}{\partial \varphi}\\ A_r & rA_\theta & r\sin\theta A_\varphi\end{vmatrix}\tag{1-33}$$

可见矢量场的旋度也是一个矢量场。很容易发现，矢量场沿任意闭合曲线的环流等于矢量场的旋度在该闭合曲线所围的曲面的通量，即：

$$\oint_l\boldsymbol{A}\cdot\mathrm{d}\boldsymbol{l}=\int_S\nabla\times\boldsymbol{A}\cdot\mathrm{d}\boldsymbol{S}\tag{1-34}$$

这就是旋度定理，也叫斯托克斯定理，解释了闭合曲线线积分和曲面积分之间的一个变换关系。

1.4.4 无散场和无旋场

梯度、散度和旋度还存在两个重要的关系，即矢量旋度的梯度和标量梯度的散度两个量，均恒为0，如下：

$$\nabla\cdot(\nabla\times\boldsymbol{A})=0\tag{1-35}$$

$$\nabla\times(\nabla\Phi)=0\tag{1-36}$$

从而，我们可以称$\nabla\times\boldsymbol{A}$ 为无散场，称$\nabla\Phi$ 为无旋场。根据无散场、无旋场的概念，可以推导很多电磁场的关系。此外，梯度、散度和旋度还存在如下恒等式：

$$\nabla(\Phi\Psi)=\Phi\nabla\Psi+\Psi\nabla\Phi\tag{1-37}$$

$$\nabla\cdot(\Phi\boldsymbol{A})=\nabla\Phi\cdot\boldsymbol{A}+\Phi\nabla\cdot\boldsymbol{A}\tag{1-38}$$

$$\nabla\times(\Phi\boldsymbol{A})=\nabla\Phi\times\boldsymbol{A}+\Phi\nabla\times\boldsymbol{A}\tag{1-39}$$

其中，Ψ 也是一个标量场。

1.4.5 拉普拉斯算子

拉普拉斯算子是 n 维欧几里得空间中的一个二阶微分算子，定义为标量场梯度的散度$\nabla\cdot(\nabla\Phi)$。因此如果 Φ 是二阶可微的实函数，则 Φ 的拉普拉斯算子在直角坐标系、柱坐标系和球坐标系中的定义为：

$$\Delta\Phi=\nabla^2\Phi=\frac{\partial^2\Phi}{\partial x^2}+\frac{\partial^2\Phi}{\partial y^2}+\frac{\partial^2\Phi}{\partial z^2}$$

$$=\frac{1}{\rho}\frac{\partial}{\partial\rho}\left(\rho\frac{\partial\Phi}{\partial\rho}\right)+\frac{1}{\rho^2}\frac{\partial^2\Phi}{\partial\varphi^2}+\frac{\partial^2\Phi}{\partial z^2}$$
$$=\frac{1}{r^2}\frac{\partial}{\partial r}\left(r^2\frac{\partial\Phi}{\partial r}\right)+\frac{1}{r^2\sin\theta}\frac{\partial}{\partial\theta}\left(\sin\theta\frac{\partial\Phi}{\partial\theta}\right)+\frac{1}{r^2\sin\theta}\frac{\partial^2\Phi}{\partial\varphi^2} \tag{1-40}$$

拉普拉斯算子常常在描述电磁波的波动方程中使用。

1.5 格林定理

格林定理是英国数学家格林在 1828 年发表的《数学分析在电磁理论中的应用》一文中独立提出来的。如图 1-8 所示，设任意两个标量场 Φ 和 Ψ，若在区域 V 中具有连续的二阶偏导数，那么可以证明两个标量场 Φ 和 Ψ 满足下列等式：

$$\int_V(\nabla\Psi\cdot\nabla\Phi+\Psi\nabla^2\Phi)\mathrm{d}V=\oint_S\Psi\frac{\partial\Phi}{\partial n}\mathrm{d}S \tag{1-41}$$

式中，S 为包围 V 的闭合曲面；$\frac{\partial\Phi}{\partial n}$ 为标量场 Φ 在 S 表面的外法线 $\hat{\boldsymbol{n}}$ 方向上的偏导数。根据方向导数与梯度的关系，上式又可以写成：

$$\int_V(\nabla\Psi\cdot\nabla\Phi+\Psi\nabla^2\Phi)\mathrm{d}V=\oint_S(\Psi\nabla\Phi)\cdot\mathrm{d}\boldsymbol{S} \tag{1-42}$$

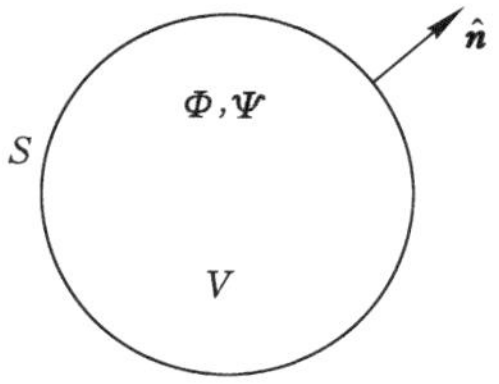

图 1-8 标量格林定理

这两个式子称为标量第一格林定理。从标量第一格林定理出发，将 Φ 和 Ψ 互换位置，再跟上两式相减，可以得到：

$$\int_V(\Psi\nabla^2\Phi-\Phi\nabla^2\Psi)\mathrm{d}V=\oint_S(\Psi\nabla\Phi-\Phi\nabla\Psi)\cdot\mathrm{d}\boldsymbol{S} \tag{1-43}$$

$$\int_V(\Psi\nabla^2\Phi-\Phi\nabla^2\Psi)\mathrm{d}V=\oint_S\left(\Psi\frac{\partial\Phi}{\partial n}-\frac{\partial\Psi}{\partial n}\right)\mathrm{d}S \tag{1-44}$$

这两个式子称为标量第二格林定理。

设矢量函数 $\boldsymbol{P}$ 和 $\boldsymbol{Q}$ 在封闭面 S 所包含体积 V 内有连续的二阶偏导数，则有：

$$\int_V [(\nabla \times \boldsymbol{P}) \cdot (\nabla \times \boldsymbol{Q}) - \boldsymbol{P} \cdot \nabla \times \nabla \times \boldsymbol{Q}] \mathrm{d}V = \oint_S (\boldsymbol{P} \times \nabla \times \boldsymbol{Q}) \cdot \mathrm{d}\boldsymbol{S} \tag{1-45}$$

这称为矢量格林第一定理。从矢量格林第一定理出发，将矢量函数 $\boldsymbol{P}$ 和 $\boldsymbol{Q}$ 互换位置，再跟上式相减，可以得到：

$$\int_V [Q \cdot (\nabla \times \nabla \times \boldsymbol{P}) - \boldsymbol{P} \cdot (\nabla \times \nabla \times \boldsymbol{Q})] \mathrm{d}V$$
$$= \oint_S (\boldsymbol{P} \times \nabla \times \boldsymbol{Q} - \boldsymbol{Q} \times \nabla \times \boldsymbol{P}) \cdot \mathrm{d}\boldsymbol{S} \tag{1-46}$$

这称为矢量格林第二定理。

1.6 亥姆霍兹定理

假设在无限大空间中有两个矢量函数 $\boldsymbol{F}$ 和 $\boldsymbol{G}$，它们具有相同的散度和旋度，不妨令：

$$\boldsymbol{F} = \boldsymbol{G} + \boldsymbol{g} \tag{1-47}$$

其中，$\boldsymbol{g}$ 也是一个矢量函数。两边取散度，得：

$$\nabla \cdot \boldsymbol{F} = \nabla \cdot \boldsymbol{G} + \nabla \cdot \boldsymbol{g} \tag{1-48}$$

由于 $\boldsymbol{F}$ 和 $\boldsymbol{G}$ 的散度相等，因此 $\nabla \cdot \boldsymbol{g} = 0$。再对原式两边取旋度，得：

$$\nabla \times \boldsymbol{F} = \nabla \times \boldsymbol{G} + \nabla \times \boldsymbol{g} \tag{1-49}$$

由于 $\boldsymbol{F}$ 和 $\boldsymbol{G}$ 的旋度相等，因此 $\nabla \times \boldsymbol{g} = 0$。根据无旋场的性质，假设：

$$\boldsymbol{g} = \nabla \Phi \tag{1-50}$$

其中，Φ 为标量函数。将上式代入 $\nabla \cdot \boldsymbol{g} = 0$，可得：

$$\nabla \cdot \nabla \Phi = \Delta \Phi = 0 \tag{1-51}$$

已知满足拉普拉斯方程的函数不会出现极值，且 Φ 是在无限空间上取值的函数，因而 Φ 只能是一个常数。因此，$\boldsymbol{g} = \nabla \Phi$，于是 $\boldsymbol{F} = \boldsymbol{G}$。

从上面的推导可以得出亥姆霍兹定理的描述为：若矢量场 $\boldsymbol{F}$ 在无限空间中处处单值，且其导数连续有界，而源分布在有限区域中，则矢量场 $\boldsymbol{F}$ 由其散度和旋度唯一地确定。它可以表示为一个标量函数的梯度和一个矢量函数的旋度之和，即：

$$\boldsymbol{F} = \nabla \Phi + \nabla \times \boldsymbol{A} \tag{1-52}$$

同时也表明，一个既有散度又有旋度的任意矢量场可表示为一个无旋场和一个无散场之和。亥姆霍兹定理表明，研究一个矢量场必须从它的旋度和散度两方面着手，因此矢量场的旋度方程和散度方程组成矢量场的基本方程，它们决定了矢量场的基本特性。

1.7 矢量运算 C++类的构建

在本书中,为了方便采用 C++语言实现电磁建模,专门为矢量运算建立了 vector(矢量)类。创建的矢量运算 vector 类源码可扫描如下二维码获得。

参考文献

[1] 梁昌洪.矩阵论札记[M].北京:科学出版社,2014.
[2] 谢处方,饶克谨.电磁场与电磁波[M].4 版.北京:高等教育出版社,2006.
[3] 钟顺时.电磁场与波[M].2 版.北京:清华大学出版社,2015.
[4] DAVID K CHENG.电磁场与电磁波[M].2 版.何业军,桂良启,译. 北京:清华大学出版社,2007.

第 2 章　电磁场基础知识

2.1　引言

本章主要介绍电磁散射建模所需的电磁场基础知识，包括基本物理定律、麦克斯韦方程、本构关系、边界条件、功率能量计算公式等。

2.2　基本物理定律

2.2.1　库仑定律

库仑定律是关于一个带电粒子与另一个带电粒子之间作用力的定量描述，是静电学的基础。

两个带电粒子之间的电场力：① 正比于它们电荷量的乘积；② 反比于它们之间距离的平方；③ 力的方向沿它们之间的连接线；④ 同性电荷相斥，异性电荷相吸。

设真空中 q_1 和 q_2 为位于 $P_1(x_1, y_1, z_1)$ 和 $P_2(x_2, y_2, z_2)$ 两点的带电粒子，则 q_1 对 q_2 产生的电场力为：

$$\boldsymbol{F}_{12} = K\frac{q_1 q_2}{R_{12}^2}\hat{\boldsymbol{a}}_{12} \tag{2-1}$$

式中，$\boldsymbol{F}_{12}$ 是 q_2 对 q_1 的作用力；K 是比例常数，与所选的单位制有关；R_{12} 是 P_1、P_2 两点之间的距离；$\hat{\boldsymbol{a}}_{12}$ 是 P_2 指向 P_1 点的单位矢量。采用 SI 国际单位制，比例常数 $K=1/(4\pi\varepsilon_0)$，其中 ε_0 为自由空间（真空）电容率。

真空中点电荷 q 产生的电场强度 $\boldsymbol{E}$ 为：

$$\boldsymbol{E} = \lim_{q\to 0}\frac{\boldsymbol{F}_{\mathrm{q}}}{q} = \frac{q}{4\pi\varepsilon_0}\frac{(\boldsymbol{r}-\boldsymbol{r}')}{|\boldsymbol{r}-\boldsymbol{r}'|^3} = \frac{q}{4\pi\varepsilon_0 r^2}\hat{\boldsymbol{a}}_{\mathrm{r}} \tag{2-2}$$

式中，r 为点电荷 q 到测试电荷之间的距离；$\hat{\boldsymbol{a}}_{\mathrm{r}}$ 表示从点电荷 q 指向测试电荷的单位矢量。

将点电荷 q 放到均匀介质中，由于介质的极化，点电荷在介质中产生的电场

强度 $\boldsymbol{E}$ 为：

$$\boldsymbol{E}=\frac{q}{4\pi\varepsilon r^2}\hat{\boldsymbol{a}}_{\mathrm{r}} \tag{2-3}$$

式中，ε 为介质的介电常数。如果要计算多个点电荷或分布电荷产生的电场，则只需进行简单累加或积分即可。

根据矢量计算，电场强度的旋度为：

$$\nabla\times\boldsymbol{E}=\nabla\times\left(\frac{q}{4\pi\varepsilon r^2}\hat{\boldsymbol{a}}_{\mathrm{r}}\right)=0 \tag{2-4}$$

电荷产生的电场旋度为 0，是无旋场。因此该电场可以用某个标量场的梯度来表示，即：

$$\boldsymbol{E}=\frac{q}{4\pi\varepsilon}\frac{(\boldsymbol{r}-\boldsymbol{r}')}{|\boldsymbol{r}-\boldsymbol{r}'|^3}=-\frac{q}{4\pi\varepsilon}\nabla\frac{1}{|\boldsymbol{r}-\boldsymbol{r}'|}=-\nabla_{\varphi}(\boldsymbol{r}) \tag{2-5}$$

式中，$\varphi(\boldsymbol{r})=\frac{q}{4\pi\varepsilon}\frac{1}{|\boldsymbol{r}-\boldsymbol{r}'|}$，称为库仑位。

根据矢量计算，电场强度的散度为：

$$\begin{aligned}\nabla\cdot\boldsymbol{E}(\boldsymbol{r})&=\frac{1}{4\pi\varepsilon}\int_{V'}q(\boldsymbol{r}')\left(\nabla\cdot\frac{\boldsymbol{R}}{R^3}\right)\mathrm{d}V'\\&=\frac{-1}{4\pi\varepsilon}\int_{V'}q(\boldsymbol{r}')\ \nabla^2\left(\frac{1}{R}\right)\mathrm{d}V'\\&=\frac{1}{4\pi\varepsilon}\int_{V'}q(\boldsymbol{r}')4\pi\delta(\boldsymbol{r}-\boldsymbol{r}')\mathrm{d}V'\\&=\frac{1}{\varepsilon}\int_{V'}q\delta(\boldsymbol{r}-\boldsymbol{r}')\mathrm{d}V'\\&=\frac{q(\boldsymbol{r})}{\varepsilon}\end{aligned} \tag{2-6}$$

其中，$\nabla^2\left(\frac{1}{R}\right)$的简化过程如下：

$$\begin{aligned}\int_V\nabla^2\left(\frac{1}{r}\right)\mathrm{d}V&=\int_V\nabla\cdot\nabla\left(\frac{1}{r}\right)\mathrm{d}V=\oint_S\nabla\left(\frac{1}{r}\right)\cdot\mathrm{d}S\\&=-\oint_S\frac{1}{r^2}\hat{\boldsymbol{a}}_{\mathrm{r}}\cdot\mathrm{d}\boldsymbol{S}=-\oint_{S'}\frac{1}{r^2}\mathrm{d}S\cos\theta\\&=-\oint_S\mathrm{d}\Omega=-4\pi\end{aligned} \tag{2-7}$$

在这里可以看出，电荷产生的电场，其散度与电荷量有关。

2.2.2 高斯定律

电场高斯定律可以描述为通过一个封闭曲面净穿出的电通量等于该曲面所

包围的总电荷，如下：

$$\int_S = \boldsymbol{D} \cdot \mathrm{d}\boldsymbol{S} = Q_e \tag{2-8}$$

式中，$\boldsymbol{D}=\dfrac{q}{4\pi r^2}\hat{\boldsymbol{a}}$，为曲面 S 上 P 点的电通密度；$\boldsymbol{r}$ 为 O 点到 P 点的距离矢量。该式为高斯定律的积分形式。

迄今为止，对磁现象的研究表明，世界上没有单独的磁极存在，磁场线永远构成闭合回路，这就是磁通连续性。磁通连续性说明穿出或穿进闭合曲面的净磁通量等于 0，即：

$$\int_S = \boldsymbol{B} \cdot \mathrm{d}\boldsymbol{S} = 0 \tag{2-9}$$

这是磁通连续性的积分形式，也称为磁场高斯定律。

利用散度定理将面积分改为体积分表示，并将总电荷用电荷密度的体积分表示，得：

$$\int_V \nabla \cdot \boldsymbol{D}\,\mathrm{d}V = \int_V q\,\mathrm{d}V \tag{2-10}$$

$$\int_V \nabla \cdot \boldsymbol{B}\,\mathrm{d}V = 0 \tag{2-11}$$

则上式可写成：

$$\nabla \cdot \boldsymbol{D} = q \tag{2-12}$$

$$\nabla \cdot \boldsymbol{B} = 0 \tag{2-13}$$

这就是高斯定律的微分形式。

2.2.3　法拉第电磁感应定律

法拉第电磁感应定律揭示了变化的磁场会产生电场。如果穿过闭合导线 l 所包围面积的磁通量 Φ_m 随时间发生变化，则会感应一个电动势，电动势的大小等于穿过闭合导线所包围面积 S 的磁通量随时间变化率的负数，即：

$$\oint_l \boldsymbol{E} \cdot \mathrm{d}\boldsymbol{l} = -\frac{\partial \Phi_m}{\partial t} = -\int_S \frac{\partial \boldsymbol{B}}{\partial t} \cdot \mathrm{d}\boldsymbol{S} \tag{2-14}$$

这是法拉第电磁感应定律的积分形式。

利用斯托克斯定理将围线积分改为面积分表示，得：

$$\int_S \nabla \times \boldsymbol{E} \cdot \mathrm{d}\boldsymbol{S} = -\int_S \frac{\partial \boldsymbol{B}}{\partial t} \cdot \mathrm{d}\boldsymbol{S} \tag{2-15}$$

由于 S 是闭合环路 l 所包围的任意敞开表面，则上式可写成：

$$\nabla \times \boldsymbol{E} = -\frac{\partial \boldsymbol{B}}{\partial t} \tag{2-16}$$

这就是法拉第电磁感应定律的微分形式。

2.2.4 安培环路定律

安培环路定律又称为安培定律，描述为沿一闭合路径的磁场强度的线积分等于它所包围的电流，即：

$$\oint_l \boldsymbol{H} \cdot \mathrm{d}\boldsymbol{l} = I \tag{2-17}$$

式中，I 为闭合路径所包围面积内的净电流。由于电流包括传导电流、运流电流和位移电流，因此可以将方程右边的净电流 I 展开，得到方程：

$$\oint_l \boldsymbol{H} \cdot \mathrm{d}\boldsymbol{l} = \int_S \boldsymbol{J} \cdot \mathrm{d}\boldsymbol{S} + \int_S \frac{\partial \boldsymbol{D}}{\partial t} \cdot \mathrm{d}\boldsymbol{S} \tag{2-18}$$

式中，$\boldsymbol{J}$ 为传导电流和运流电流密度；$\boldsymbol{D}$ 为电通量密度；$\dfrac{\partial \boldsymbol{D}}{\partial t}$ 为位移电流密度。

此式称为安培定律的积分形式。

利用斯托克斯定理将围线积分改为面积分表示，得：

$$\int_S \nabla \times \boldsymbol{H} \cdot \mathrm{d}\boldsymbol{S} = \int_S \boldsymbol{J} \cdot \mathrm{d}\boldsymbol{S} + \int_S \frac{\partial \boldsymbol{D}}{\partial t} \cdot \mathrm{d}\boldsymbol{S} \tag{2-19}$$

由于 S 是闭合环路 l 所包围的任意敞开表面，则上式可写成：

$$\nabla \times \boldsymbol{H} = \boldsymbol{J} + \frac{\partial \boldsymbol{D}}{\partial t} \tag{2-20}$$

这就是安培定律的微分形式。

2.3 麦克斯韦方程组

麦克斯韦方程组是英国物理学家麦克斯韦在 19 世纪建立的一组描述电场、磁场与电荷密度、电流密度之间关系的偏微分方程。它由四个部分组成：描述电荷如何产生电场的高斯定律、论述磁单极子不存在的高斯磁定律、描述电流和时变电场怎样产生磁场的安培定律、描述时变磁场如何产生电场的法拉第感应定律。

麦克斯韦诞生前的半个多世纪，人类对电磁现象的认识取得了很大的进展。1785 年，法国物理学家库仑在扭秤实验结果的基础上，建立了说明两个点电荷之间相互作用力的库仑定律。1820 年，奥斯特发现电流能使磁针偏转，从而把电与磁联系起来。其后，安培研究了电流之间的相互作用力，提出了许多重要概念和安培环路定律。法拉第在很多方面有杰出贡献，特别是 1831 年发表的“电磁感应定律”，是电机、变压器等设备的重要理论基础。1845 年，关于电磁现象的三个最基本的实验定律——库仑定律（1785 年）、毕奥-萨伐尔定律（1820 年）、法拉第电磁感应定律（1831—1845 年）已被总结出来，法拉第的“电力线”和“磁力线”概念已发展成“电磁场”概念。1855—1865 年，麦克斯韦在全面地审视了库仑定律、毕奥-萨伐尔定律和法拉第定律的基础上，把数学分析方法带进了电磁学的研究领域，由此导致麦克斯韦电磁理论的诞生。

2.3.1 积分形式和微分形式

麦克斯韦方程根据安培和法拉第的实验发现和高斯定律建立，并由赫兹和赫维赛德表示成矢量方程形式。虽然自然界中不存在磁荷和磁流，但为了方程组的统一，麦克斯韦方程引入了磁荷和磁流的概念。考虑一个以封闭围线 l 为边界的敞开面 S，麦克斯韦方程组的前两个方程为：

$$\oint_l \boldsymbol{H}(\boldsymbol{r},t)\cdot \mathrm{d}\boldsymbol{l}=\int_S \boldsymbol{J}_{\mathrm{e}}(\boldsymbol{r},t)\cdot \mathrm{d}\boldsymbol{S}+\frac{\partial}{\partial t}\int_S \boldsymbol{D}(\boldsymbol{r},t)\cdot \mathrm{d}\boldsymbol{S} \tag{2-21}$$

$$\int_l \boldsymbol{E}(\boldsymbol{r},t)\cdot \mathrm{d}\boldsymbol{l}=-\frac{\partial}{\partial t}\int_S \boldsymbol{B}(\boldsymbol{r},t)\cdot \mathrm{d}\boldsymbol{S} \tag{2-22}$$

式中，$\boldsymbol{E}$ 表示电场强度，V/m；$\boldsymbol{H}$ 为磁场强度，A/m；$\boldsymbol{D}$ 为电通密度，$\mathrm{C/m^2}$；$\boldsymbol{B}$ 为磁通密度，$\mathrm{Wb/m^2}$；$\boldsymbol{J}_{\mathrm{e}}$ 为电流密度，$\mathrm{A/m^2}$；$\boldsymbol{J}_{\mathrm{m}}$ 为磁流密度，$\mathrm{V/m^2}$。

第一个公式为安培定律，阐明磁场可以用两种方法生成，分别是传导电流和时变电场(称位移电流)。第二个公式为法拉第感应定律，该定律描述时变磁场怎样感应出电场。

考虑由闭合曲面 S 包围的体积 V，麦克斯韦另外两个方程为：

$$\oint_S =\boldsymbol{D}(\boldsymbol{r},t)\cdot \mathrm{d}S=\int_V q_{\mathrm{e}}(\boldsymbol{r},t)\mathrm{d}V=\boldsymbol{Q}_{\mathrm{e}} \tag{2-23}$$

$$\int_S \boldsymbol{B}(\boldsymbol{r},t)\cdot \mathrm{d}S=0 \tag{2-24}$$

第一个公式为高斯定律，描述穿过任意闭曲面的电通量与这闭曲面内的电荷之间的关系，电场线开始于正电荷、终止于负电荷。第二个公式为高斯磁定律，表明磁单极子实际上并不存在，没有孤立磁荷，磁场线没有初始点，也没有终止点。磁场线会形成循环或延伸至无穷远。换句话说，进入任何区域的磁场线，必须从那个区域离开。用术语来说，通过任意闭曲面的磁通量等于零，或者磁场是一个无源场。

根据矢量恒等式中的旋度定理 $\int_S \nabla\times\boldsymbol{A}\cdot \mathrm{d}S-\int_l \boldsymbol{A}\cdot \mathrm{d}l$，可知：

$$\oint_l \boldsymbol{H}(\boldsymbol{r},t)\cdot \mathrm{d}\boldsymbol{l}=\int_S \nabla\times\cdot\,\boldsymbol{H}(\boldsymbol{r},t)\cdot \mathrm{d}\boldsymbol{S}=\int_S \boldsymbol{J}_{\mathrm{e}}(\boldsymbol{r},t)\cdot \mathrm{d}\boldsymbol{S}+\int_S \frac{\partial \boldsymbol{D}(\boldsymbol{r},t)}{\partial t}\cdot \mathrm{d}S \tag{2-25}$$

$$\oint_l \boldsymbol{E}(\boldsymbol{r},t)\cdot \mathrm{d}\boldsymbol{l}=\int_S \nabla\times\cdot\,\boldsymbol{E}(\boldsymbol{r},t)\cdot \mathrm{d}\boldsymbol{S}=-\int_S \frac{\partial \boldsymbol{B}(\boldsymbol{r},t)}{\partial t}\cdot \mathrm{d}S \tag{2-26}$$

于是

$$\nabla \times \boldsymbol{H}(\boldsymbol{r},t) = \boldsymbol{J}_e(\boldsymbol{r},t) + \frac{\partial \boldsymbol{D}(\boldsymbol{r},t)}{\partial t} \tag{2-27}$$

$$\nabla \times \boldsymbol{E}(\boldsymbol{r},t) = -\frac{\partial \boldsymbol{B}(\boldsymbol{r},t)}{\partial t} \tag{2-28}$$

这就是法拉第定律和安培定律的微分形式。同样，根据矢量恒等式中的散度定理 $\int_V \nabla \cdot \boldsymbol{A} \mathrm{d}V = \oint_S \cdot \boldsymbol{A} \mathrm{d}S$ ，可知：

$$\oint_S \boldsymbol{D}(\boldsymbol{r},t) \cdot \mathrm{d}S = \int_V \nabla \cdot \boldsymbol{D}(\boldsymbol{r},t) \mathrm{d}V = \int_V q_e(\boldsymbol{r},t) \mathrm{d}V \tag{2-29}$$

$$\oint_S \boldsymbol{B}(\boldsymbol{r},t) \cdot \mathrm{d}S = \int_V \nabla \cdot \boldsymbol{B}(\boldsymbol{r},t) \mathrm{d}V \tag{2-30}$$

于是

$$\nabla \cdot \boldsymbol{D}(\boldsymbol{r},t) = q_e(r,t) \tag{2-31}$$

$$\nabla \cdot \boldsymbol{B}(\boldsymbol{r},t) = 0 \tag{2-32}$$

这就是两个高斯定律方程的微分形式。

综上，可以推导得到微分形式的麦克斯韦方程组如下：

$$\nabla \times \boldsymbol{H}(\boldsymbol{r},t) = \boldsymbol{J}_e(\boldsymbol{r},t) + \frac{\partial \boldsymbol{D}(\boldsymbol{r},T)}{\partial t} \tag{2-33}$$

$$\nabla \times \boldsymbol{E}(\boldsymbol{r},t) = -\frac{\partial \boldsymbol{B}(\boldsymbol{r},T)}{\partial t} \tag{2-34}$$

$$\nabla \times \boldsymbol{D}(\boldsymbol{r},t) = q_e(\boldsymbol{r},t) \tag{2-35}$$

$$\nabla \times \boldsymbol{B}(\boldsymbol{r},t) = 0 \tag{2-36}$$

这里要注意的是，上述方程中电流密度 $\boldsymbol{J}_e$ 包含传导电流、运流电流等。微分形式的麦克斯韦方程描述明显比积分形式更加简洁。从微分形式的方程组出发，也可以推导得到积分形式的麦克斯韦方程组。

首先，我们考虑法拉第定律，即第一个旋度方程。如果将第一个旋度方程两边施加面积分，那么可知 $\int_S \nabla \times \boldsymbol{H}(\boldsymbol{r},t) \cdot \mathrm{d}S + \int_S \boldsymbol{J}_e(\boldsymbol{r},t) \cdot \mathrm{d}\boldsymbol{S} + \int_S \frac{\partial \boldsymbol{D}(\boldsymbol{r},t)}{\partial t} \cdot \mathrm{d}\boldsymbol{S}$，根据旋度定理可以得到：

$$\oint_l \boldsymbol{H}(\boldsymbol{r},t) \cdot \mathrm{d}\boldsymbol{l} = \int_S \boldsymbol{J}_e(\boldsymbol{r},t) \cdot \mathrm{d}\boldsymbol{S} + \frac{\partial}{\partial t} \int_S \boldsymbol{D}(\boldsymbol{r},t) \cdot \mathrm{d}\boldsymbol{S} \tag{2-37}$$

其次，我们考虑安培定律，即第二个旋度方程。如果将第二个旋度方程两边施加面积分，由于 $\int_S \nabla \times \boldsymbol{E}(\boldsymbol{r},t) \cdot \mathrm{d}\boldsymbol{S} = -\int_S \frac{\partial \boldsymbol{B}(\boldsymbol{r},t)}{\partial t} \cdot \mathrm{d}\boldsymbol{S}$ ，根据旋度定理可以得到：

$$\oint_l \boldsymbol{E}(\boldsymbol{r},t)\cdot \mathrm{d}\boldsymbol{l} = -\frac{\partial}{\partial t}\int_S \boldsymbol{B}(\boldsymbol{r},t)\cdot \mathrm{d}\boldsymbol{S} \tag{2-38}$$

再次,我们考虑电场和磁场的高斯定律。由于$\int_V \nabla\cdot \boldsymbol{D}(\boldsymbol{r},t)\cdot \mathrm{d}V=\int_V q_e(\boldsymbol{r},t)\mathrm{d}V=Q_e(\boldsymbol{r},t)$,其中 Q_e 为总电荷,因此,根据散度定理可以得到:

$$\int_S \boldsymbol{D}(\boldsymbol{r},t)\cdot \mathrm{d}\boldsymbol{S}=\int_V q_e(\boldsymbol{r},t)\mathrm{d}V=Q_e \tag{2-39}$$

由于$\int_V \nabla\cdot \boldsymbol{B}(\boldsymbol{r},t)\cdot \mathrm{d}V=0$,因此,根据散度定理可以得到:

$$\int_S \boldsymbol{B}(\boldsymbol{r},t)\cdot \mathrm{d}\boldsymbol{S}=0 \tag{2-40}$$

可见,麦克斯韦方程的积分形式、微分形式的互相转换,主要的核心要点在于矢量运算中的散度定理和旋度定理。

若考虑矢量恒等式$\nabla\cdot(\nabla\times\boldsymbol{A})=0$,那么有:

$$0=\nabla\cdot(\nabla\times\boldsymbol{H})=\nabla\cdot\left(\boldsymbol{J}_e+\frac{\partial\boldsymbol{D}}{\partial t}\right)=\nabla\cdot\boldsymbol{J}_e+\frac{\partial\,\nabla\cdot\boldsymbol{D}}{\partial t}=\nabla\cdot\boldsymbol{J}_e+\frac{\partial q_e}{\partial t} \tag{2-41}$$

则可以得到:

$$\nabla\cdot\boldsymbol{J}_e=-\frac{\partial q_e}{\partial t} \tag{2-42}$$

这就是电流连续性方程的微分形式。如果在方程的两边施加体积分,则:

$$\int_V \nabla\cdot\boldsymbol{J}_e(\boldsymbol{r},t)\cdot\mathrm{d}V=-\frac{\partial}{\partial t}\int_V q_e(\boldsymbol{r},t)\mathrm{d}V=-\frac{\partial Q_e(\boldsymbol{r},t)}{\partial t} \tag{2-43}$$

方程的左边利用散度定理进行化简,可得:

$$\int_S \boldsymbol{J}_e(\boldsymbol{r},t)\cdot\mathrm{d}\boldsymbol{S}=-\frac{\partial Q_e(\boldsymbol{r},t)}{\partial t} \tag{2-44}$$

这就是电流连续性方程的积分形式。

2.3.2　时谐麦克斯韦方程组

由上文可知,麦克斯韦方程在时间和空间上均是线性微分方程,因此,麦克斯韦方程的解是线性的。将目光从时域转移到频域,即研究单一频率的电磁场,是非常有必要的。此时,将随时间按正弦变化的正弦电磁场称为时谐电磁场,简称时谐场。假设频率为 ω 的时谐场中,电场和磁通的表达式分别为:

$$\boldsymbol{E}(\boldsymbol{r},t)=\mathrm{Re}[\boldsymbol{E}(\boldsymbol{r},\omega)\mathrm{e}^{j(\omega t+\varphi)}] \tag{2-45}$$

$$\boldsymbol{B}(\boldsymbol{r},t)=\mathrm{Re}[\boldsymbol{B}(\boldsymbol{r},\omega)\mathrm{e}^{j(\omega t+\varphi)}] \tag{2-46}$$

式中，φ 代表初始相位。

将上述等式代入微分形式的麦克斯韦方程组的第一个方程，得：

$$\nabla\times\mathrm{Re}[\boldsymbol{E}(\boldsymbol{r},\omega)\mathrm{e}^{j\omega t}\mathrm{e}^{j\varphi}]=\frac{\partial\mathrm{Re}[\boldsymbol{B}(\boldsymbol{r},\omega)\mathrm{e}^{j\omega t}\mathrm{e}^{j\varphi}]}{\partial t} \tag{2-47}$$

化简后得：

$$\nabla\times\boldsymbol{E}(\boldsymbol{r},\omega)=j\omega\boldsymbol{B}(\boldsymbol{r},\omega) \tag{2-48}$$

可以看出，时谐场的麦克斯韦方程具有更加简单的形式，且不用考虑时间的微分。将所有微分形式的麦克斯韦方程做类似化简，得到时谐场的麦克斯韦方程为：

$$\nabla\times\boldsymbol{H}(\boldsymbol{r},\omega)=\boldsymbol{J}_{\mathrm{e}}(\boldsymbol{r},\omega)+j\omega\boldsymbol{D}(\boldsymbol{r},\omega) \tag{2-49}$$

$$\nabla\times\boldsymbol{E}(\boldsymbol{r},\omega)=-j\omega\boldsymbol{B}(\boldsymbol{r},\omega) \tag{2-50}$$

$$\nabla\cdot\boldsymbol{D}(\boldsymbol{r},\omega)=q_{\mathrm{e}}(\boldsymbol{r},\omega) \tag{2-51}$$

$$\nabla\cdot\boldsymbol{B}(\boldsymbol{r},\omega)=0 \tag{2-52}$$

以及时谐场的电流连续性方程为：

$$\nabla\cdot\boldsymbol{J}_{\mathrm{e}}(\boldsymbol{r},\omega)=-j\omega q_{\mathrm{e}}(\boldsymbol{r},\omega) \tag{2-53}$$

利用傅里叶变换，可以实现时域和频率的相互变换。因此，对于线性问题，可通过频率的麦克斯韦方程组求解，然后通过傅里叶变换获得问题的时域解。

在本书中，所有场量如未加特殊说明，则默认为时谐场。

2.3.3 磁荷和磁流

众所周知，电荷及电流是产生电磁场唯一的源，自然界中至今尚未发现真实的磁荷及磁流存在。但是，对于某些电磁场问题的分析，引入磁荷及磁流的概念是有益的。在有些问题中，学者们为了方程的对称性，采用等效原理，会将磁荷和磁流的概念补充进去，从而得到一个对称的麦克斯韦方程组，如下：

$$\nabla\times\boldsymbol{H}(\boldsymbol{r},\omega)=\boldsymbol{J}_{\mathrm{e}}(\boldsymbol{r},\omega)+j\omega\boldsymbol{D}(\boldsymbol{r},\omega) \tag{2-54}$$

$$\nabla\times\boldsymbol{E}(\boldsymbol{r},\omega)=-\boldsymbol{J}_{\mathrm{m}}(\boldsymbol{r},\omega)-j\omega\boldsymbol{B}(\boldsymbol{r},\omega) \tag{2-55}$$

$$\nabla\cdot\boldsymbol{D}(\boldsymbol{r},\omega)=q_{\mathrm{e}}(\boldsymbol{r},\omega) \tag{2-56}$$

$$\nabla\cdot\boldsymbol{B}(\boldsymbol{r},\omega)=q_{\mathrm{m}}(\boldsymbol{r},\omega) \tag{2-57}$$

除了麦克斯韦方程组之外，磁荷和磁流还满足磁流连续性方程，即：

$$\nabla\cdot\boldsymbol{J}_{\mathrm{m}}(\boldsymbol{r},\omega)=-j\omega q_{\mathrm{m}}(\boldsymbol{r},\omega) \tag{2-58}$$

2.4 本构关系

本构关系即应力张量和应变张量的关系。在电磁场中，主要包括介电常数、磁导率、电导率，分别描述电场强度和电通密度的关系、磁场强度和磁通密度的关系、电场强度和电流密度的关系。时变场中，本构关系表达式如下：

$$\boldsymbol{D}(\boldsymbol{r},t)=\varepsilon(\boldsymbol{r},t)*\boldsymbol{E}(\boldsymbol{r},t) \tag{2-59}$$

$$\boldsymbol{B}(\boldsymbol{r},t)=\mu(\boldsymbol{r},t)*\boldsymbol{H}(\boldsymbol{r},t) \tag{2-60}$$

$$\boldsymbol{J}_e(\boldsymbol{r},t)=\sigma*\boldsymbol{E}(\boldsymbol{r},t) \tag{2-61}$$

式中，运算符号“ * ”表示卷积。自由空间的介电常数 $\varepsilon_0=8.854\times10^{-12}$，自由空间的磁导率 $\mu_0=4\pi\times10^{-7}$，自由空间的电导率 $\sigma_0=0$，理想导体（PEC，Perfectly Electricl Conductor）的电导率 $\sigma_{\mathrm{PEC}}=\infty$。

在时谐场中，三个本构关系方程中的卷积变为乘积的形式，如下：

$$\boldsymbol{D}(\boldsymbol{r},\omega)=\varepsilon(\boldsymbol{r},\omega)\boldsymbol{E}(\boldsymbol{r},\omega) \tag{2-62}$$

$$\boldsymbol{B}(\boldsymbol{r},\omega)=\mu(\boldsymbol{r},\omega)\boldsymbol{H}(\boldsymbol{r},\omega) \tag{2-63}$$

$$\boldsymbol{J}(\boldsymbol{r},\omega)=\sigma(\boldsymbol{r},\omega)\boldsymbol{E}(\boldsymbol{r},\omega) \tag{2-64}$$

下面具体介绍这三个量的物理意义。

2.4.1　介电常数

对于理想电介质是这样一种物质：在其晶格结构中没有自由电子，电介质所有的电子都与分子紧密相连，这些电子经受很强的内部约束力，阻碍它们随机运动，在外加电场时，不会产生传导电流，电导率为零。实际中并不存在绝对的理想电介质，但存在一些物质，它们的电导率约为良导体的 $1/10^{20}$，当外加电场低于一定数值时，这些物质产生的电流可以忽略不计。

在外加电场的作用下，电介质分子发生变形，使得正电荷的中心与负电荷的中心不再重合，如图 2-1 所示。此时，我们认为该物质被极化了，且这样一对正负电荷称为电偶极子。

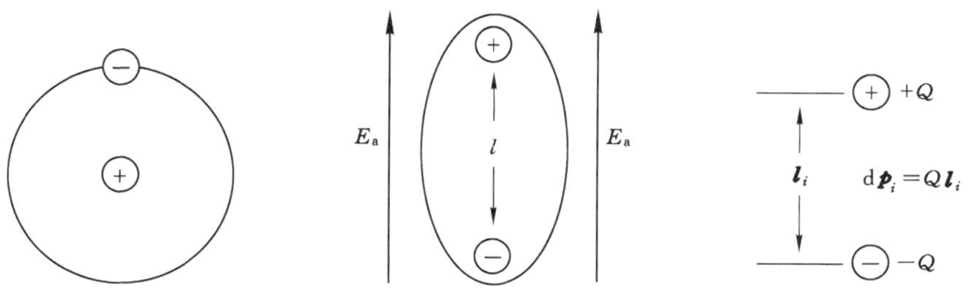

(a) 没有施加电场时的结构　(b) 施加电场后的结构　(c) 电偶极子示意图

图 2-1　电介质中的正负电荷

下面用极化矢量(电极化强度)来描述物质的极化。首先定义电偶极矩,单个电偶极子的偶极矩为:

$$\mathrm{d}\boldsymbol{p}_i = Q\boldsymbol{l}_i \tag{2-65}$$

一个被极化的电介质存在大量电偶极子,则总电偶极矩为:

$$\boldsymbol{p}_{\text{total}} = \sum_{i=1}^{N_e \Delta V} \mathrm{d}\boldsymbol{p}_i \tag{2-66}$$

式中,N_e 为单位体积内的电偶极子个数;ΔV 为体积。极化矢量定义为单位体积内的电偶极矩,如下:

$$\boldsymbol{P} = \lim_{\Delta V \to 0}\left(\frac{1}{\Delta V}\boldsymbol{p}_{\text{total}}\right) = \left(\frac{1}{\Delta V}\sum_{i=1}^{N_e \Delta V} \mathrm{d}\boldsymbol{p}_i\right) \tag{2-67}$$

对于线性、均匀和各向同性电介质,电场强度和电极化强度的关系为:

$$\boldsymbol{P} = \varepsilon_0 \chi_e \boldsymbol{E} \tag{2-68}$$

电通量为:

$$\boldsymbol{D} = \varepsilon_0 \boldsymbol{E} + \boldsymbol{P} = \varepsilon_0 (1 + \chi_e)\boldsymbol{E} = \varepsilon_0 \varepsilon_r \boldsymbol{E} = \varepsilon \boldsymbol{E}$$

式中,χ_e 为电极化率;ε 为介电常数;ε_r 为相对介电常数。

2.4.2 磁导率

磁性材料是这样一种物质:当外加磁场时它会发生磁极化。为了能够理解磁化现象,首先介绍磁偶极子。如图 2-2 所示,负电荷围绕正电荷快速运动,并形成电流,电流产生磁场,从而形成磁偶极子。

下面用磁化矢量(磁极化强度)来描述物质的极化。首先定义磁偶极矩,单个磁偶极子的偶极矩为:

$$\mathrm{d}\boldsymbol{m}_i = \boldsymbol{I}_i \mathrm{d}s_i \tag{2-69}$$

一个被磁化的磁性材料存在大量磁偶极子,则总磁偶极矩为:

$$\boldsymbol{m}_{\text{total}} - \sum_{i=1}^{N_m \Delta V} \mathrm{d}\boldsymbol{m}_i \tag{2-70}$$

式中,N_m 为单位体积内的磁偶极子个数;ΔV 为体积。磁化矢量定义为单位体积内的磁偶极矩,如下:

$$\boldsymbol{M} = \lim_{\Delta V \to 0}\left(\frac{1}{\Delta V}\boldsymbol{m}_{\text{total}}\right) = \lim_{\Delta V \to 0}\left(\frac{1}{\Delta V}\sum_{i=1}^{N_m \Delta V} \mathrm{d}\boldsymbol{m}_i\right) \tag{2-71}$$

对于线性、均匀和各向同性磁性材料,磁场强度和磁极化强度的关系为:

$$\boldsymbol{M} = \chi_m \boldsymbol{H} \tag{2-72}$$

磁通量为:

$$\boldsymbol{B} = \mu_0 \boldsymbol{H} + \mu_0 \boldsymbol{M} = \mu_0 \boldsymbol{H} + \mu_0 \chi_m \boldsymbol{H} = \mu_0 \mu_r \boldsymbol{H}$$

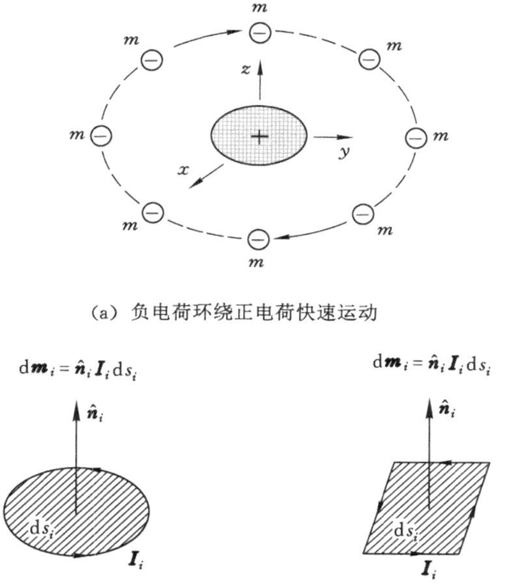

(a) 负电荷环绕正电荷快速运动

(b) 圆形截面的磁偶极子　　(c) 矩形截面的磁偶极子

图 2-2　磁性材料中的正负电荷

式中，χ_m 为磁极化率；μ 为磁导率；μ_r 为相对磁导率。

2.4.3 电导率

电导率是用来描述物质中电荷流动难易程度的参数，符号为 σ。对于导体材料，当外加电场为 $\boldsymbol{E}$ 时，传导电流密度 $\boldsymbol{J}_c$ 与电场强度 $\boldsymbol{E}$ 的关系为：

$$\boldsymbol{J}_c = \sigma \boldsymbol{E} \tag{2-73}$$

电导率的单位是西门子，当 1 A 电流通过物体的横截面并存在 1 V 电压时，物体的电导就是 1 S。西门子实际上等效于 1 A/V。

电导率与温度具有很大相关性。金属的电导率随着温度的升高而减小。半导体的电导率随着温度的升高而增加。在一段温度值域内，电导率可以被近似为与温度成正比。为了要比较物质在不同温度状况下的电导率，必须设定一个共同的参考温度。

固态半导体的掺杂程度也会对电导率造成很大的影响。增加掺杂程度会造成电导率增高。水溶液的电导率高低相依于其内含溶质盐的浓度，或其他会分解为电解质的化学杂质。水样本的电导率是测量水的含盐成分、含离子成分、含杂质成分等的重要指标。水越纯净,电导率越低(电阻率越高)。水的电导率时常以电导系数来表示,电导系数是水在 25 ℃温度时的电导率。

2.5 边界条件

考虑两种不同媒质的分界面,物质本构参数分别为 ε_1、μ_1、σ_1 和 ε_2、μ_2、σ_2,在分界面上两边的电磁场描述为 $\boldsymbol{E}_1$、$\boldsymbol{H}_1$、$\boldsymbol{D}_1$、$\boldsymbol{B}_1$ 和 $\boldsymbol{E}_2$、$\boldsymbol{H}_2$、$\boldsymbol{D}_2$、$\boldsymbol{B}_2$,如图 2-3 所示

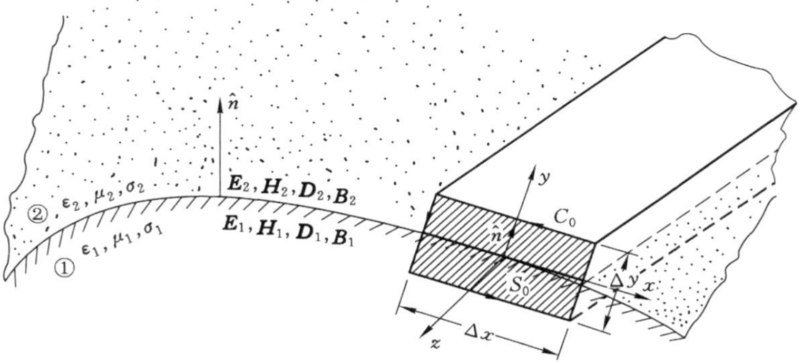

(a) 切向分量

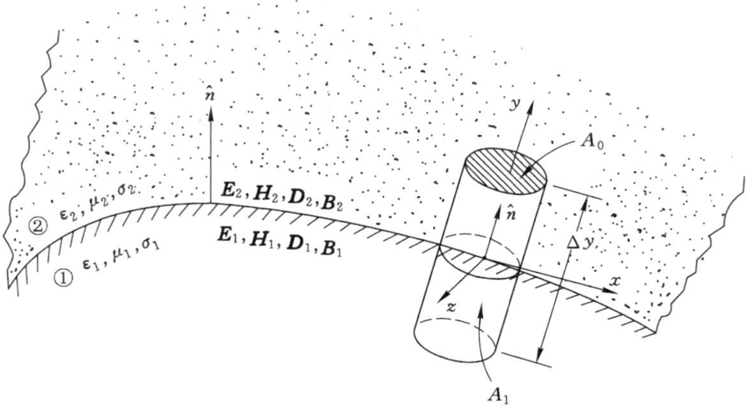

(b) 法向分量

图 2-3 边界条件几何关系示意图

根据图 2-3(a)将电场强度和磁场强度沿着闭合曲线 C_0 进行积分，并根据麦克斯韦方程组的积分形式，得：

$$\boldsymbol{E}_1 \cdot \hat{\boldsymbol{a}}_x \Delta x + \boldsymbol{E} \cdot \hat{\boldsymbol{a}}_y \Delta y - \boldsymbol{E}_2 \cdot \hat{\boldsymbol{a}}_x \Delta x - \boldsymbol{E} \cdot \hat{\boldsymbol{a}}_y \Delta y$$

$$= -\frac{\mathrm{d}\boldsymbol{B}}{\mathrm{d}t} \cdot (\hat{\boldsymbol{a}}_x \times \hat{\boldsymbol{a}}_y)\Delta x \Delta y - \boldsymbol{J}_{\mathrm{m}} \cdot (\hat{\boldsymbol{a}}_x \times \hat{\boldsymbol{a}}_y)\Delta x \tag{2-74}$$

$$\boldsymbol{H}_1 \cdot \hat{\boldsymbol{a}}_x \Delta x + \boldsymbol{H} \cdot \hat{\boldsymbol{a}}_y \Delta y - \boldsymbol{H}_2 \cdot \hat{\boldsymbol{a}}_x \Delta x - \boldsymbol{H} \cdot \hat{\boldsymbol{a}}_y \Delta y$$

$$= \frac{\mathrm{d}\boldsymbol{D}}{\mathrm{d}t} \cdot (\hat{\boldsymbol{a}}_x \times \hat{\boldsymbol{a}}_y)\Delta x \Delta y - \boldsymbol{J}_{\mathrm{e}} \cdot (\hat{\boldsymbol{a}}_x \times \hat{\boldsymbol{a}}_y)\Delta x \tag{2-75}$$

令 $\Delta y \to 0$，则：

$$(\boldsymbol{E}_1 - \boldsymbol{E}_2) \cdot \hat{\boldsymbol{a}}_x = -\boldsymbol{J}_{\mathrm{m}} \cdot (\hat{\boldsymbol{a}}_x \times \hat{\boldsymbol{a}}_y) \tag{2-76}$$

$$(\boldsymbol{H}_1 - \boldsymbol{H}_2) \cdot \hat{\boldsymbol{a}}_x = \boldsymbol{J}_{\mathrm{e}} \cdot (\hat{\boldsymbol{a}}_x \times \hat{\boldsymbol{a}}_y) \tag{2-77}$$

利用矢量恒等式 $(\boldsymbol{A} \times \boldsymbol{B}) \times \boldsymbol{C} = (\boldsymbol{A} \cdot \boldsymbol{C})\boldsymbol{B} - (\boldsymbol{A} \cdot \boldsymbol{B})\boldsymbol{C}$，可以得到 $\hat{\boldsymbol{n}} \times (\hat{\boldsymbol{t}} \times \hat{\boldsymbol{n}}) = \hat{\boldsymbol{t}}$，因此，得到切向边界条件的表达式为：

$$\hat{\boldsymbol{n}} \times (\boldsymbol{E}_2 - \boldsymbol{E}_1) = -\boldsymbol{J}_{\mathrm{m}} \tag{2-78}$$

$$\hat{\boldsymbol{n}} \times (\boldsymbol{H}_2 - \boldsymbol{H}_1) = -\boldsymbol{J}_{\mathrm{e}} \tag{2-79}$$

根据图 2-3(b)将电通密度和磁通密度沿着闭合圆柱表面进行积分，并根据麦克斯韦方程的积分形式，得：

$$\boldsymbol{D}_2 \cdot \hat{\boldsymbol{n}} A_0 - \boldsymbol{D}_1 \cdot \hat{\boldsymbol{n}} A_0 = q_{\mathrm{e}} A_0 \tag{2-80}$$

$$\boldsymbol{B}_2 \cdot \hat{\boldsymbol{n}} A_0 - \boldsymbol{B}_1 \cdot \hat{\boldsymbol{n}} A_0 = q_{\mathrm{m}} A_0 \tag{2-81}$$

因此，得到法向边界条件的表达式为：

$$(\boldsymbol{D}_2 - \boldsymbol{D}_1) \cdot \hat{\boldsymbol{n}} = q_{\mathrm{e}} \tag{2-82}$$

$$(\boldsymbol{B}_2 - \boldsymbol{B}_1) \cdot \hat{\boldsymbol{n}} = q_{\mathrm{m}} \tag{2-83}$$

2.6　功率和能量

2.6.1　时变电磁场

根据时变麦克斯韦方程组，可以得到：

$$\boldsymbol{H} \cdot (\nabla \times \boldsymbol{E}) = -\boldsymbol{H} \cdot \frac{\partial}{\partial t}\boldsymbol{B} \tag{2-84}$$

$$\boldsymbol{E} \cdot (\nabla \times \boldsymbol{H}) = \boldsymbol{E} \cdot \left(\boldsymbol{J}_{\mathrm{ei}} + \boldsymbol{J}_{\mathrm{ec}} + \frac{\partial}{\partial t}\boldsymbol{D}\right) \tag{2-85}$$

两式相减，得：

$$-\boldsymbol{H}\cdot\frac{\partial \boldsymbol{B}}{\partial t}-\boldsymbol{E}\cdot\left(\boldsymbol{J}_{\mathrm{e}}+\boldsymbol{J}_{\mathrm{c}}+\frac{\partial \boldsymbol{D}}{\partial t}\right)=-\mu\boldsymbol{H}\cdot\frac{\partial \boldsymbol{H}}{\partial t}-\boldsymbol{E}\cdot\boldsymbol{J}_{\mathrm{e}}-\sigma\boldsymbol{E}\cdot\boldsymbol{E}-\varepsilon\boldsymbol{E}\cdot\frac{\partial \boldsymbol{E}}{\partial t} \tag{2-86}$$

根据矢量恒等式$\nabla\cdot(\boldsymbol{A}\times\boldsymbol{B})=\boldsymbol{B}\cdot(\nabla\times\boldsymbol{A})-\boldsymbol{A}\ (\nabla\times\boldsymbol{B})$,得:

$$\nabla\cdot(\boldsymbol{E}\times\boldsymbol{H})+\mu\boldsymbol{H}\cdot\frac{\partial \boldsymbol{H}}{\partial t}+\boldsymbol{E}\cdot\boldsymbol{J}_{\mathrm{e}}+\sigma\boldsymbol{E}\cdot\boldsymbol{E}+\varepsilon\boldsymbol{E}\cdot\frac{\partial \boldsymbol{E}}{\partial t}=0 \tag{2-87}$$

上式为电磁场能量守恒方程的微分形式。

对方程两边进行体积分,利用散度定理整理得:

$$\oint_S(\boldsymbol{E}\times\boldsymbol{H})\cdot\mathrm{d}S+\int_V\left(\mu\boldsymbol{H}\cdot\frac{\partial \boldsymbol{H}}{\partial t}+\boldsymbol{E}\cdot\boldsymbol{J}_{\mathrm{e}}+\sigma\boldsymbol{E}\cdot\boldsymbol{E}+\varepsilon\boldsymbol{E}\cdot\frac{\partial \boldsymbol{E}}{\partial t}\right)\mathrm{d}V=0 \tag{2-88}$$

上式为电磁场能量守恒方程的积分形式。

下面讨论能量守恒方程中各项的物理意义。

① $\boldsymbol{p}=\boldsymbol{E}\times\boldsymbol{H}$ 表示功率流密度,单位为 $\mathrm{W/m^2}$;$\boldsymbol{P}=\int_S(\boldsymbol{E}\times\boldsymbol{H})\cdot\mathrm{d}\boldsymbol{S}=\int_S\boldsymbol{p}\cdot\mathrm{d}\boldsymbol{S}$ 表示从面 S 流出的功率。

② $\mu\boldsymbol{H}\cdot\dfrac{\partial \boldsymbol{H}}{\partial t}=\dfrac{\partial}{\partial t}\left(\dfrac{\mu}{2}H^2\right)=\dfrac{\partial w_{\mathrm{m}}}{\partial t}$,其中 $w_{\mathrm{m}}=\dfrac{\mu}{2}H^2$ 表示磁能密度,单位为 $\mathrm{J/m^3}$;$W_{\mathrm{m}}=\dfrac{1}{2}\int_V\mu H^2\mathrm{d}V$ 表示为磁能,单位为 J。

③ $\varepsilon\boldsymbol{E}\cdot\dfrac{\boldsymbol{E}}{\partial t}=\dfrac{\partial}{\partial t}\left(\dfrac{\varepsilon}{2}E^2\right)=\dfrac{\partial w_{\mathrm{e}}}{\partial t}$,其中 $w_{\mathrm{e}}=\dfrac{\mu}{2}E^2$ 表示电能密度,单位为 $\mathrm{J/m^3}$;$W_{\mathrm{e}}=\dfrac{1}{2}\int_V\varepsilon E^2\mathrm{d}V$ 表示电能,单位为 J。

④ $p_{\mathrm{d}}=\sigma\boldsymbol{E}\cdot\boldsymbol{E}=\sigma E^2$ 表示耗散功率密度,单位为 $\mathrm{W/m^3}$;$P_{\mathrm{d}}=\int_V\sigma\boldsymbol{E}\cdot\boldsymbol{E}\mathrm{d}V=\int_V\sigma E^2\mathrm{d}V$ 表示耗散功率,单位为 W。

⑤ $P_{\mathrm{s}}=-\int_V\boldsymbol{E}\cdot\boldsymbol{J}_{\mathrm{e}}\mathrm{d}V$ 表示功率源。

2.6.2 时谐电磁场

对于时谐电磁场,考察波印亭矢量,有:

$$\begin{aligned}\boldsymbol{p}&=\boldsymbol{E}(\boldsymbol{r},t)\times\boldsymbol{H}(\boldsymbol{r},t)=\mathrm{Re}(\boldsymbol{E}\mathrm{e}^{j\omega t})\times\mathrm{Re}(\boldsymbol{H}\mathrm{e}^{j\omega t})\\&=\frac{1}{2}(\boldsymbol{E}\mathrm{e}^{j\omega t}+\boldsymbol{E}^*\mathrm{e}^{-j\omega t})\times\frac{1}{2}(\boldsymbol{H}\mathrm{e}^{j\omega t}+\boldsymbol{H}^*\mathrm{e}^{-j\omega t})\end{aligned}$$

$$=\frac{1}{4}(\boldsymbol{E}\times\boldsymbol{H}e^{j2\omega t}+\boldsymbol{E}\times\boldsymbol{H}^{*}+\boldsymbol{E}^{*}\times\boldsymbol{H}+\boldsymbol{E}^{*}\times\boldsymbol{H}^{*}e^{-j2\omega t})$$

$$=\frac{1}{2}\mathrm{Re}(\boldsymbol{E}\times\boldsymbol{H}^{*})+\frac{1}{2}(\boldsymbol{E}\times\boldsymbol{H}e^{j2\omega t}) \tag{2-89}$$

在一个周期 $T=2\pi/\omega$ 内对时间积分，得：

$$\boldsymbol{p}_{\text{average}}=\frac{1}{T}\int_{0}^{T}\boldsymbol{p}\,\mathrm{d}t=\frac{1}{2}\mathrm{Re}(\boldsymbol{E}\times\boldsymbol{H}^{*}) \tag{2-90}$$

因此，复波印亭矢量可以写为：

$$S=\frac{1}{2}\boldsymbol{E}\times\boldsymbol{H}^{*} \tag{2-91}$$

时谐电磁场能量守恒方程的积分和微分形式为：

$$\frac{1}{2}\oint_{S}\boldsymbol{E}\times\boldsymbol{H}\cdot\mathrm{d}\boldsymbol{S}+\frac{j\omega}{2}\int_{V}(\mu\mid\boldsymbol{H}\mid^{2}-\varepsilon\mid\boldsymbol{E}\mid^{2})\,\mathrm{d}V+\frac{1}{2}\int_{V}\sigma\mid\boldsymbol{E}\mid^{2}\mathrm{d}V$$

$$=-\frac{1}{2}\int_{V}\boldsymbol{E}\cdot\boldsymbol{J}_{\mathrm{e}}^{*}\,\mathrm{d}V \tag{2-92}$$

$$\nabla\cdot(\boldsymbol{E}\times\boldsymbol{H}^{*})+j\omega\mu\mid\boldsymbol{H}\mid^{2}-j\omega\varepsilon\mid\boldsymbol{E}\mid^{2}+\sigma\mid\boldsymbol{E}\mid^{2}+\boldsymbol{E}\cdot\boldsymbol{J}_{\mathrm{e}}^{*}=0 \tag{2-93}$$

其中：

① $P_{\mathrm{s}}=-\frac{1}{2}\int_{V}\boldsymbol{E}\cdot\boldsymbol{J}_{\mathrm{e}}^{*}\,\mathrm{d}V$ 表示复功率源。

② $P=\frac{1}{2}\oint_{S}\boldsymbol{E}\times\boldsymbol{H}\mathrm{d}S$ 表示输出功率。

③ $\frac{1}{2}\int_{V}\sigma\mid\boldsymbol{E}\mid^{2}\mathrm{d}V$ 表示耗散功率。

④ $\overline{W}_{\mathrm{m}}=\frac{1}{4}\int_{V}\mu\mid\boldsymbol{H}\mid^{2}\mathrm{d}V$ 表示平均磁能；$\overline{W}_{\mathrm{e}}=\frac{1}{4}\int_{V}\varepsilon\mid\boldsymbol{E}\mid^{2}\mathrm{d}V$ 表示平均电能。

2.7　本章小结

电磁场的理论框架，主要包含麦克斯韦方程、边界条件、本构关系。对于任意电磁散射问题的求解，这三部分的条件需要明确给出，否则无法得到有效的电磁散射解。此外，对已经完成求解的电磁散射问题，通过功率和能量的计算公式可以进行相关功率和能量分布的计算及分析。

参考文献

[1] BALANIS C A. Advanced engineering electromagnetics[M]. New York: Wiley, 1989.

[2] BUSH V. The force between moving charges[J]. Journal of the A.I.E.E, 1926, 45(5): 429.

[3] CHEN H C, CHENG D K. Constitutive relations for a moving anisotropic medium[J]. Proceedings of the IEEE, 1966, 54(1): 62-63.

[4] CLAPP R E. Enforcing causality in numerical solutions of Maxwell's equations[J]. Proceedings of the IEEE, 1968, 56(3): 329.

[5] DESCHAMPS G A. Electromagnetics and differential forms[J]. Proceedings of the IEEE, 1981, 69(6): 676-696.

[6] DOGGETT L A, TARPLEY H I. Power and energy, positive and negative [J]. Transactions of the American institute of electrical engineers, 1935, 54 (11): 1204-1209.

[7] GAMO H. A general formulation of Faraday's law of induction[J]. Proceedings of the IEEE, 1979, 67(4): 676-677.

[8] GUY A W, LEHMANN J F, STONEBRIDGE J B. Therapeutic applications of electromagnetic power[J]. Proceedings of the IEEE, 1974, 62(1): 55-75.

[9] KALHOR H A. Comparison of Ampere's circuital law (ACL) and the law of Biot-Savart (LBS)[J]. IEEE transactions on education, 1988, 31(3): 236-238.

[10] MAUGHMER J M, HUSKEY H D. A study of refill phenomena in williams' tube memories[J]. IRE transactions on electronic computers, 1958, 7(1): 23-31.

[11] MITZNER K. Effective boundary conditions for reflection and transmission by an absorbing shell of arbitrary shape[J]. IEEE transactions on antennas and propagation, 1968, 16(6): 706-712.

[12] NEFF H P. Basic electromagnetic fields[M]. 2nd ed. New York: Harper and Row, 1987.

[13] SHIOZAWA T. Constitutive relations for a rotating electron plasma[J].

Proceedings of the IEEE,1974,62(9):1283-1284.

[14] SLEPIAN J.Reactive power and magnetic energy[J].Transactions of the American institute of electrical engineers,1920(2):1115-1133.

[15] SUBRAMANIAM S,HOOLE S R H.The impedance boundary condition in the boundary element-vector potential formulation [J]. IEEE transactions on magnetics,1988,24(6):2503-2505.

[16] WARNICK K F,ARNOLD D V,SELFRIDGE R H.Differential forms in electromagnetic field theory[C]//IEEE Antennas and Propagation Society International Symposium. 1996 Digest. July 21-26, 1996, Baltimore, MD, USA.IEEE,2002:1474-1477.

[17] WILLIAMS E R, OLSEN P T. A method to measure magnetic fields accurately using Ampere's law[J].IEEE transactions on instrumentation and measurement,1978,27(4):467-469.

[18] YEE K E.Numerical solution of initial boundary value problems involving Maxwell's equations in isotropic media[J].IEEE transactions on antennas and propagation,1966,14(3):302-307.

[19] ZAHN M.Transient electric field and space charge behavior for unipolar ion conduction in liquid dielectrics[C]//Conference on Electrical Insulation and Dielectric Phenomena-Annual Report. October 21-23, 1974, Downingtown, PA, USA.IEEE,2016:525-539.

第 3 章　电磁波的辐射和散射

3.1　引言

本章主要介绍电磁散射建模所需的电磁波基础知识，包括波动方程及其解、均匀平面波、电磁散射、透射、辐射、散射等。

3.2　波动方程

3.2.1　基本波方程

电磁波是由振荡变化的电场、振荡变化的磁场互相激励、耦合形成的，因此，描述电磁波的关键就是描述电磁波中电场、磁场等物理量随着空间、时间变化的规律。由前一章可知，在线性、各向同性、均匀介质中，电荷、电流共同产生的时谐电磁场方程为：

$$\begin{cases} \nabla \times \boldsymbol{E}(\boldsymbol{r},t) = -\dfrac{\partial \boldsymbol{B}(\boldsymbol{r},t)}{\partial t} \\ \nabla \times \boldsymbol{H}(\boldsymbol{r},t) = \boldsymbol{J}_{\mathrm{e}}(\boldsymbol{r},t) + \dfrac{\partial \boldsymbol{D}(\boldsymbol{r},t)}{\partial t} \\ \nabla \cdot \boldsymbol{D}(\boldsymbol{r},t) = \rho_{\mathrm{e}}(\boldsymbol{r},t) \\ \nabla \cdot \boldsymbol{B}(\boldsymbol{r},t) = \rho_{\mathrm{m}}(\boldsymbol{r},t) \end{cases} \tag{3-1}$$

对两个旋度方程两边都再取旋度，并代入另一个旋度方程，得：

$$\begin{aligned} \nabla \times (\nabla \times \boldsymbol{H}) &= \nabla \times \left(\boldsymbol{J}_{\mathrm{e}} + \sigma \boldsymbol{E} + \varepsilon \frac{\partial}{\partial t}\boldsymbol{E}\right) \\ &= \nabla \times \boldsymbol{J}_{\mathrm{e}} + \sigma \nabla \times \boldsymbol{E} + \varepsilon \frac{\partial}{\partial t}(\nabla \times \boldsymbol{E}) \\ &= \nabla \times \boldsymbol{J}_{\mathrm{e}} - \mu\sigma \frac{\partial \boldsymbol{H}}{\partial t} - \varepsilon \frac{\partial}{\partial t}\left(\mu \frac{\partial \boldsymbol{H}}{\partial t}\right) \\ &= \nabla \times \boldsymbol{J}_{\mathrm{e}} - \sigma\mu \frac{\partial \boldsymbol{H}}{\partial t} - \mu\varepsilon \frac{\partial^2 \boldsymbol{H}}{\partial t^2} \end{aligned} \tag{3-2}$$

$$\nabla \times (\nabla \times \boldsymbol{E}) = \nabla \times \left(-\mu \frac{\partial}{\partial t}\boldsymbol{H}\right) = -\mu \frac{\partial}{\partial t}(\nabla \times \boldsymbol{H})$$

$$= -\mu \frac{\partial}{\partial t}\left(\boldsymbol{J}_{e} + \sigma \boldsymbol{E} + \varepsilon \frac{\partial \boldsymbol{E}}{\partial t}\right)$$

$$= -\mu \frac{\partial}{\partial t}\boldsymbol{J}_{e} - \mu\sigma \frac{\partial \boldsymbol{E}}{\partial t} - \mu\varepsilon \frac{\partial^{2} \boldsymbol{E}}{\partial t^{2}} \tag{3-3}$$

根据矢量恒等式$\nabla\times\nabla\times\mathbf{A}=\nabla\nabla\cdot\mathbf{A}-\nabla^2\mathbf{A}$，上式可整理为：

$$\nabla^{2}\boldsymbol{A} - \mu\varepsilon \frac{\partial^{2} \boldsymbol{H}}{\partial t^{2}} - \sigma\mu \frac{\partial \boldsymbol{H}}{\partial t} = -\nabla \times \boldsymbol{J}_{e} \tag{3-4}$$

$$\nabla^{2}\boldsymbol{E} - \mu\varepsilon \frac{\partial^{2} \boldsymbol{E}}{\partial t^{2}} - \mu\sigma \frac{\partial \boldsymbol{E}}{\partial t} = \frac{1}{\varepsilon}\nabla q_{e} + \mu \frac{\partial}{\partial t}\boldsymbol{J}_{e} \tag{3-5}$$

这两个方程分别描述了在电荷、电流的作用下，电场和磁场随着时间和空间的变化，称为非齐次矢量波动方程。对于无源区域，即 $\boldsymbol{J}_{e}=\boldsymbol{J}_{m}=0$ 和 $q_{e}=q_{m}=0$，那么方程简化为：

$$\nabla^{2}\boldsymbol{H} - \mu\varepsilon \frac{\partial^{2} \boldsymbol{H}}{\partial t^{2}} - \sigma\mu \frac{\partial \boldsymbol{H}}{\partial t} = 0 \tag{3-6}$$

$$\nabla^{2}\boldsymbol{E} - \mu\varepsilon \frac{\partial^{2} \boldsymbol{E}}{\partial t^{2}} - \mu\sigma \frac{\partial \boldsymbol{E}}{\partial t} = 0 \tag{3-7}$$

简化后的方程称为齐次矢量波动方程。若媒质为理想介质（电导率为 0），则方程进一步简化为：

$$\nabla^{2}\boldsymbol{H} - \mu\varepsilon \frac{\partial^{2} \boldsymbol{H}}{\partial t^{2}} = 0 \tag{3-8}$$

$$\nabla^{2}\boldsymbol{E} - \mu\varepsilon \frac{\partial^{2} \boldsymbol{E}}{\partial t^{2}} = 0 \tag{3-9}$$

上述的波动方程，描述了电场或磁场在空间、时间上的变化，因此，可以用来描述电磁波。换句话说，任何实际存在的电磁波，其表达式均应该满足波动方程。

若考虑时谐场，那么在线性、各向同性、均匀介质中的波动方程为：

$$\nabla^{2}\boldsymbol{H} + \omega^{2}\mu\varepsilon\boldsymbol{H} - j\omega\sigma\mu\boldsymbol{H} = -\nabla \times \boldsymbol{J}_{e} \tag{3-10}$$

$$\nabla^{2}\boldsymbol{E} + \omega^{2}\mu\varepsilon\boldsymbol{E} - j\omega\mu\sigma\boldsymbol{E} = \frac{1}{\varepsilon}\nabla q_{e} + j\omega\mu\boldsymbol{J}_{e} \tag{3-11}$$

此时方程称为非齐次矢量亥姆霍兹方程。对于无源区域，即 $\boldsymbol{J}_{e}=\boldsymbol{J}_{m}=0$ 和 $q_{e}=q_{m}=0$，那么方程简化为：

$$\nabla^{2}\boldsymbol{H} - \gamma^{2}\boldsymbol{H} = 0 \tag{3-12}$$

$$\nabla^{2}\boldsymbol{E} - \gamma^{2}\boldsymbol{E} = 0 \tag{3-13}$$

其中 $\gamma^2 = j\omega\mu\sigma - \omega^2\mu\varepsilon$ 表示电磁波的传播常数，此时方程称为齐次矢量亥姆霍兹方程。若媒质为理想介质(电导率为 0)，则方程进一步简化为：

$$\nabla^2 \boldsymbol{H} + \beta^2 \boldsymbol{H} = 0 \tag{3-14}$$

$$\nabla^2 \boldsymbol{E} + \beta^2 \boldsymbol{E} = 0 \tag{3-15}$$

式中，$\beta = \omega\sqrt{\mu\varepsilon}$ 表示电磁波的波数。

3.2.2 基本波方程的解

电磁波中的场必须满足矢量亥姆霍兹方程，如果能够给出亥姆霍兹方程的解，就可以用方程的解来描述电磁波。为了求解矢量亥姆霍兹方程，常常将其分解成不同坐标分量的标量方程，也称为标量亥姆霍兹方程。由于标量亥姆霍兹方程是偏微分方程，因此，标量亥姆霍兹方程的齐次解就是电磁波中的基本波函数。下面我们以三种坐标系分别讨论时谐场的基本波函数。

(1) 直角坐标系

标量亥姆霍兹方程为：

$$\nabla^2 \psi(x,y,z) + \beta^2 \psi(x,y,z) = 0 \tag{3-16}$$

将左边第一项的拉普拉斯算子在直角坐标系中展开，得：

$$\frac{\partial^2}{\partial x^2}\psi(x,y,z) + \frac{\partial^2}{\partial y^2}\psi(x,y,z) + \frac{\partial^2}{\partial z^2}\psi(x,y,z) + \beta^2\psi(x,y,z) = 0 \tag{3-17}$$

采用分离变量法，假设 $\psi(x,y,z) = f(x)g(y)h(z)$，代入得：

$$gh\frac{\mathrm{d}^2 f}{\mathrm{d}x^2} + fh\frac{\mathrm{d}^2 g}{\mathrm{d}y^2} + fg\frac{\mathrm{d}^2 h}{\mathrm{d}z^2} + \beta^2 = 0 \tag{3-18}$$

上式中，由于 $f(x)$、$g(y)$ 和 $h(z)$ 三个函数仅仅只有一个自变量，因此，可以将偏导数变成普通的导数。将方程两边同时除以 $f(x)g(y)h(z)$，化简得：

$$\frac{\mathrm{d}^2 f}{f\,\mathrm{d}x^2} + \frac{\mathrm{d}^2 g}{g\,\mathrm{d}y^2} + \frac{\mathrm{d}^2 h}{h\,\mathrm{d}z^2} + \beta^2 = 0 \tag{3-19}$$

因此有：

$$\begin{cases} \dfrac{\mathrm{d}^2}{\mathrm{d}x^2}f(x) + \beta_x^2 f(x) = 0 \\ \dfrac{\mathrm{d}^2}{\mathrm{d}y^2}g(y) + \beta_y^2 f(y) = 0 \\ \dfrac{\mathrm{d}^2}{\mathrm{d}z^2}h(z) + \beta_z^2 f(z) = 0 \end{cases} \tag{3-20}$$

式中，$\beta x^2 + \beta y^2 + \beta z^2 = \beta^2$。

求解上述方程可得：

$$\begin{cases} f(x)=A_1\mathrm{e}^{-j\beta_x x}+B_1\mathrm{e}^{j\beta_x x} \\ g(y)=A_2\mathrm{e}^{-j\beta_y y}+B_2\mathrm{e}^{j\beta_y y} \\ h(z)=A_3\mathrm{e}^{-j\beta_z z}+B_3\mathrm{e}^{j\beta_z z} \end{cases} \text{或} \begin{cases} f(x)=C_1\cos(\beta_x x)+D_1\sin(\beta_x x) \\ g(y)=C_2\cos(\beta_y y)+D_2\sin(\beta_y y) \\ h(z)=C_3\cos(\beta_z z)+D_3\sin(\beta_z z) \end{cases} \tag{3-21}$$

上面的两组解中，左边的解可理解为两个相反方向行波的线性组合，而右边的解可理解为两个相位相差 90°驻波的线性组合，两组解均为方程的解。最后，直角坐标系下标量亥姆霍兹方程的解为：

$$\psi(x,y,z)=[C_1\cos(\beta_x x)+D_1\sin(\beta_x x)][C_2\cos(\beta_y y)+D_2\sin(\beta_y y)] [A_3\mathrm{e}^{-j\beta_z z}+B_3\mathrm{e}^{\beta_z z}] \tag{3-22}$$

其中，x 和 y 方向的分量用驻波形式表示，z 方向的分量用行波形式表示。当每个分量的传播常数、系数确定后，就能够在直角坐标系中准确描述一个电磁波。

若考虑有损耗的媒质，那么传播常数采用 γ 表示，对应的标量亥姆霍兹方程为：

$$\nabla^2\psi(x,y,z)-\gamma^2\psi(x,y,z)=0 \tag{3-23}$$

将左边第一项的拉普拉斯算子在直角坐标系中展开，得：

$$\frac{\partial}{\partial x^2}\psi(x,y,z)+\frac{\partial}{\partial y^2}\psi(x,y,z)+\frac{\partial}{\partial z^2}\psi(x,y,z)-\gamma^2\psi(x,y,z)=0 \tag{3-24}$$

采用分离变量法，假设 $E_x(x,y,z)=f(x)g(y)h(z)$，代入得：

$$gh\frac{\mathrm{d}^2 f}{\mathrm{d}x^2}+fh\frac{\mathrm{d}^2 g}{\mathrm{d}y^2}+fg\frac{\mathrm{d}^2 h}{\mathrm{d}z^2}-\gamma^2 fgh=0 \tag{3-25}$$

上式中，由于 $f(x)$、$g(y)$和 $h(z)$三个函数仅仅只有一个自变量，因此，可以将偏导数变成普通的导数。将方程两边同时除以 $f(x)g(y)h(z)$，化简得：

$$\frac{\mathrm{d}^2 f}{f\mathrm{d}x^2}+\frac{\mathrm{d}^2 g}{g\mathrm{d}y^2}+\frac{\mathrm{d}^2 h}{h\mathrm{d}z^2}-\gamma^2=0 \tag{3-26}$$

因此有：

$$\begin{cases} \dfrac{\mathrm{d}^2}{\mathrm{d}x^2}f(x)-\gamma_x^2 f(x)=0 \\ \dfrac{\mathrm{d}^2}{\mathrm{d}y^2}g(y)-\gamma_y^2 g(y)=0 \\ \dfrac{\mathrm{d}^2}{\mathrm{d}z^2}h(z)-\gamma_z^2 h(z)=0 \end{cases} \tag{3-27}$$

式中，$\gamma x^2+\gamma y^2+\gamma z^2=\gamma^2$。

求解上述方程可得：

$$\begin{cases} f(x)=A_1 e^{-\gamma_x x}+B_1 e^{-\gamma_x x} \\ g(y)=A_2 e^{-\gamma_y y}+B_2 e^{-\gamma_y y} \\ h(z)=A_3 e^{-\gamma_z z}+B_3 e^{-\gamma_z z} \end{cases} \text{或} \begin{cases} f(x)=C_1\cosh(\gamma_x x)+D_1\sinh(\gamma_x x) \\ g(y)=C_2\cosh(\gamma_y y)+D_2\sinh(\gamma_y y) \\ h(z)=C_3\cosh(\gamma_z z)+D_3\sinh(\gamma_z z) \end{cases} \tag{3-28}$$

上面的两组解中，左边的解可理解为两个相反方向行波的线性组合，而右边的解可理解为两个相位相差90°驻波的线性组合，两组解均为方程的解。最后，直角坐标系下标量亥姆霍兹方程的解为：

$$\psi(x,y,z)=[C_1\cosh(\gamma_x x)+D_1\sinh(\gamma_x x)][C_2\cosh(\gamma_y y)+D_2\sinh(\gamma_y y)][A_3 e^{-\gamma_z z}+B_3 e^{-\gamma_z z}] \tag{3-29}$$

其中，x 和 y 方向的分量用驻波形式表示，z 方向的分量用行波形式表示。当每个分量的传播常数、系数确定后，就能够在直角坐标系中准确描述一个在有损媒质中传播的电磁波。

(2) 柱坐标系

标量亥姆霍兹方程为：

$$\nabla^2\psi(\rho,\varphi,z)+\beta^2\psi(\rho,\varphi,z)=0 \tag{3-30}$$

将左边第一项的拉普拉斯算子在柱坐标系中展开，得：

$$\frac{1}{\rho}\frac{\partial}{\partial\rho}\left[\rho\frac{\partial}{\partial\rho}\psi(\rho,\varphi,z)\right]+\frac{1}{\rho^2}\frac{\partial^2}{\partial\varphi^2}\psi(\rho,\varphi,z)+\frac{\partial^2}{\partial z^2}\psi(\rho,\varphi,z)+\beta^2\psi(\rho,\varphi,z)=0 \tag{3-31}$$

采用分离变量法，假设 $\psi(\rho,\varphi,z)=f(\rho)g(\varphi)h(z)$，代入得：

$$gh\frac{d^2 f}{d\rho^2}+gh\frac{1}{\rho}\frac{df}{d\rho}+fh\frac{1}{\rho^2}\frac{d^2 g}{d\varphi^2}+fg\frac{d^2 h}{dz^2}+\beta^2 fgh=0 \tag{3-32}$$

上式中，由于 $f(\rho)$、$g(\varphi)$ 和 $h(z)$ 三个函数仅仅只有一个自变量，因此，可以将偏导数变成普通的导数。方程两边同时除以 $f(\rho)g(\varphi)h(z)$，化简得：

$$\frac{1}{f}\frac{d^2 f}{d\rho^2}+\frac{1}{f}\frac{1}{\rho}\frac{df}{d\rho}+\frac{1}{g}\frac{1}{\rho^2}\frac{d^2 g}{d\varphi^2}+\frac{1}{h}\frac{d^2 h}{dz^2}+\beta^2=0 \tag{3-33}$$

首先分离出方程：

$$\frac{1}{h}\frac{d^2 h}{dz^2}+\beta_z^2=0 \tag{3-34}$$

其中 β_z 为 z 方向的波数，因此有：

$$\frac{\rho^2}{f}\frac{d^2 f}{d\rho^2}+\frac{\rho}{f}\frac{df}{d\rho}+\frac{1}{g}\frac{d^2 g}{d\varphi^2}+(\beta^2-\beta_z^2)\rho^2=0 \tag{3-35}$$

其次，由于 $g(\varphi)$ 的自变量是角度，因此该函数必须是一个以 2π 为周期的周期函数，从而分离出第二个方程：

$$\frac{1}{g}\frac{\mathrm{d}^2 g}{\mathrm{d}\varphi^2}=-m^2 \tag{3-36}$$

其中 $m=1,2,3,\cdots$。因此有：

$$\rho^2\frac{\mathrm{d}^2 f}{\mathrm{d}\rho^2}+\rho\frac{\mathrm{d}f}{\mathrm{d}\rho}+[(\beta_\rho\rho)^2-m^2]f=0 \tag{3-37}$$

其中 $\beta^2=\beta_\rho^2+\beta_z^2$。因此，三个分离方程分别为：

$$\begin{cases}\rho^2\dfrac{\mathrm{d}^2}{\mathrm{d}\rho^2}f(\rho)+\rho\dfrac{\mathrm{d}}{\mathrm{d}\rho}f(\rho)+[(\beta_\rho\rho)^2-m^2]f(\rho)=0\\ \dfrac{\mathrm{d}^2}{\mathrm{d}y^2}g(\varphi)+m^2g(\varphi)=0\\ \dfrac{\mathrm{d}^2}{\mathrm{d}z^2}h(z)+\beta_z^2h(z)=0\end{cases} \tag{3-38}$$

求解上述方程可得：

$$\begin{cases}f(\rho)=A_1J_m(\beta_\rho\rho)+B_1Y_m(\beta_\rho\rho)\\ g(\varphi)=A_2\mathrm{e}^{-jm\varphi}+B_2\mathrm{e}^{jm\varphi}\\ h(z)=A_3\mathrm{e}^{-j\beta_z z}+B_3\mathrm{e}^{j\beta_z z}\end{cases}\quad 或 \quad\begin{cases}f(\rho)=C_1H_m^{(1)}(\beta_\rho\rho)+D_1H_m^{(2)}(\beta_\rho\rho)\\ g(\varphi)=C_2\cos(m\varphi)+D_2\sin(m\varphi)\\ h(z)=C_3\cos(\beta_z z)+D_3\sin(\beta_z z)\end{cases} \tag{3-39}$$

上面的两组解中，左边的解可理解为两个相反方向行波的线性组合，而右边的解可理解为两个相位相差 90°驻波的线性组合，两组解均为方程的解。最后，柱标系下标量亥姆霍兹方程的解为：

$$\psi(\rho,\varphi,z)=[A_1J_m(\beta_\rho\rho)+B_1Y_m(\beta_\rho\rho)][C_2\cos(m\varphi)+D_2\sin(m\varphi)]\\ [aA_3\mathrm{e}^{-j\beta_z z}+B_3\mathrm{e}^{j\beta_z z}] \tag{3-40}$$

式中，J_m 和 Y_m 表示 m 阶第一类和第二类柱贝塞尔函数；$H_m^{(1)}$ 和 $H_m^{(2)}$ 表示 m 阶第一类和第二类柱汉克尔函数。ρ 和 φ 方向的分量用驻波形式表示，z 方向的分量用行波形式表示。当每个分量的传播常数、系数确定后，就能够在柱坐标系中准确描述一个电磁波。

对于有损耗媒质，亥姆霍兹方程为：

$$\nabla^2\psi(\rho,\varphi,z)-\gamma^2\psi(\rho,\varphi,z)=0 \tag{3-41}$$

将左边第一项的拉普拉斯算子在柱坐标系中展开，得：

$$\frac{1}{\rho}\frac{\partial}{\partial\rho}\left[\rho\frac{\partial}{\partial\rho}\psi(\rho,\varphi,z)\right]+\frac{1}{\rho^2}\frac{\partial^2}{\partial\varphi^2}\psi(\rho,\varphi,z)+\frac{\partial^2}{\partial z^2}\psi(\rho,\varphi,z)-\gamma^2\psi(\rho,\varphi,z)=0 \tag{3-42}$$

采用分离变量法，假设 $\psi(\rho,\varphi,z)=f(\rho)g(\varphi)h(z)$，代入得：

$$gh\frac{\mathrm{d}^2 f}{\mathrm{d}\rho^2}+gh\frac{1}{\rho}\frac{\mathrm{d}f}{\mathrm{d}\rho}+fh\frac{1}{\rho^2}\frac{\mathrm{d}^2 g}{\mathrm{d}\varphi^2}+fg\frac{\mathrm{d}^2 h}{\mathrm{d}z^2}-\gamma^2 fgh=0 \tag{3-43}$$

上式中，由于 $f(\rho)$、$g(\varphi)$ 和 $h(z)$ 三个函数仅仅只有一个自变量，因此，可以将偏导数变成普通的导数。方程两边同时除以 $f(\rho)g(\varphi)h(z)$，化简得：

$$\frac{1}{f}\frac{\mathrm{d}^2 f}{\mathrm{d}\rho^2}+\frac{1}{f}\frac{1}{\rho}\frac{\mathrm{d}f}{\mathrm{d}\rho}+\frac{1}{g}\frac{1}{\rho^2}\frac{\mathrm{d}^2 g}{\mathrm{d}\varphi^2}+\frac{1}{h}\frac{\mathrm{d}^2 h}{\mathrm{d}z^2}-\gamma^2=0 \tag{3-44}$$

首先分离出方程：

$$\frac{1}{h}\frac{\mathrm{d}^2 h}{\mathrm{d}z^2}-\gamma_z^2=0 \tag{3-45}$$

其中 γ_z 为 z 方向的传播常数，因此有：

$$\frac{\rho^2}{f}\frac{\mathrm{d}^2 f}{\mathrm{d}\rho^2}+\frac{\rho}{f}\frac{\mathrm{d}f}{\mathrm{d}\rho}+\frac{1}{g}\frac{\mathrm{d}^2 g}{\mathrm{d}\varphi^2}-(\gamma^2-\gamma_z^2)\rho^2=0 \tag{3-46}$$

其次，由于 $g(\varphi)$ 的自变量是角度，因此该函数必须是一个以 2π 为周期的周期函数，从而分离出第二个方程：

$$\frac{1}{g}\frac{\mathrm{d}^2 g}{\mathrm{d}\varphi^2}=-m^2 \tag{3-47}$$

其中 $m=1,2,3,\cdots$。因此有：

$$\rho^2\frac{\mathrm{d}^2 f}{\mathrm{d}\rho^2}+\rho\frac{\mathrm{d}f}{\mathrm{d}\rho}-[(\gamma_\rho\rho)^2+m^2]f=0 \tag{3-48}$$

其中 $\gamma^2=\gamma_\rho^2+\gamma_z^2$。因此，三个分离方程分别为：

$$\begin{cases}\rho^2\dfrac{\mathrm{d}^2}{\mathrm{d}\rho^2}f(\rho)+\rho\dfrac{\mathrm{d}}{\mathrm{d}\rho}f(\rho)-[(\gamma_\rho\rho)^2+m^2]f(\rho)=0\\ \dfrac{\mathrm{d}^2}{\mathrm{d}y^2}g(\varphi)+m^2 g(\varphi)=0\\ \dfrac{\mathrm{d}^2}{\mathrm{d}z^2}h(z)-\gamma_z^2 h(z)=0\end{cases} \tag{3-49}$$

求解上述方程可得：

$$\begin{cases}f(\rho)=A_1 J_m(\gamma_\rho\rho)+B_1 Y_m(\gamma_\rho\rho)\\ g(\varphi)=A_2\mathrm{e}^{-jm\varphi}+B_2\mathrm{e}^{jm\varphi}\\ h(z)=A_3\mathrm{e}^{-\gamma_z z}+B_3\mathrm{e}^{\gamma_z z}\end{cases}\quad 或\quad \begin{cases}f(\rho)=C_1 H_m^{(1)}(\gamma_\rho\rho)+D_1 H_m^{(2)}(\gamma_\rho\rho)\\ g(\varphi)=C_2\cos(m\varphi)+D_2\sin(m\varphi)\\ h(z)=C_3\cosh(\gamma_z z)+D_3\sinh(\gamma_z z)\end{cases} \tag{3-50}$$

上面的两组解中，左边的解可理解为两个相反方向行波的线性组合，而右边的解可理解为两个相位相差 90°驻波的线性组合，两组解均为方程的解。最后，坐标系下标量亥姆霍兹方程的解为：

$$\psi(\rho,\varphi,z)=[A_1J_m(\gamma_\rho\rho)+B_1Y_m(\gamma_\rho\rho)][C_2\cos(m\varphi)+D_2\sin(m\varphi)]\\ [A_3\mathrm{e}^{-\gamma_z z}+B_3\mathrm{e}^{\gamma_z z}] \tag{3-51}$$

式中，J_m 和 Y_m 表示 m 阶第一类和第二类柱贝塞尔函数；$H_m^{(1)}$ 和 $H_m^{(2)}$ 表示 m 阶第一类和第二类柱汉克尔函数。ρ 和 φ 方向的分量用驻波形式表示，z 方向的分量用行波形式表示。当每个分量的传播常数、系数确定后，就能够在柱坐标系中准确描述一个电磁波。

(3) 球坐标系

标量亥姆霍兹方程为：

$$\nabla^2\psi(r,\theta,\varphi)+\beta^2\psi(r,\theta,\varphi)=0 \tag{3-52}$$

将左边第一项的拉普拉斯算子在球坐标系中展开，得：

$$\frac{1}{r^2}\frac{\partial}{\partial r}\left[r^2\frac{\partial}{\partial r}\psi(r,\theta,\varphi)\right]+\frac{1}{r^2\sin\theta}\frac{\partial}{\partial\theta}\left[\sin\theta\frac{\partial}{\partial\theta}\psi(r,\theta,\varphi)\right]+\\ \frac{1}{r^2\sin^2\theta}\frac{\partial^2}{\partial\varphi^2}\psi(r,\theta,\varphi)+\beta^2\psi(r,\theta,\varphi)=0 \tag{3-53}$$

采用分离变量法，假设 $\psi(r,\theta,\varphi)=f(r)g(\theta)h(\varphi)$，代入得：

$$gh\frac{1}{r^2}\frac{\mathrm{d}}{\mathrm{d}r}\left(r^2\frac{\mathrm{d}f}{\mathrm{d}r}\right)+fh\frac{1}{r^2\sin\theta}\frac{\mathrm{d}}{\mathrm{d}\theta}\left(\sin\theta\frac{\mathrm{d}g}{\mathrm{d}\theta}\right)+fg\frac{1}{r^2\sin^2\theta}\frac{\mathrm{d}^2h}{\mathrm{d}\theta^2}+\beta^2fgh=0 \tag{3-54}$$

上式中，由于 $f(\rho)$、$g(\varphi)$ 和 $h(z)$ 三个函数仅仅只有一个自变量，因此，可以将偏导数变成普通的导数。方程两边同时除以 $f(\rho)g(\varphi)h(z)$ 并乘以 $\sin^2\theta$，化简得：

$$\frac{\sin^2\theta}{f}\frac{\mathrm{d}}{\mathrm{d}r}\left(r^2\frac{\mathrm{d}f}{\mathrm{d}r}\right)+\frac{\sin\theta}{g}\frac{\mathrm{d}}{\mathrm{d}\theta}\left(\sin\theta\frac{\mathrm{d}g}{\mathrm{d}\theta}\right)+\frac{1}{h}\frac{\mathrm{d}^2h}{\mathrm{d}\varphi^2}+(\beta r\sin\theta)^2=0 \tag{3-55}$$

首先，由于 $h(\varphi)$ 的自变量是方位角，因此该函数必须是一个以 2π 为周期的周期函数，从而分离出第一个方程：

$$\frac{1}{h}\frac{\mathrm{d}^2h}{\mathrm{d}z^2}=-m^2 \tag{3-56}$$

其中 $m=1,2,3,\cdots$。因此有：

$$\frac{\sin^2\theta}{f}\frac{\mathrm{d}}{\mathrm{d}r}\left(r^2\frac{\mathrm{d}f}{\mathrm{d}r}\right)+\frac{\sin\theta}{g}\frac{\mathrm{d}}{\mathrm{d}\theta}\left(\sin\theta\frac{\mathrm{d}g}{\mathrm{d}\theta}\right)+(\beta r\sin\theta)^2-m^2=0 \tag{3-57}$$

方程两边除以 $\sin^2\theta$，化简得：

$$\frac{1}{f}\frac{\mathrm{d}}{\mathrm{d}r}\left(r^2\frac{\mathrm{d}f}{\mathrm{d}r}\right)+\frac{1}{g\sin\theta}\frac{\mathrm{d}}{\mathrm{d}\theta}\left(\sin\theta\frac{\mathrm{d}g}{\mathrm{d}\theta}\right)+(\beta r)^2-\left(\frac{m}{\sin\theta}\right)^2=0 \tag{3-58}$$

其次，根据勒让德方程，我们可分离出第二个方程：

$$\frac{1}{g\sin\theta}\frac{\mathrm{d}}{\mathrm{d}\theta}\left(\sin\theta\frac{\mathrm{d}g}{\mathrm{d}\theta}\right)-\left(\frac{m}{\sin\theta}\right)^2=-n(n+1) \tag{3-59}$$

其中 $n=1,2,3,\cdots$。因此有：

$$\frac{\mathrm{d}}{\mathrm{d}r}\left(r^2\frac{\mathrm{d}f}{\mathrm{d}r}\right)+[(\beta r)^2-n(n+1)]f=0 \tag{3-60}$$

这是球贝塞尔方程。因此，三个分离方程分别为：

$$\begin{cases}\dfrac{\mathrm{d}}{\mathrm{d}r}\left[r^2\dfrac{\mathrm{d}}{\mathrm{d}r}f(r)\right]+[(\beta r)^2-n(n+1)]f(r)=0\\ \dfrac{1}{\sin\theta}\dfrac{\mathrm{d}}{\mathrm{d}\theta}\left[\sin\theta\dfrac{\mathrm{d}}{\mathrm{d}\theta}g(\theta)\right]+\left[n(n+1)-\left(\dfrac{m}{\sin\theta}\right)^2\right]g(\theta)=0\\ \dfrac{\mathrm{d}^2}{\mathrm{d}z^2}h(\varphi)+m^2h(\varphi)=0\end{cases} \tag{3-61}$$

求解上述方程可得：

$$\begin{cases}f(r)=A_1j_n(\beta r)+B_1y_n(\beta r)\\ g(\theta)=A_2P_n^m(\cos\theta)+B_2P_n^m(-\cos\theta)\\ h(\varphi)=A_3\mathrm{e}^{-jm\varphi}+B_3\mathrm{e}^{jm\varphi}\end{cases} \text{或}$$

$$\begin{cases}f(r)=C_1h_n^{(1)}(\beta r)+D_1h_n^{(2)}(\beta r)\\ g(\theta)=C_2P_n^m(\cos\theta)+D_2Q_n^m(\cos\theta)\\ h(\varphi)=C_3\cos(m\varphi)+D_3\sin(m\varphi)\end{cases} \tag{3-62}$$

上面的两组解中，左边的解可理解为两个相反方向行波的线性组合，而右边的解可理解为两个相位相差 90°驻波的线性组合，两组解均为方程的解。最后，球坐标系下标量亥姆霍兹方程的解为：

$$\psi(r,\theta,\varphi)=[A_1j_n(\beta r)+B_1y_n(\beta r)][A_2P_n^m(\cos\theta)+B_2P_n^m(-\cos\theta)][A_3\mathrm{e}^{-jm\varphi}+B_3\mathrm{e}^{jm\varphi}] \tag{3-63}$$

式中，j_n 和 y_n 表示 n 阶第一类和第二类球贝塞尔函数；$h_n^{(1)}$ 和 $h_n^{(2)}$ 表示 n 阶第一类和第二类球汉克尔函数；P_n^m 和 Q_n^m 分别表示第一类和第二类连带勒让德函数。r 和 θ 方向的分量用驻波形式表示，φ 方向的分量用行波形式表示。当每个分量的传播常数、系数确定后，就能够在球坐标系中准确描述一个电磁波。

对于有损耗媒质，亥姆霍兹方程为：

$$\nabla^2\psi(r,\theta,\varphi)-\gamma^2\psi(r,\theta,\varphi)=0 \tag{3-64}$$

将左边第一项的拉普拉斯算子在球坐标系中展开，得：

$$\frac{1}{r^2}\frac{\partial}{\partial r}\left[r^2\frac{\partial}{\partial r}\psi(r,\theta,\varphi)\right]+\frac{1}{r^2\sin\theta}\frac{\partial}{\partial\theta}\left[\sin\theta\frac{\partial}{\partial\theta}\psi(r,\theta,\varphi)\right]+$$

$$\frac{1}{r^2\sin^2\theta}\frac{\partial^2}{\partial\varphi^2}\psi(r,\theta,\varphi)-\gamma^2\psi(r,\theta,\varphi)=0 \tag{3-65}$$

采用分离变量法，假设 $\psi(r,\theta,\varphi)=f(r)g(\theta)h(\varphi)$，代入得：

$$gh\frac{1}{r^2}\frac{\mathrm{d}}{\mathrm{d}r}\left(r^2\frac{\mathrm{d}f}{\mathrm{d}r}\right)+fh\frac{1}{r^2\sin\theta}\frac{\mathrm{d}}{\mathrm{d}\theta}\left(\sin\theta\frac{\mathrm{d}g}{\mathrm{d}\theta}\right)+fg\frac{1}{r^2\sin\theta}\frac{\mathrm{d}^2h}{\mathrm{d}\varphi^2}-\gamma^2fgh=0 \tag{3-66}$$

上式中，由于 $f(\rho)$、$g(\varphi)$和 $h(z)$三个函数仅仅只有一个自变量，因此，可以将偏导数变成普通的导数。方程两边同时除以 $f(\rho)g(\varphi)h(z)$并乘以 $\sin^2\theta$，化简得：

$$\frac{\sin^2\theta}{f}\frac{\mathrm{d}}{\mathrm{d}r}\left(r^2\frac{\mathrm{d}f}{\mathrm{d}r}\right)+\frac{\sin^2\theta}{g}\frac{\mathrm{d}}{\mathrm{d}\theta}\left(\sin\theta\frac{\mathrm{d}g}{\mathrm{d}\theta}\right)+\frac{1}{h}\frac{\mathrm{d}^2h}{\mathrm{d}\varphi^2}-(\gamma r\sin\theta)^2=0 \tag{3-67}$$

首先，由于 $h(\varphi)$的自变量是方位角，因此该函数必须是一个以 2π 为周期的周期函数，从而分离出第一个方程：

$$\frac{1}{h}\frac{\mathrm{d}^2h}{\mathrm{d}\varphi^2}=-m^2 \tag{3-68}$$

其中 $m=1,2,3,\cdots$。因此有：

$$\frac{\sin^2\theta}{f}\frac{\mathrm{d}}{\mathrm{d}r}\left(r^2\frac{\mathrm{d}f}{\mathrm{d}r}\right)+\frac{\sin^2\theta}{g}\frac{\mathrm{d}}{\mathrm{d}\theta}\left(\sin\theta\frac{\mathrm{d}g}{\mathrm{d}\theta}\right)-(\gamma r\sin\theta)^2-m^2=0 \tag{3-69}$$

方程两边除以 $\sin^2\theta$，化简得：

$$\frac{1}{f}\frac{\mathrm{d}}{\mathrm{d}r}\left(r^2\frac{\mathrm{d}f}{\mathrm{d}r}\right)+\frac{1}{g\sin\theta}\frac{\mathrm{d}}{\mathrm{d}\theta}\left(\sin\theta\frac{\mathrm{d}g}{\mathrm{d}\theta}\right)-(\gamma r)^2-\left(\frac{m}{\sin\theta}\right)^2=0 \tag{3-70}$$

其次，根据勒让德方程，我们可分离出第二个方程：

$$\frac{1}{g\sin\theta}\frac{\mathrm{d}}{\mathrm{d}\theta}\left(\sin\theta\frac{\mathrm{d}g}{\mathrm{d}\theta}\right)-\left(\frac{m}{\sin\theta}\right)^2=-n(n+1) \tag{3-71}$$

其中 $n=1,2,3,\cdots$。因此有：

$$\frac{\mathrm{d}}{\mathrm{d}r}\left(r^2\frac{\mathrm{d}f}{\mathrm{d}r}\right)-[(\gamma r)^2+n(n+1)]f=0 \tag{3-72}$$

这是球贝塞尔方程。因此，三个分离方程分别为：

$$\begin{cases}\dfrac{\mathrm{d}}{\mathrm{d}r}\left[r^2\dfrac{\mathrm{d}}{\mathrm{d}r}f(r)\right]-[(\gamma r)^2+n(n+1)]f(r)=0\\ \dfrac{1}{\sin\theta}\dfrac{\mathrm{d}}{\mathrm{d}\theta}\left[\sin\theta\dfrac{\mathrm{d}}{\mathrm{d}\theta}g(\theta)\right]\left[n(n+1)-\left(\dfrac{m}{\sin\theta}\right)^2\right]g(\theta)=0\\ \dfrac{\mathrm{d}^2}{\mathrm{d}z^2}h(\varphi)+m^2h(\varphi)=0\end{cases} \tag{3-73}$$

求解上述方程可得：

$$\begin{cases} f(r)=A_1 j_n(\gamma r)+B_1 y_n(\gamma r) \\ g(\theta)=A_2 P_n^m(\cos\theta)+B_2 P_n^m(-\cos\theta) \\ h(\varphi)=A_3 \mathrm{e}^{-jm\varphi}+B_3 \mathrm{e}^{jm\varphi} \end{cases} \text{或}$$

$$\begin{cases} f(r)=C_1 h_n^{(1)}(\gamma r)+D_1 h_n^{(2)}(\gamma r) \\ g(\theta)=C_2 P_n^m(\cos\theta)+D_2 Q_n^m(\cos\theta) \\ h(\varphi)=C_3\cos(m\varphi)+D_3\sin(m\varphi) \end{cases} \tag{3-74}$$

上面的两组解中，左边的解可理解为两个相反方向行波的线性组合，而右边的解可理解为两个相位相差 90°驻波的线性组合，两组解均为方程的解。最后，球标系下标量亥姆霍兹方程的解为：

$$\psi(r,\theta,\varphi)=[A_1 j_n(\gamma r)+B_1 y_n(\gamma r)][A_2 P_n^m(\cos\theta)+B_2 P_n^m(-\cos\theta)][A_3 \mathrm{e}^{-jm\varphi}+B_3 \mathrm{e}^{jm\varphi}] \tag{3-75}$$

式中，j_n 和 y_n 表示 n 阶第一类和第二类球贝塞尔函数；$h_n^{(1)}$ 和 $h_n^{(2)}$ 表示 n 阶第一类和第二类球汉克尔函数；P_n^m 和 Q_n^m 分别表示第一类和第二类连带勒让德函数。r 和 θ 方向的分量用驻波形式表示，φ 方向的分量用行波形式表示。当每个分量的传播常数、系数确定后，就能够在球坐标系中准确描述一个电磁波。

3.2.3 传播常数

传播常数是表征电磁波在传播媒介中的变化特性的参数。这是一个复数，其实部表征衰减常数，虚部表征相位常数。在均匀、线性、各向同性、非色散媒质中，传播常数的表达式为：

$$\gamma=\alpha+j\beta \tag{3-76}$$

其中 α 称为衰减常数，β 称为相位常数，且：

$$\alpha=\omega\sqrt{\frac{\mu\varepsilon}{2}}\left[\sqrt{1+\left(\frac{\sigma}{\omega\varepsilon}\right)^2}-1\right]^{\frac{1}{2}} \tag{3-77}$$

$$\beta=\omega\sqrt{\frac{\mu\varepsilon}{2}}\left[\sqrt{1+\left(\frac{\sigma}{\omega\varepsilon}\right)^2}+1\right]^{\frac{1}{2}} \tag{3-78}$$

式中，ε 为媒质的介电常数；μ 为媒质的磁导率；σ 为媒质的电导率；ω 为电磁波的角频率。

在一些特殊的媒质中，传播常数会有一些近似表示方式。在理想介质中(即 $\frac{\sigma}{\omega\varepsilon}=0$)，传播常数为：

$$\alpha=0,\beta=\omega\sqrt{\mu\varepsilon} \tag{3-79}$$

在良导体中(即 $\frac{\sigma}{\omega\varepsilon}=1$)，传播常数为：

$$\alpha = \beta = \sqrt{\frac{\omega\mu\sigma}{2}} \tag{3-80}$$

在良介质中(即$\frac{\sigma}{\omega\varepsilon}=1$),传播常数为:

$$\alpha = \frac{\sigma}{2}\sqrt{\frac{\mu}{\varepsilon}}, \beta = \omega\sqrt{\mu\varepsilon} \tag{3-81}$$

在理想导体中,由于电磁波无法传播,所以不需要考虑传播常数。

3.3 均匀平面波

3.3.1 自由空间中的平面波

所谓均匀平面波,是指电磁波的场矢量只沿着它的传播方向变化,在与波传播方向垂直的无限大平面内,电场强度 $\boldsymbol{E}$ 和磁场强度 $\boldsymbol{H}$ 的方向、振幅和相位都保持不变。在无源空间中,在线性和各向同性的均匀理想介质中,假设我们选用的直角坐标系中均匀平面波沿着 z 方向传播,那么 $\boldsymbol{E}$ 和 $\boldsymbol{H}$ 都不是 x 和 y 的函数,于是有:

$$\frac{\partial \boldsymbol{E}}{\partial x} = \frac{\partial \boldsymbol{E}}{\partial y} = \frac{\partial \boldsymbol{H}}{\partial x} = \frac{\partial \boldsymbol{H}}{\partial y} = 0 \tag{3-82}$$

同时由于是无源区域,根据高斯定律,得到:

$$\nabla \cdot \boldsymbol{E} = \frac{\partial E_x}{\partial x} + \frac{\partial E_y}{\partial y} + \frac{\partial E_z}{\partial z} = 0 \tag{3-83}$$

$$\nabla \cdot \boldsymbol{H} = \frac{\partial H_x}{\partial x} + \frac{\partial H_y}{\partial y} + \frac{\partial H_z}{\partial z} = 0 \tag{3-84}$$

因此,容易得知 $\boldsymbol{E}$ 和 $\boldsymbol{H}$ 的 z 分量对 z 的导数也为 0,如下:

$$\frac{\partial E_z}{\partial z} = \frac{\partial H_z}{\partial z} = 0 \tag{3-85}$$

再根据亥姆霍兹方程:

$$\nabla^2 E_z + \beta^2 E_z = \frac{\partial^2 E_z}{\partial^2 z} + \frac{\partial^2 E_z}{\partial^2 y} + \frac{\partial^2 E_z}{\partial^2 z} + \beta^2 E_z = 0 \tag{3-86}$$

$$\nabla^2 H_z + \beta^2 H_z = \frac{\partial^2 H_z}{\partial^2 z} + \frac{\partial^2 H_z}{\partial^2 y} + \frac{\partial^2 H_z}{\partial^2 z} + \beta^2 H_z = 0 \tag{3-87}$$

可得:

$$E_z = H_z = 0 \tag{3-88}$$

以上各式表明均匀平面波的电场和磁场都没有传播方向的分量,即电场和磁场都与传播方向垂直,称为横电磁波(TEM 波)。

为了讨论方便，令均匀平面波的电场强度方向为 x 方向，即：

$$\boldsymbol{E}=\hat{\boldsymbol{a}}_x E_x \tag{3-89}$$

那么，根据麦克斯韦方程，磁场强度 $\boldsymbol{H}$ 为：

$$\boldsymbol{H}=\frac{j}{\omega\mu}\nabla\times\boldsymbol{E}=\frac{j}{\omega\mu}\nabla\times(\hat{\boldsymbol{a}}_x E_x)=\hat{\boldsymbol{a}}_y\frac{j}{\omega\mu}\frac{\partial E_x}{\partial z}=\hat{\boldsymbol{a}}_y H_y \tag{3-90}$$

由此可见，磁场强度仅有 y 分量。由于电场和磁场均满足亥姆霍兹方程，因此，电场和磁场的表达式必须是亥姆霍兹方程的解，即：

$$E_x=E_{x0}^{+}\mathrm{e}^{-j\beta z}+E_{x0}^{-}\mathrm{e}^{+j\beta z} \tag{3-91}$$

$$H_y=\frac{\beta}{\omega\mu}E_{x0}^{+}\mathrm{e}^{-j\beta z}-\frac{\beta}{\omega\mu}E_{x0}^{-}\mathrm{e}^{+j\beta z} \tag{3-92}$$

其中，两个式子的第一项均表示朝 $+z$ 方向传播的电磁波，第二项均表示朝 $-z$ 方向传播的电磁波，β 为传播常数。若考虑沿着 $+z$ 方向传播的电磁波，电场和磁场对应的时变表达式为：

$$E_x(x,t)=\sqrt{2}E_{x0}^{+}\cos(\omega t-\beta z) \tag{3-93}$$

$$H_y=\sqrt{2}\frac{\beta}{\omega\mu}E_{x0}^{+}\cos(\omega t-\beta z) \tag{3-94}$$

式中，ωt 称为时间相位。

由电场和磁场的表达式可以看出，电场和磁场的幅度比值是一个常数，称为波阻抗，即：

$$\eta=\frac{E_x}{H_y}=\frac{\beta}{\omega\mu}=\sqrt{\frac{\mu}{\varepsilon}} \tag{3-95}$$

在真空中，波阻抗的值为 $\eta_0=\sqrt{\frac{\mu_0}{\varepsilon_0}}\approx 377$。此外，电磁波的时间相位变化 2π 所经历的时间称为电磁波的周期，用 T 表示。电磁波的空间相位变化 2π 所经过的距离称为波长，用 λ 表示。电磁波的周期、波长、频率和波数之间的关系为：

$$T=\frac{2\pi}{\omega}=\frac{1}{f},\lambda=\frac{2\pi}{\beta}=\frac{c}{f} \tag{3-96}$$

式中，c 为光速。

根据相位不变点的轨迹变化可以计算电磁波的相位变化速度，相位速度又称为相速，用 v_{p} 表示，其表达式为：

$$v_{\mathrm{p}}=\frac{\mathrm{d}z}{\mathrm{d}t}=\frac{\omega}{\beta}=\frac{1}{\sqrt{\mu\varepsilon}} \tag{3-97}$$

在自由空间的电磁波，其相速等于光速。一般的媒质，其介电常数和磁导率均大于或等于自由空间的介电常数和磁导率，因此，大部分情况中电磁波的相速小于光速。但是，相速大于光速的情况也是有的。

若考虑一般方向，即均匀平面波沿着方向 $\hat{\boldsymbol{r}}$ 传播，那么电场和磁场的表达式为：

$$\boldsymbol{E}=\hat{\boldsymbol{e}}E_0\mathrm{e}^{-j\boldsymbol{\beta}\cdot\hat{\boldsymbol{r}}} \tag{3-98}$$

$$\boldsymbol{H}=\hat{\boldsymbol{h}}H_0\mathrm{e}^{-j\boldsymbol{\beta}\cdot\hat{\boldsymbol{r}}} \tag{3-99}$$

式中，$\boldsymbol{\beta}=\beta\hat{\boldsymbol{\beta}}$；$E_0$ 和 H_0 为电场和磁场的振幅。

3.3.2　平面波的极化

在时谐场分析平面波时，往往会忽略场强随着时间变化的规律。而在时变场中，场强往往随着时间按照一定的规律变化。电场强度的方向随着时间变化的规律称为平面波的极化特性。

(1) 线极化平面波

设某一平面波的电场强度仅有 x 分量，且沿着 $+z$ 方向传播，则其瞬时值可表示为：

$$\boldsymbol{E}(z,t)=\hat{\boldsymbol{a}}_xE_{x\mathrm{m}}\cos(\omega t-\beta z) \tag{3-100}$$

显然，在空间任一固定点，电场强度矢量的端点随时间的变化轨迹为与 x 轴平行的直线，因此，这种平面波的极化特性称为线极化，其极化方向为 x 方向，如图 3-1(a)所示。若平面波的电场强度仅有 y 分量，也沿着 $+z$ 方向传播，则其瞬时值为：

$$\boldsymbol{E}(z,t)=\hat{\boldsymbol{a}}_yE_{y\mathrm{m}}\cos(\omega t-\beta z) \tag{3-101}$$

显然这是一个 y 方向极化的线极化平面波，如图 3-1(b)所示。

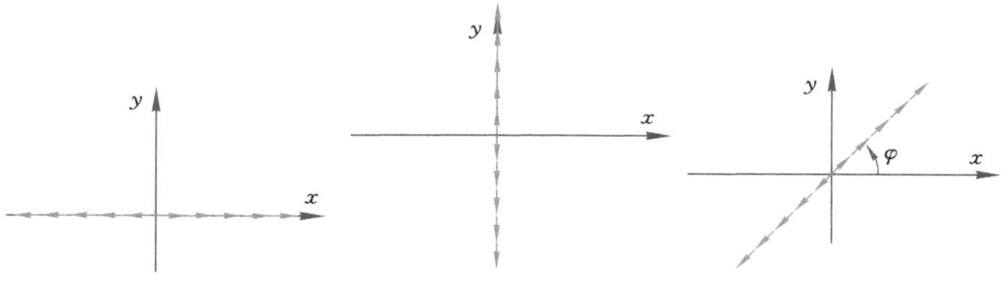

(a) x 方向极化　　(b) y 方向极化　　(c) z 任意方向极化

图 3-1　线极化波

将 x 方向和 y 方向的两个具有不同振幅但具有相同相位的线极化波合成，其瞬时值大小为：

$$E(z,t)=\sqrt{E_x^2(z,t)+E_y^2(z,t)}=\sqrt{E_{xm}^2+E_{ym}^2}\cos(\omega t-\beta z) \tag{3-102}$$

合成波的大小随时间的变化仍为正弦函数，合成波的方向与 x 轴的夹角满足：

$$\tan\varphi=\frac{E_y(z,t)}{E_x(z,t)}=\frac{E_{ym}}{E_{xm}} \tag{3-103}$$

可见，合成波的极化方向与时间无关，电场强度矢量端点的变化轨迹是与 x 轴夹角为 φ 的一条直线，如图 3-1(c)所示。因此，合成波仍然是线极化波。

综上，两个相位相同、振幅不等的空间相互正交的线极化平面波，合成后仍然形成一个线极化平面波。反之，任一线极化波可以分解为两个相位相同、振幅不等的空间相互正交的线极化波。显然，两个相位相反的线极化波合成后，其合成波也是一个线极化波。

(2) 圆极化平面波

若 y 方向的线极化波比 x 方向的线极化波相位滞后 $\pi/2$，但振幅相等，即：

$$\boldsymbol{E}_x(z,t)=\hat{\boldsymbol{a}}_x E_m\cos(\omega t-\beta z) \tag{3-104}$$

$$\boldsymbol{E}_y(z,t)=\hat{\boldsymbol{a}}_y E_m\cos\left(\omega t-\beta z-\frac{\pi}{2}\right)=\hat{\boldsymbol{a}}_y E_m\sin(\omega t-\beta z) \tag{3-105}$$

那么合成波的振幅和相位的表达式为：

$$E(z,t)=\sqrt{E_x^2(z,t)+E_y^2(z,t)}=\sqrt{E_m^2\cos^2(\omega t-\beta z)+E_m^2\sin^2(\omega t-\beta z)}=E_m \tag{3-106}$$

$$\tan\varphi=\frac{E_y(z,t)}{E_x(z,t)}=\frac{E_m\sin(\omega t-\beta z)}{E_m\cos(\omega t-\beta z)}=\tan(\omega t-\beta z) \tag{3-107}$$

由此可见，对于某一个固定的 z 点，夹角 φ 为时间 t 的函数。电场强度矢量的方向随着时间不停地旋转，但其大小不变，就好比电磁波在传播过程中，电场矢量不停地在画一个圆，这种变化规律称为圆极化。由于 φ 随着时间增大而增大，因此称该圆极化为右旋圆极化，如图 3-2(a)所示。

若 y 方向的线极化波比 x 方向的线极化波相位超前 $\pi/2$，但振幅相等，即：

$$\boldsymbol{E}_x(z,t)=\hat{\boldsymbol{a}}_x E_m\cos(\omega t-\beta z) \tag{3-108}$$

$$\boldsymbol{E}_y(z,t)=\hat{\boldsymbol{a}}_y E_m\cos\left(\omega t-\beta z+\frac{\pi}{2}\right)=-\hat{\boldsymbol{a}}_y E_m\sin(\omega t-\beta z) \tag{3-109}$$

那么合成波的振幅和相位的表达式为：

$$E(z,t)=\sqrt{E_x^2(z,t)+E_y^2(z,t)}=\sqrt{E_m^2\cos^2(\omega t-\beta z)+E_m^2\sin^2(\omega t-\beta z)}=E_m \tag{3-110}$$

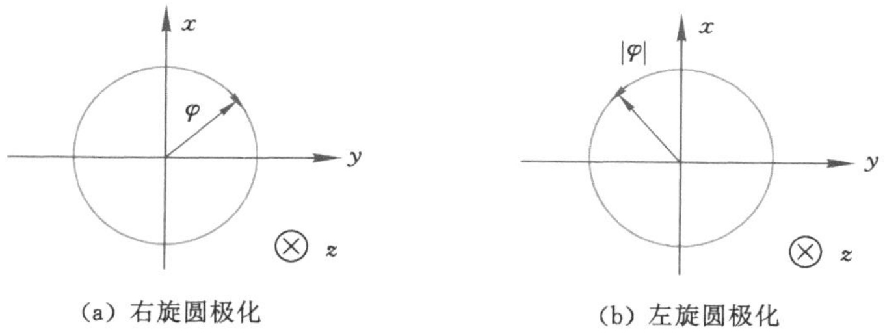

图 3-2　圆极化波

$$\tan\varphi=\frac{E_y(z,t)}{E_x(z,t)}=\frac{-E_m\sin(\omega t-\beta z)}{E_m\cos(\omega t-\beta z)}=-\tan(\omega t-\beta z) \quad (3\text{-}111)$$

由于 φ 随着时间增大而减小，因此称该圆极化为左旋圆极化，如图 3-2(b)所示。

综上，两个振幅相等、相位相差 $\pi/2$ 的空间相互正交的线极化波，合成后形成一个圆极化波。反之，一个圆极化波也可以分解为两个振幅相等、相位相差 $\pi/2$ 的空间相互正交的线极化波。此外，也很容易证明，一个线极化波可以分解为两个旋转方向相反的圆极化波。

(3) 椭圆极化平面波

若两个相互正交的线极化波 E_x 和 E_y 具有不同振幅及不同相位，即：

$$\boldsymbol{E}_x(z,t)=\hat{\boldsymbol{a}}_x E_{xm}\cos(\omega t-\beta z) \quad (3\text{-}112)$$

$$\boldsymbol{E}_y(z,t)=\hat{\boldsymbol{a}}_y E_{ym}\cos(\omega t-\beta z+\varphi) \quad (3\text{-}113)$$

那么，合成波的 x 和 y 分量满足方程：

$$\left(\frac{E_x}{E_{xm}}\right)^2+\left(\frac{E_y}{E_{ym}}\right)^2-\frac{2E_xE_y}{E_{xm}E_{ym}}\cos\varphi=\sin^2\varphi \quad (3\text{-}114)$$

这是一个椭圆方程，它表示对于空间任一点，即固定的 z 值，合成波矢量的端点轨迹是一个椭圆。因此，这种平面波称为椭圆极化波。当 $\varphi<0$ 时，E_y 分量滞后 E_x 分量，合成波电场矢量顺时针旋转并形成右旋椭圆极化波；当 $\varphi>0$ 时，E_y 分量超前 E_x 分量，合成波电场矢量逆时针旋转并形成左旋椭圆极化波。

3.3.3　均匀平面波用柱面波展开

不失一般性，假设沿着 $+x$ 方向传播的均匀平面波为：

$$e^{-jkx}=e^{-jk\rho\cos\varphi} \quad (3\text{-}115)$$

式中，k 为平面波的波数；ρ 和 φ 为极坐标。

由于任何标量波都要满足亥姆霍兹方程，因此可将平面波依据亥姆霍兹方程在柱坐标系下的通解展开为：

$$e^{-jk\rho\cos\varphi} = \sum_n [(A_n J_n(k_\rho \rho) + B_n Y_n(k_\rho \rho))](C_n e^{-jn\varphi} + D_n e^{jn\varphi}) \cdot (E_n e^{-jk_z z} + F_n e^{jk_z z}) \tag{3-116}$$

式中，n 表示展开项阶数；A_n、B_n、C_n、D_n、E_n 和 F_n 分别为待定系数；k_ρ 和 k_z 分别为 ρ 方向和 z 方向的传播传输，且满足：

$$k_\rho^2 + k_z^2 = k^2 \tag{3-117}$$

如果能够确定各项系数，就能够得到平面波的柱面波展开形式。

由于平面波沿着 $+x$ 方向传播，因此 $k_z=0$，于是 $k_\rho=k$，展开式可以写为：

$$e^{-jk\rho\cos\varphi} = \sum_n [(A_n J_n(k\rho) + B_n Y_n(k\rho))](C_n e^{-jn\varphi} + D_n e^{jn\varphi})(E_n + F_n) \tag{3-118}$$

由第二类贝塞尔函数的性质可知，$Y_n(k\rho)$ 在 $\rho=0$ 处奇异。为了不产生奇异，必须令 $B_n=0$，于是：

$$e^{-jk\rho\cos\varphi} = \sum_n A_n J_n(k\rho)(C_n e^{-jn\varphi} + D_n e^{jn\varphi})(E_n + F_n) \tag{3-119}$$

接下来，我们将方程分成正阶数和负阶数两部分，得：

$$\begin{aligned} e^{-jk\rho\cos\varphi} &= \sum_n A_n J_n(k\rho)(C_n e^{-jn\varphi} + D_n e^{jn\varphi})(E_n + F_n) \\ &= \sum_{n=-\infty}^{-1} A_{-n}(-1)^n J_n(k\rho)(C_{-n} e^{jn\varphi})(E_{-n} + F_{-n}) + \\ &\quad \sum_{n=0}^{\infty} A_n J_n(k\rho)(D_n e^{jn\varphi})(E_n + F_n) \end{aligned} \tag{3-120}$$

所有的待定系数都可以合并，$(-1)^n$ 也可以合并到系数中，得到：

$$e^{-jk\rho\cos\varphi} = \sum_{n=-\infty}^{\infty} a_n J_n(k\rho) e^{jn\varphi} \tag{3-121}$$

这就是平面波被柱面波函数展开的基本形式。

将展开式乘以因子 $e^{-jm\varphi}$，并对 φ 积分，积分上、下限为 0 和 2π，得：

$$\int_0^{2\pi} e^{-j(k\rho\cos\varphi + m\varphi)} d\varphi = \int_0^{2\pi} \sum_{n=-\infty}^{\infty} a_n J_n(k\rho) e^{j(n-m)\varphi} d\varphi = \sum_{n=-\infty}^{\infty} a_n J_n(k\rho) \int_0^{2\pi} e^{j(n-m)\varphi} d\varphi \tag{3-122}$$

利用正交关系：

$$\int_0^{2\pi} e^{j(n-m)\varphi} d\varphi = \begin{cases} 2\pi & n = m \\ 0 & n \neq m \end{cases} \tag{3-123}$$

于是

$$\int_0^{2\pi} e^{-j(k\rho\cos\varphi + m\varphi)} d\varphi = \sum_{n=-\infty}^{\infty} a_n J_n(k\rho) \int_0^{2\pi} e^{j(n-m)\varphi} d\varphi = 2\pi a_m J_m(k\rho) \tag{3-124}$$

另一方面，根据贝塞尔函数积分定义：

$$\int_0^{2\pi} e^{j(z\cos\varphi+n\varphi)}\,d\varphi = 2\pi j^n J_n(z) \tag{3-125}$$

于是

$$\int_0^{2\pi} e^{-j(k\rho\cos\varphi+m\varphi)}\,d\varphi = 2\pi j^{-m} J_{-m}(-k\rho) \tag{3-126}$$

根据贝塞尔函数性质：

$$J_{-m}(x) = (-1)^m J_m(x) \tag{3-127}$$

$$J_m(-x) = (-1)^m J_m(x) \tag{3-128}$$

于是

$$\int_0^{2\pi} e^{-j(k\rho\cos\varphi+m\varphi)}\,d\varphi = 2\pi j^{-m} J_m(k\rho) \tag{3-129}$$

综上可以得到：

$$2\pi a_m J_m(k\rho) = 2\pi j^{-m} J_m(k\rho) \tag{3-130}$$

容易获得系数为：

$$a_m = j^{-m} \tag{3-131}$$

因此，平面波的柱面波展开表达式为：

$$e^{-jk\rho\cos\varphi} = \sum_{n=-\infty}^{\infty} j^{-n} J_n(k\rho) e^{jn\varphi} \tag{3-132}$$

在分析圆柱的散射问题时，就可以将平面波展开为柱面波的叠加，从而简化计算。

3.3.4　均匀平面波用球面波展开

不失一般性，假设沿着 $+z$ 方向传播的均匀平面波为：

$$e^{-jkz} = e^{-jkr\cos\theta} \tag{3-133}$$

式中，k 为平面波的波数；r 和 θ 为球坐标。

由于任何标量波都要满足亥姆霍兹方程，因此可将平面波依据亥姆霍兹方程在球坐标系下的通解展开为：

$$e^{-jkr\cos\theta} = \sum_{m,n}[A_n j_n(\beta r) + B_n y_n(\beta r)][C_n P_n^m(\cos\theta) + D_n Q_n^m(\cos\theta)](E_n e^{-jm\varphi} + F_n e^{jm\varphi}) \tag{3-134}$$

式中，n 表示展开项阶数；j_n 和 y_n 是 n 阶第一类和第二类球贝塞尔函数；P 和 Q 分别是第一类和第二类连带勒让德多项式；m 为一常数且是整数；A_n、B_n、C_n、D_n、E_n 和 F_n 分别为待定系数。如果能够确定各项系数，就能够得到平面波的球面波展开形式。

由于 $y_n(\beta r)$ 在 $r=0$ 处奇异，且 $Q_n^m(\cos\theta)$ 在 $\theta=0$、π 处奇异，为了不产生奇

异，必须令 $B_n=0$ 和 $D_n=0$，于是：

$$e^{-jkr\cos\theta}=\sum_n A_n C_n j_n(\beta r)P_n^m(\cos\theta)(E_n e^{-jm\varphi}+F_n e^{jm\varphi}) \tag{3-135}$$

由于平面波不是 φ 的函数，因此 $m=0$，并将所有的系数合并，得：

$$e^{-jkr\cos\theta}=\sum_{n=0}^{\infty}a_n j_n(\beta r)P_n(\cos\theta) \tag{3-136}$$

这就是平面波被球面波函数展开的基本形式。在这里我们可以看到，连带勒让德多项式由于 $m=0$ 退化为勒让德多项式。

将展开式的两端同时乘以 $P_m(\cos\theta)$，并对 θ 在$[0,\pi]$区间内积分，得：

$$\int_0^{\pi}e^{-jkr\cos\theta}P_m(\cos\theta)\sin\theta d\theta=\int_0^{\pi}\left[\sum_{n=0}^{\infty}a_n j_n(\beta r)P_n(\cos\theta)\right]P_m(\cos\theta)\sin\theta d\theta \tag{3-137}$$

将方程右边的积分和累加交换位置：

$$\int_0^{\pi}e^{-jkr\cos\theta}P_m(\cos\theta)\sin\theta d\theta=\sum_{n=0}^{\infty}a_n j_n(\beta r)\int_0^{\pi}P_n(\cos\theta)P_m(\cos\theta)\sin\theta d\theta \tag{3-138}$$

根据勒让德多项式的正交性，得：

$$\int_0^{\pi}e^{-jkr\cos\theta}P_m(\cos\theta)\sin\theta d\theta=\frac{2a_m}{2m+1}j_m(\beta r) \tag{3-139}$$

对于方程的左边：

$$\int_0^{\pi}e^{-jkr\cos\theta}P_m(\cos\theta)\sin\theta d\theta=2j^{-m}j_m(\beta r) \tag{3-140}$$

因此有：

$$\frac{2a_m}{2m+1}j_m(\beta r)=2j^{-m}j_m(\beta r) \tag{3-141}$$

可计算出 $a_m=j^{-m}(2m+1)$，即 $a_n=j^{-n}(2n+1)$。因此，平面波的球面波展开表达式为：

$$e^{-jkr\cos\theta}=\sum_{n=0}^{\infty}j^{-n}(2n+1)j_n(\beta r)P_n(\cos\theta) \tag{3-142}$$

在分析球的散射问题中，就可以将平面波展开为球面波的叠加，从而简化计算。

3.4 反射与透射

3.4.1 斯奈尔定律

当平面波向无限大平面边界上斜入射时，如图 3-3 所示，斯奈尔定律认为：

入射线、反射线及折射线位于同一平面；入射角 θ_i 等于反射角 θ_r；若两种介质都是无耗的，折射角 θ_t 与入射角 θ_i 的关系为：

$$\frac{\sin\theta_i}{\sin\theta_t}=\frac{\beta_2}{\beta_1} \tag{3-143}$$

式中，$\beta_{1,2}=\omega\sqrt{\mu_{1,2}\varepsilon_{1,2}}$，为传播常数。在这里，$n_{21}=\beta_2/\beta_1$ 也被称为折射系数，用来描述折射角和入射角之间的关系。

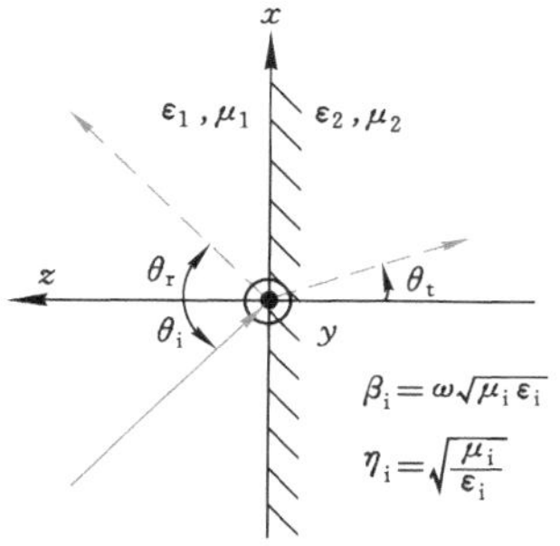

图 3-3　反射和透射示意图

3.4.2　半空间的反射与透射

为了能够更好地描述反射波和透射波，需引入反射系数和透射系数的概念。由于反射和透射的特性由边界条件约束，而电场的方向是边界条件中的重要因素，因此，这里先对极化特性（电场指向）做一个定义，如图 3-4 所示。定义入射波的方向与分界面的法向（z 方向）组成的面为入射面，电场方向与入射面平行的平面波为平行极化波，也称为 TM 波；电场方向与入射面垂直的平面波称为垂直极化波，也称为 TE 波。显然，任意极化的平面波一定可以分解为 TM 和 TE 分量，因此，我们只要分别分析 TM 和 TE 两种极化波的反射系数和透射系数即可。

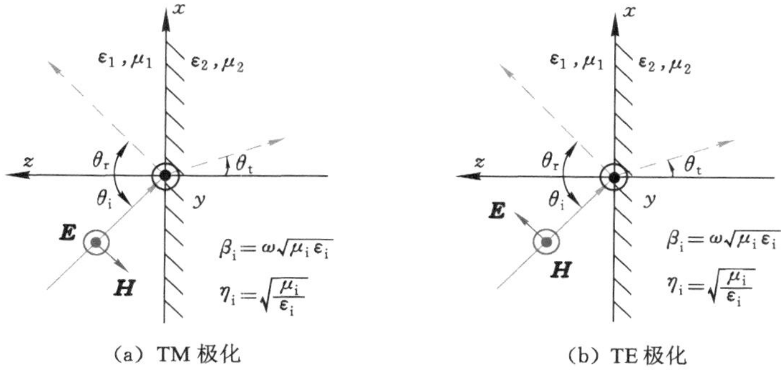

图 3-4　平面波在无限大分界面上的反射与透射

当分界面位于 $z=0$ 时，对于 TE 极化波，入射电场 $\boldsymbol{E}^{\mathrm{i}}$、反射电场 $\boldsymbol{E}^{\mathrm{r}}$、透射电场 $\boldsymbol{E}^{\mathrm{t}}$ 表示为：

$$\boldsymbol{E}^{\mathrm{i}}=\hat{\boldsymbol{a}}_y E_0 \mathrm{e}^{-j\boldsymbol{\beta}^{\mathrm{i}}\cdot\mathbf{r}}=\hat{\boldsymbol{a}}_y E_0 \mathrm{e}^{-j\beta_1(x\sin\theta_{\mathrm{i}}-z\cos\theta_{\mathrm{i}})} \tag{3-144}$$

$$\boldsymbol{E}^{\mathrm{r}}=\hat{\boldsymbol{a}}_y R^{\mathrm{TE}} E_0 \mathrm{e}^{-j\boldsymbol{\beta}^{\mathrm{r}}\cdot\mathbf{r}}=\hat{\boldsymbol{a}}_y R^{\mathrm{TE}} E_0 \mathrm{e}^{-j\beta_1(x\sin\theta_{\mathrm{r}}-z\cos\theta_{\mathrm{r}})} \tag{3-145}$$

$$\boldsymbol{E}^{\mathrm{t}}=\hat{\boldsymbol{a}}_y T^{\mathrm{TE}} E_0 \mathrm{e}^{-j\boldsymbol{\beta}^{\mathrm{t}}\cdot\mathbf{r}}=\hat{\boldsymbol{a}}_y T^{\mathrm{TE}} E_0 \mathrm{e}^{-j\beta_2(x\sin\theta_{\mathrm{t}}-z\cos\theta_{\mathrm{t}})} \tag{3-146}$$

入射磁场 $\boldsymbol{H}^{\mathrm{i}}$、反射磁场 $\boldsymbol{H}^{\mathrm{r}}$、透射磁场 $\boldsymbol{H}^{\mathrm{t}}$ 表示为：

$$\boldsymbol{H}^{\mathrm{i}}=(-\hat{\boldsymbol{a}}_x\cos\theta_{\mathrm{i}}-\hat{\boldsymbol{a}}_z\sin\theta_{\mathrm{i}})\frac{E_0}{\eta_1}\mathrm{e}^{-j\beta_1(x\sin\theta_{\mathrm{i}}-z\cos\theta_{\mathrm{i}})} \tag{3-147}$$

$$\boldsymbol{H}^{\mathrm{r}}=(\hat{\boldsymbol{a}}_x\cos\theta_{\mathrm{r}}-\hat{\boldsymbol{a}}_z\sin\theta_{\mathrm{r}})\frac{R^{\mathrm{TE}}E_0}{\eta_1}\mathrm{e}^{-j\beta_1(x\sin\theta_{\mathrm{r}}-z\cos\theta_{\mathrm{r}})} \tag{3-148}$$

$$\boldsymbol{H}^{\mathrm{t}}=(-\hat{\boldsymbol{a}}_x\cos\theta_{\mathrm{t}}-\hat{\boldsymbol{a}}_z\sin\theta_{\mathrm{t}})\frac{T^{\mathrm{TE}}E_0}{\eta_2}\mathrm{e}^{-j\beta_2(x\sin\theta_{\mathrm{t}}-z\cos\theta_{\mathrm{t}})} \tag{3-149}$$

式中，R^{TE} 和 T^{TE} 分别为反射系数和透射系数；η_1 和 η_2 分别为两种媒质中的波阻抗。

根据分界面上的切向电场和磁场连续的边界条件，有：

$$\begin{cases}E_0\mathrm{e}^{-j\beta_1 x\sin\theta_{\mathrm{i}}}+R^{\mathrm{TE}}E_0\mathrm{e}^{-j\beta_1 x\sin\theta_{\mathrm{r}}}=T^{\mathrm{TE}}E_0\mathrm{e}^{-j\beta_2 x\sin\theta_{\mathrm{t}}}\\ -\cos\theta_{\mathrm{i}}\dfrac{E_0}{\eta_1}\mathrm{e}^{-j\beta_1 x\sin\theta_{\mathrm{i}}}+\cos\theta_{\mathrm{r}}\dfrac{R^{\mathrm{TE}}E_0}{\eta_1}\mathrm{e}^{-j\beta_1 x\sin\theta_{\mathrm{r}}}=-\cos\theta_{\mathrm{t}}\dfrac{T^{\mathrm{TE}}E_0}{\eta_2}\mathrm{e}^{-j\beta_2 x\sin\theta_{\mathrm{t}}}\end{cases} \tag{3-150}$$

根据斯涅耳定律，方程组简化为：

$$\begin{cases}1+R^{\mathrm{TE}}=T^{\mathrm{TE}}\\ -\dfrac{\cos\theta_{\mathrm{i}}}{\eta_1}+\dfrac{\cos\theta_{\mathrm{r}}}{\eta_1}R^{\mathrm{TE}}=-\dfrac{\cos\theta_{\mathrm{t}}}{\eta_2}T^{\mathrm{TE}}\end{cases} \tag{3-151}$$

从而可以求得：

$$R^{\mathrm{TE}}=\frac{\eta_2\cos\theta_{\mathrm{i}}-\eta_1\cos\theta_{\mathrm{t}}}{\eta_2\cos\theta_{\mathrm{i}}+\eta_1\cos\theta_{\mathrm{t}}}=\frac{Z_2-Z_1}{Z_2+Z_1} \tag{3-152}$$

$$T^{\mathrm{TE}}=\frac{2\eta_2\cos\theta_{\mathrm{i}}}{\eta_2\cos\theta_{\mathrm{i}}+\eta_1\cos\theta_{\mathrm{t}}}=\frac{2Z_2}{Z_2+Z_1} \tag{3-153}$$

式中，$Z_1=\dfrac{\eta_1}{\cos\theta_{\mathrm{i}}}$，$Z_2=\dfrac{\eta_2}{\cos\theta_{\mathrm{t}}}$。

当分界面位于 $z=0$ 时，对于 TM 极化波，入射电场 $\boldsymbol{E}^{\mathrm{i}}$、反射电场 $\boldsymbol{E}^{\mathrm{r}}$、透射电场 $\boldsymbol{E}^{\mathrm{t}}$ 表示为：

$$\boldsymbol{E}^{\mathrm{i}}=(\hat{\boldsymbol{a}}_x\cos\theta_{\mathrm{i}}+\hat{\boldsymbol{a}}_z\sin\theta_{\mathrm{i}})E_0\mathrm{e}^{-j\beta_1(x\sin\theta_{\mathrm{i}}-z\cos\theta_{\mathrm{i}})} \tag{3-154}$$

$$\boldsymbol{E}^{\mathrm{r}}=(\hat{\boldsymbol{a}}_x\cos\theta_{\mathrm{r}}-\hat{\boldsymbol{a}}_z\sin\theta_{\mathrm{r}})R^{\mathrm{TM}}E_0\mathrm{e}^{-j\beta_1(x\sin\theta_{\mathrm{r}}-z\cos\theta_{\mathrm{r}})}\tag{3-155}$$

$$\boldsymbol{E}^{\mathrm{t}}=(\hat{\boldsymbol{a}}_x\cos\theta_{\mathrm{t}}-\hat{\boldsymbol{a}}_z\sin\theta_{\mathrm{t}})T^{\mathrm{TM}}E_0\mathrm{e}^{-j\beta_2(x\sin\theta_{\mathrm{t}}-z\cos\theta_{\mathrm{t}})}\tag{3-156}$$

入射磁场 $\boldsymbol{H}^{\mathrm{i}}$、反射磁场 $\boldsymbol{H}^{\mathrm{r}}$、透射磁场 $\boldsymbol{H}^{\mathrm{t}}$ 表示为:

$$\boldsymbol{H}^{\mathrm{i}}=\hat{\boldsymbol{a}}_y\frac{E_0}{\eta_1}\mathrm{e}^{-j\beta_1(x\sin\theta_{\mathrm{i}}-z\cos\theta_{\mathrm{i}})}\tag{3-157}$$

$$\boldsymbol{H}^{\mathrm{r}}=-\hat{\boldsymbol{a}}_y\frac{R^{\mathrm{TM}}E_0}{\eta_1}\mathrm{e}^{-j\beta_1(x\sin\theta_{\mathrm{r}}-z\cos\theta_{\mathrm{r}})}\tag{3-158}$$

$$\boldsymbol{H}^{\mathrm{t}}=\hat{\boldsymbol{a}}_y\frac{T^{\mathrm{TM}}E_0}{\eta_1}\mathrm{e}^{-j\beta_2(x\sin\theta_{\mathrm{t}}-z\cos\theta_{\mathrm{t}})}\tag{3-159}$$

式中,R^{TM}和 T^{TM}分别为反射系数和透射系数;η_1 和 η_2 分别为两种媒质中的波阻抗。

根据分界面上的切向电场和磁场连续的边界条件,有:

$$\begin{cases}\cos\theta_{\mathrm{i}}E_0\mathrm{e}^{-j\beta_1 x\sin\theta_{\mathrm{i}}}+\cos\theta_{\mathrm{r}}R^{\mathrm{TM}}E_0\mathrm{e}^{-j\beta_1 x\sin\theta_{\mathrm{r}}}=\cos\theta_{\mathrm{t}}T^{\mathrm{TM}}E_0\mathrm{e}^{-j\beta_2 x\sin\theta_{\mathrm{t}}}\\ \dfrac{E_0}{\eta_1}\mathrm{e}^{-j\beta_1 x\sin\theta_{\mathrm{i}}}-\dfrac{R^{\mathrm{TM}}E_0}{\eta_1}\mathrm{e}^{-j\beta_1 x\sin\theta_{\mathrm{r}}}=\dfrac{T^{\mathrm{TM}}E_0}{\eta_2}\mathrm{e}^{-j\beta_2 x\sin\theta_{\mathrm{t}}}\end{cases}\tag{3-160}$$

根据斯涅耳定律,方程组简化为:

$$\begin{cases}\cos\theta_{\mathrm{i}}+\cos\theta_{\mathrm{r}}R^{\mathrm{TM}}=\cos\theta_{\mathrm{t}}T^{\mathrm{TM}}\\ \dfrac{1}{\eta_1}-\dfrac{R^{\mathrm{TM}}}{\eta_1}=\dfrac{T^{\mathrm{TM}}}{\eta_2}\end{cases}\tag{3-161}$$

从而可以求得:

$$R^{\mathrm{TM}}=\frac{\eta_2\cos\theta_{\mathrm{t}}-\eta_1\cos\theta_{\mathrm{i}}}{\eta_2\cos\theta_{\mathrm{t}}+\eta_1\cos\theta_{\mathrm{i}}}=\frac{Z_2-Z_1}{Z_2+Z_1}\tag{3-162}$$

$$T^{\mathrm{TM}}=\frac{2\eta_2\cos\theta_{\mathrm{t}}}{\eta_2\cos\theta_{\mathrm{t}}+\eta_1\cos\theta_{\mathrm{i}}}=\frac{2Z_2}{Z_2+Z_1}\tag{3-163}$$

式中,$Z_1=\eta_1\cos\theta_{\mathrm{i}}$,$Z_2=\eta_2\cos\theta_{\mathrm{t}}$。

上述的推导有一个共同的前提,就是分界面位于 $z=0$ 的位置且入射波相位零点也设在坐标原点。如果将分界面位置改到 $z=-d$ 时,反射系数和透射系数是否会改变呢?

当分界面位于 $z=-d$ 时,对于 TE 极化波,入射电场 $\boldsymbol{E}^{\mathrm{i}}$、反射电场 $\boldsymbol{E}^{\mathrm{r}}$、透射电场 $\boldsymbol{E}^{\mathrm{t}}$、入射磁场 $\boldsymbol{E}^{\mathrm{i}}$、反射磁场 $\boldsymbol{E}^{\mathrm{r}}$、透射磁场 $\boldsymbol{E}^{\mathrm{t}}$ 依然用原来的公式描述。根据分界面上的切向电场和磁场连续的边界条件,有:

$$\begin{cases}E_0\mathrm{e}^{-j\beta_1 x\sin\theta_{\mathrm{i}}}\mathrm{e}^{-j\beta_1 d\sin\theta_{\mathrm{i}}}+R_{-d}^{\mathrm{TE}}E_0\mathrm{e}^{-j\beta_1 x\sin\theta_{\mathrm{r}}}\mathrm{e}^{-j\beta_1 d\cos\theta_{\mathrm{r}}}=T_{-d}^{\mathrm{TE}}E_0\mathrm{e}^{-j\beta_2 x\sin\theta_{\mathrm{t}}}\mathrm{e}^{-j\beta_2 d\cos\theta_{\mathrm{t}}}\\ -\cos\theta_{\mathrm{i}}\dfrac{E_0}{\eta_1}\mathrm{e}^{-j\beta_1 x\sin\theta_{\mathrm{i}}}\mathrm{e}^{-j\beta_1 d\cos\theta_{\mathrm{i}}}+\cos\theta_{\mathrm{r}}\dfrac{R_{-d}^{\mathrm{TE}}E_0}{\eta_1}\mathrm{e}^{-j\beta_1 x\sin\theta_{\mathrm{r}}}\mathrm{e}^{-j\beta_1 d\cos\theta_{\mathrm{r}}}=-\cos\theta_{\mathrm{t}}\dfrac{T_{-d}^{\mathrm{TE}}E_0}{\eta_2}\mathrm{e}^{-j\beta_2 x\sin\theta_{\mathrm{t}}}\mathrm{e}^{-j\beta_2 d\cos\theta_{\mathrm{t}}}\end{cases}\tag{3-164}$$

根据斯涅耳定律，方程组简化为：

$$\begin{cases} e^{-j\beta_1 d\cos\theta_i} + R_{-d}^{TE} e^{j\beta_1 d\cos\theta_i} = T_{-d}^{TE} e^{-j\beta_2 d\cos\theta_t} \\ -\dfrac{\cos\theta_i}{\eta_1} e^{-j\beta_1 d\cos\theta_i} + \dfrac{R_{-d}^{TE}\cos\theta_i}{\eta_1} e^{j\beta_1 d\cos\theta_i} = -\dfrac{T_{-d}^{TE}\cos\theta_t}{\eta_2} e^{j\beta_2 d\cos\theta_t} \end{cases} \tag{3-165}$$

从而可以求得：

$$R_{-d}^{TE} = \frac{\eta_2\cos\theta_i - \eta_1\cos\theta_t}{\eta_2\cos\theta_i + \eta_1\cos\theta_t} e^{j2\beta_1 d\cos\theta_i} = R_{z=0}^{TE} e^{-j2\beta_1 d\cos\theta_i} \tag{3-166}$$

$$T_{-d}^{TE} = \frac{2\eta_2\cos\theta_i}{\eta_2\cos\theta_i + \eta_1\cos\theta_t} e^{j(\beta_2\cos\theta_t - \beta_1\cos\theta_i)d} = T_{z=0}^{TE} e^{j(\beta_2\cos\theta_t - \beta_1\cos\theta_i)d} \tag{3-167}$$

此时的反射系数和透射系数的相位均发生了变化。

当分界面位于 $z=-d$ 时，对于 TM 极化波，入射电场 $\boldsymbol{E}^i$、反射电场 $\boldsymbol{E}^r$、透射电场 $\boldsymbol{E}^t$、入射磁场 $\boldsymbol{H}^i$、反射磁场 $\boldsymbol{H}^r$、透射磁场 $\boldsymbol{H}^t$ 依然用原来的公式描述。根据分界面上的切向电场和磁场连续的边界条件，有：

$$\begin{cases} \cos\theta_i E_0 e^{-j\beta_1 x\sin\theta_i} e^{-j\beta_1 d\cos\theta_i} + \cos\theta_r R_{-d}^{TM} E_0 e^{-j\beta_1 x\sin\theta_r} e^{j\beta_1 d\cos\theta_r} \\ \quad = \cos\theta_t T_{-d}^{TM} E_0 e^{-j\beta_2 x\sin\theta_t} e^{-j\beta_2 d\cos\theta_t} \\ \dfrac{E_0}{\eta_1} e^{-j\beta_1 x\sin\theta_i} e^{-j\beta_1 d\cos\theta_i} - \dfrac{R_{-d}^{TM} E_0}{\eta_1} e^{-j\beta_1 x\sin\theta_r} e^{-j\beta_1 d\cos\theta_r} = \dfrac{T_{-d}^{TM} E_0}{\eta_2} e^{-j\beta_2 x\sin\theta_t} e^{-j\beta_2 d\cos\theta_t} \end{cases} \tag{3-168}$$

根据斯涅耳定律，方程组简化为：

$$\begin{cases} \cos\theta_i e^{-j\beta_1 d\cos\theta_i} + \cos\theta_r R_{-d}^{TM} e^{j\beta_1 d\cos\theta_r} = \cos\theta_t T_{-d}^{TM} e^{-j\beta_2 d\cos\theta_t} \\ \dfrac{1}{\eta_1} e^{-j\beta_1 d\cos\theta_i} - \dfrac{R_{-d}^{TM}}{\eta_1} e^{j\beta_1 d\cos\theta_r} = \dfrac{T_{-d}^{TM}}{\eta_2} e^{-j\beta_2 d\cos\theta_t} \end{cases} \tag{3-169}$$

从而可以求得：

$$R_{-d}^{TM} = \frac{\eta_2\cos\theta_t - \eta_1\cos\theta_i}{\eta_2\cos\theta_t - \eta_1\cos\theta_i} e^{-j2\beta_1 d\cos\theta_i} = R_{z=0}^{TM} e^{-j2\beta_1 d\cos\theta_i} \tag{3-170}$$

$$T_{-d}^{TM} = \frac{2\eta_2\cos\theta_t}{\eta_2\cos\theta_t + \eta_1\cos\theta_i} e^{j(\beta_2\cos\theta_t - \beta_1\cos\theta_i)d} = T_{z=0}^{TM} e^{j(\beta_2\cos\theta_t - \beta_1\cos\theta_i)d} \tag{3-171}$$

此时的反射系数和透射系数的相位均发生了变化。

当考虑垂直入射时，入射角、反射角和折射角均为 90°，此时，TE 和 TM 极化的反射系数和透射系数均可简化为：

$$R = \frac{\eta_2 - \eta_1}{\eta_2 + \eta_1} e^{-j2\beta_1 d}, T = \frac{2\eta_2}{\eta_2 + \eta_1} e^{j(\beta_2 - \beta_1)d} \tag{3-172}$$

很明显，此时已经不需要区分 TE 和 TM 极化了。

3.4.3 无反射和全反射

无反射现象就是反射系数为零，使反射系数为零的入射角，称为布儒斯特角，用 θ_{iB} 表示。对于 TE 极化，有：

$$R^{TE}=\frac{\eta_2\cos\theta_{iB}-\eta_1\cos\theta_t}{\eta_2\cos\theta_{iB}+\eta_1\cos\theta_t}=0 \tag{3-173}$$

此时推导得到：

$$\sin\theta_{iB}=\pm\sqrt{\frac{\dfrac{\varepsilon_2}{\varepsilon_1}-\dfrac{\mu_2}{\mu_1}}{\dfrac{\mu_1}{\mu_2}-\dfrac{\mu_2}{\mu_1}}} \tag{3-174}$$

对于一般情况，自然界中的大多数介质的相对磁导率都等于 1，因此 $\mu_1=\mu_2$。在这种情况下，上式右边的分母为 0，可见，TE 极化下不存在布儒斯特角。对于 TM 极化，有：

$$R^{TM}=\frac{\eta_2\cos\theta_t-\eta_1\cos\theta_{iB}}{\eta_2\cos\theta_t+\eta_1\cos\theta_{iB}}=0 \tag{3-175}$$

此时推导得到：

$$\sin\theta_{iB}=\pm\sqrt{\frac{\dfrac{\varepsilon_2}{\varepsilon_1}-\dfrac{\mu_2}{\mu_1}}{\dfrac{\varepsilon_2}{\varepsilon_1}-\dfrac{\varepsilon_2}{\varepsilon_2}}} \tag{3-176}$$

对于一般情况，当 $\mu_1=\mu_2$ 时，可以进一步简化为：

$$\sin\theta_{iB}=\pm\sqrt{\frac{\varepsilon_2}{\varepsilon_1+\varepsilon_2}} \tag{3-177}$$

全反射现象与无反射现象刚好相反，透射系数为 0，满足该条件的入射角称为临界角，用 θ_c 表示。根据斯涅耳定律，有：

$$\frac{\sin\theta_i}{\sin\theta_t}=\sqrt{\frac{\mu_2\varepsilon_2}{\mu_1\varepsilon_1}} \tag{3-178}$$

当 θ_t 刚好为 90°的时候发生全反射，于是：

$$\theta_c=\arcsin^{-1}\sqrt{\frac{\mu_2\varepsilon_2}{\mu_1\varepsilon_1}} \tag{3-179}$$

对于一般情况，当 $\mu_1=\mu_2$ 时，可以进一步简化为：

$$\theta_c = \arcsin\sqrt{\frac{\varepsilon_2}{\varepsilon_1}} \tag{3-180}$$

可见，只有 $\varepsilon_1 > \varepsilon_2$ 时才可能发生全反射现象，即当平面波由介电常数较大的光密介质进入介电常数较小的光疏介质时，才可能发生全反射现象。

3.4.4 垂直入射多层媒质的反射与透射

当考虑多层媒质时，每层都会产生反射和透射，并且层与层之间也会互相影响，比较复杂。分析时，本节将先考虑垂直入射的情形，再考虑斜入射的情形。

首先，考虑垂直入射三层媒质的情形，如图 3-5 所示。当平面波自媒质 1 向媒质 2 入射时，在媒质 1 和 2 之间的第一条边界上发生反射和透射。当透射波到达介质 2 和 3 之间的第二条边界时，再次发生反射和透射，此时的反射波将回到第一条边界上发生反射和透射。两条边界之间将发生无数次反射和透射现象。根据波动方程解的性质，可以认为媒质 1 和 2 中仅存在两种平面波，即向 $+z$ 方向传播的波和向 $-z$ 方向传播的波。在媒质 3 中仅存在向 $-z$ 方向传播的波。不妨设分界面 1 位于 $z=-d_1$ 的位置，分界面 2 位于 $z=-d_2$ 的位置，平面波的极化均为 x 方向。与此同时，假设媒质 1 中的入射波用 $A_1 e^{j\beta_1 z}$ 表示，那么媒质 1 中的反射波可以表示为 $A_1 \widetilde{R}_{12} e^{-j\beta_1 z}$；媒质 2 中向 $-z$ 方向传播的电磁波为 $A_2 e^{j\beta_1 z}$，向 $+z$ 方向传播的电磁波为 $A_2 \widetilde{R}_{23} e^{-j\beta 2z}$；媒质 3 中向 $-z$ 方向传播的电磁波为 $A_3 e^{j\beta_3 z}$，其中 $\widetilde{R}_{12}$ 和 $\widetilde{R}_{23}$ 分别为分界面 1 和 2 的总的反射系数。在这里，假定 $\widetilde{R}_{ij}$ 和 $\widetilde{T}_{ij}$ 分别表示媒质 i 到媒质 j 的总的反射系数和透射系数。

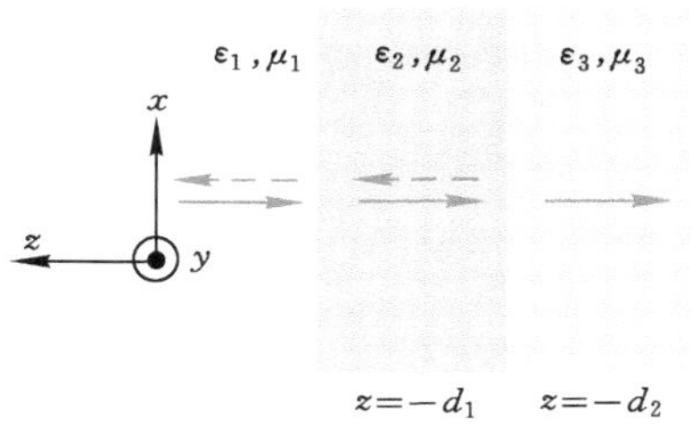

图 3-5　垂直入射时三层媒质的反射和透射

由于分界面 2 的右边是无限大空间，因此，从媒质 2 到媒质 3 的反射系数和透射系数可以直接调用半空间的反射系数和透射系数，即：

$$\tilde{R}_{23}=R_{23}e^{-j2\beta_2 d_2}=\frac{\eta_3-\eta_2}{\eta_3+\eta_2}e^{-j2\beta_2 d_2},\tilde{T}_{23}=T_{23}e^{j(\beta_3-\beta_2)d_2}=\frac{2\eta_3}{\eta_3+\eta_2}e^{j(\beta_3-\beta_2)d_2} \tag{3-181}$$

同理，分界面 1 的左边是无限大空间，因此，从媒质 2 到媒质 1 的反射系数和透射系数可以直接调用半空间的透射系数，即：

$$\tilde{R}_{21}=R_{21}e^{j2\beta_1 d_1}=\frac{\eta_1-\eta_2}{\eta_1+\eta_2}e^{j2\beta_1 d_1},\tilde{T}_{21}=T_{21}e^{j(\beta_1-\beta_2)d_1}=\frac{2\eta_1}{\eta_1+\eta_2}e^{j(\beta_1-\beta_2)d_1} \tag{3-182}$$

在分界面 1 上，可以列出两个约束条件：① 向 $-z$ 方向传播的平面波，等于媒质 1 向媒质 2 的透射波和分界面 2 反射回来并在分界面 1 再次反射的波叠加；② 向 $+z$ 方向传播的平面波，等于媒质 1 的反射波和分界面 2 反射回来并在分界面 1 再次透射的波叠加。根据约束条件列出方程：

$$A_1e^{-j\beta_2 d_1}=T_{12}A_1e^{-j\beta_1 d_1}+R_{21}A_2R_{23}e^{-j2\beta_2 d_2}e^{j\beta_2 d_1} \tag{3-183}$$

$$A_1\tilde{R}_{12}e^{-j\beta_1 d_1}=R_{12}A_1e^{-j\beta_1 d_1}+T_{21}A_2R_{23}e^{-j2\beta_2 d_2}e^{j\beta_2 d_1} \tag{3-184}$$

由第一个约束条件可以推导出 $A_2=\dfrac{T_{12}A_1e^{-j(\beta_1-\beta_2)d_1}}{-R_{21}R_{23}e^{-j2\beta_2(d_2-d_1)}}$，将结果代入第二个约束条件，得到分界面 1 的总反射系数为：

$$\tilde{R}_{12}=R_{12}+\frac{T_{12}R_{23}T_{21}e^{-j2\beta_2(d_2-d_1)}}{1-R_{21}R_{23}e^{-j2\beta_2(d_2-d_1)}} \tag{3-185}$$

根据等比数列的求和性质，反射系数的公式可以分解为：

$$\tilde{R}_{12}=R_{12}+T_{12}R_{23}T_{21}e^{-j2\beta_2(d_2-d_1)}+T_{12}R_{23}^2T_{21}e^{-j2\beta_2(d_2-d_1)}+\cdots \tag{3-186}$$

从分解的无穷求和来看，其中的每一项恰好就是平面波在两个分界面之间来回反射一次，如图 3-6 所示。

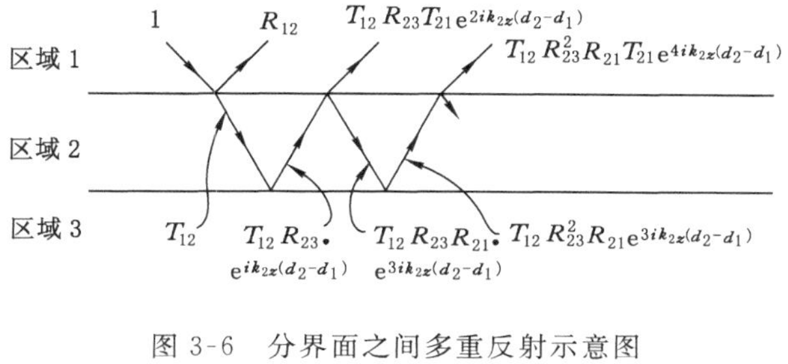

图 3-6　分界面之间多重反射示意图

对于多层反射和透射，则可以参照三层的情形，给出递推公式如下：

$$\widetilde{R}_{i,i+1}=R_{i,i+1}+\frac{T_{i,i+1}\widetilde{R}_{i+1,i+2}T_{i+1,i}\mathrm{e}^{-j2\beta_{i+1}(d_{i+1}-d_i)}}{1-R_{i+1,i}\widetilde{R}_{i+1,i+2}\mathrm{e}^{-j2\beta_{i+1}(d_{i+1}-d_i)}} \tag{3-187}$$

由于 $T_{ij}=1+R_{ij}$ 和 $R_{ij}=-R_{ji}$，所以上式可以简化为：

$$\widetilde{R}_{i,i+1}=\frac{R_{i,i+1}+\widetilde{R}_{i+1,i+2}\mathrm{e}^{-j2\beta_{i+1}(d_{i+1}-d_i)}}{1+R_{i,i+1}\widetilde{R}_{i+1,i+2}\mathrm{e}^{-j2\beta_{i+1}(d_{i+1}-d_i)}} \tag{3-188}$$

在实际计算时，可以从第 N 层媒质出发，逐渐往第 1 层媒质递推。

利用波阻抗的概念，可以简化反射和透射的求解过程。如图 3-5 所示，以三层媒质为例，首先可以先求出分界面 2 的反射系数

$$\widetilde{R}_{23}=R_{23}=\frac{Z_3-Z_2}{Z_3+Z_2}=\frac{\eta_3-\eta_2}{\eta_3+\eta_2} \tag{3-189}$$

然后根据反射系数可以写出媒质 2 中的电场和磁场表达式为：

$$E_{x2}=E_{x2}^{+}\mathrm{e}^{-j\beta_2 z}+E_{x2}^{-}\mathrm{e}^{j\beta_2 z}=E_{x2}^{+}[\mathrm{e}^{-j\beta_2 z}+R_{23}\mathrm{e}^{-j2\beta_2(d_2-d_1)}\mathrm{e}^{j\beta_2 z}] \tag{3-190}$$

$$H_{y2}=\frac{E_{x2}^{+}}{\eta_2}\mathrm{e}^{-j\beta_2 z}-\frac{E_{x2}^{-}}{\eta_2}\mathrm{e}^{j\beta_2 z}=\frac{E_{x2}^{+}}{\eta_2}[\mathrm{e}^{-j\beta_2 z}-R_{23}\mathrm{e}^{-j2\beta_2(d_2-d_1)}\mathrm{e}^{j\beta_2 z}] \tag{3-191}$$

因此，在分界面 1 处的输入阻抗为：

$$\begin{aligned}Z_{\text{in}}\big|_{z=-d_1}&=Z_2=\frac{E_x}{H_y}\big|_{z=-d_1}\\&=\eta_2\frac{1+R_{23}\mathrm{e}^{-j2\beta_2 d_2}\mathrm{e}^{j2\beta_2 d_1}}{1-R_{23}\mathrm{e}^{-j2\beta_2 d_2}\mathrm{e}^{j2\beta_2 d_1}}\\&=\eta_2\frac{\eta_3+j\eta_2\tan[\beta_2(d_2-d_1)]}{\eta_2+j\eta_3\tan[\beta_2(d_2-d_1)]}\end{aligned} \tag{3-192}$$

根据阻抗和反射系数之间的关系，可以算出分界面 1 处的反射系数为：

$$\widetilde{R}_{12}=\frac{Z_2-\eta_1}{Z_2+\eta_1}=\frac{\eta_2\dfrac{1+R_{23}\mathrm{e}^{j2\beta_2 d_2}\mathrm{e}^{-j2\beta_2 d_1}}{1-R_{23}\mathrm{e}^{j2\beta_2 d_2}\mathrm{e}^{-j2\beta_2 d_1}}-\eta_1}{\eta_2\dfrac{1+R_{23}\mathrm{e}^{j2\beta_2 d_2}\mathrm{e}^{-j2\beta_2 d_1}}{1-R_{23}\mathrm{e}^{j2\beta_2 d_2}\mathrm{e}^{-j2\beta_2 d_1}}+\eta_1}=\frac{R_{12}+R_{23}\mathrm{e}^{-j2\beta_2(d_2-d_1)}}{1+R_{12}R_{23}\mathrm{e}^{-j2\beta_2(d_2-d_1)}} \tag{3-193}$$

最终的反射系数结果与前面的一致。

当利用波阻抗来分析多层媒质的反射系数时，假定已经求得分界面 i 的输入阻抗为 Z_{i+1}，那么根据公式可以求得分界面 i 的反射系数为：

$$\widetilde{R}_{i,i+1} = \frac{Z_{i+1} - \eta_i}{Z_{i+1} + \eta_i} \tag{3-194}$$

然后再利用该反射系数求得分界面 $i-1$ 的输入阻抗为：

$$Z_{\text{in}} = \eta_i \frac{1 + \widetilde{R}_{i,i+1} \mathrm{e}^{-j2\beta_i(d_i - d_{i-1})}}{1 - \widetilde{R}_{i,i+1} \mathrm{e}^{-j2\beta_i(d_i - d_{i-1})}} \tag{3-195}$$

也可以利用输入阻抗递推的公式直接计算阻抗：

$$Z_{\text{in}} = \eta_i \frac{Z_{i+1} + j\eta_i \tan[\beta_i(d_i - d_{i-1})]}{\eta_i + jZ_{i+1} \tan[\beta_i(d_i - d_{i-1})]} \tag{3-196}$$

反射系数也可以直接推导：

$$\widetilde{R}_{i,i+1} = \frac{R_{i,i+1} + \widetilde{R}_{i+1,i+2} \mathrm{e}^{-j2\beta_{i+1}(d_{i+1} - d_i)}}{1 + R_{i,i+1} \widetilde{R}_{i+1,i+2} \mathrm{e}^{-j2\beta_{i+1}(d_{i+1} - d_i)}} \tag{3-197}$$

这与前面的多层反射系数的结果是一致的。

3.5　电磁辐射

3.5.1　辅助位函数

对于时谐场，将麦克斯韦方程分为只有电型源和只有磁型源的两部分：

$$\begin{cases} \nabla \times \boldsymbol{E}_{\mathrm{e}} = -j\omega\mu \boldsymbol{H}_{\mathrm{e}} \\ \nabla \times \boldsymbol{H}_{\mathrm{e}} = \boldsymbol{J}_{\mathrm{e}} + j\omega\varepsilon \boldsymbol{E}_{\mathrm{e}} \\ \nabla \cdot \boldsymbol{D}_{\mathrm{e}} = q_{\mathrm{e}} \\ \nabla \cdot \boldsymbol{B}_{\mathrm{e}} = 0 \end{cases} \tag{3-198}$$

$$\begin{cases} \nabla \times \boldsymbol{E}_{\mathrm{m}} = -\boldsymbol{J}_{\mathrm{m}} - j\omega\mu \boldsymbol{H}_{\mathrm{m}} \\ \nabla \times \boldsymbol{H}_{\mathrm{m}} = j\omega\varepsilon \boldsymbol{E}_{\mathrm{m}} \\ \nabla \cdot \boldsymbol{D}_{\mathrm{m}} = 0 \\ \nabla \cdot \boldsymbol{B}_{\mathrm{m}} = q_{\mathrm{m}} \end{cases} \tag{3-199}$$

式中，$\boldsymbol{E}$ 表示电场；$\boldsymbol{H}$ 表示磁场；$\boldsymbol{D}$ 表示电通量；$\boldsymbol{B}$ 表示磁通量；$\boldsymbol{J}_{\mathrm{e}}$ 表示电流；$\boldsymbol{J}_{\mathrm{m}}$ 表示磁流；q_{e} 表示电荷；q_{m} 表示磁荷。对于电流和电荷产生的场，均用下标 e 表示；对于磁流和磁荷产生的场，均用下标 m 表示。因此，总场可以分解为电型源场和磁型源场的叠加，即：

$$\boldsymbol{E} = \boldsymbol{E}_{\mathrm{e}} + \boldsymbol{E}_{\mathrm{m}}, \boldsymbol{H} = \boldsymbol{H}_{\mathrm{e}} + \boldsymbol{H}_{\mathrm{m}} \tag{3-200}$$

$$\boldsymbol{D} = \boldsymbol{D}_{\mathrm{e}} + \boldsymbol{D}_{\mathrm{m}}, \boldsymbol{B} = \boldsymbol{B}_{\mathrm{e}} + \boldsymbol{B}_{\mathrm{m}} \tag{3-201}$$

经过分解后，问题的求解能够得到简化。

由于$\nabla \cdot \boldsymbol{B}_e=0$，因此$\boldsymbol{B}_e$是一个散度为0的场，即无散场。根据无散场可以用矢量的旋度来表示的特性，引入磁矢量位函数$\boldsymbol{A}$，使得$\boldsymbol{B}_e=\nabla\times\boldsymbol{A}$，可以得到：

$$\nabla \times \boldsymbol{E}_e = -j\omega\mu\boldsymbol{H}_e = -j\omega\boldsymbol{B}_e = -j\omega\,\nabla\times\boldsymbol{A} \tag{3-202}$$

因此，$\nabla\times(\boldsymbol{E}_e+j\omega\boldsymbol{A})=0$。很容易看出，$\boldsymbol{E}_e+j\omega\boldsymbol{A}$表示一个无旋场。根据无旋场可以用标量的梯度来表示的特性，引入电标量位φ_e，则$\boldsymbol{E}_e+j\omega\boldsymbol{A}=-\nabla\varphi_e$，因此电场可以表示为：

$$\boldsymbol{E}_e = j\omega\boldsymbol{A} - \nabla\varphi_e \tag{3-203}$$

于是

$$\nabla\times\boldsymbol{H}_e = \boldsymbol{J}_e + j\omega\varepsilon\boldsymbol{E}_e = \boldsymbol{J}_e + j\omega\varepsilon(-j\omega\boldsymbol{A} - \nabla\varphi_e) \tag{3-204}$$

将$\nabla\times\boldsymbol{H}_e=\mu^{-1}\nabla\times(\nabla\times A)=\mu^{-1}[\nabla(\nabla\cdot\boldsymbol{A})-\nabla^2\boldsymbol{A}]$代入，整理得：

$$\nabla^2\boldsymbol{A} + k^2\boldsymbol{A} = -\mu\boldsymbol{J}_e + \nabla(\nabla\cdot\boldsymbol{A} + j\omega\mu\varepsilon\varphi_e) \tag{3-205}$$

对于电矢量位$\boldsymbol{A}$，目前我们只定义了旋度，并不能完全确定矢量位$\boldsymbol{A}$的值，因此不妨令$\nabla\cdot\boldsymbol{A}+j\omega\mu\varepsilon\varphi_e=0$，于是有：

$$\begin{cases}\nabla^2\boldsymbol{A} + k^2\boldsymbol{A} = -\mu\boldsymbol{J}_e \\ \boldsymbol{E}_e = j\omega\boldsymbol{A} - \dfrac{j}{\omega\mu\varepsilon}\nabla(\nabla\cdot\boldsymbol{A}) \\ \boldsymbol{H}_e = \dfrac{1}{\mu}\nabla\times\boldsymbol{A}\end{cases} \tag{3-206}$$

从公式中可以看出，我们需要先根据电流计算电矢量位函数$\boldsymbol{A}$，然后根据$\boldsymbol{A}$计算电型源产生的电场和磁场。

同理，由于$\nabla\cdot\boldsymbol{D}_m=0$，因此$\boldsymbol{D}_m$是一个散度为0的场，即无散场。根据无散场可以用矢量的旋度来表示的特性，引入电矢量位函数$\boldsymbol{F}$，使得$\boldsymbol{D}_m=-\nabla\times\boldsymbol{F}$，可以得到：

$$\nabla\times\boldsymbol{H}_m = j\omega\varepsilon\boldsymbol{E}_m = j\omega\boldsymbol{D}_m = -j\omega\,\nabla\times\boldsymbol{F} \tag{3-207}$$

因此，$\nabla\times(\boldsymbol{H}_m+j\omega\boldsymbol{F})=0$。很容易看出，$\boldsymbol{H}_m+j\omega\boldsymbol{F}$表示一个无旋场。根据无旋场可以用标量的梯度表示的特性，引入磁标量位φ_m，则$\boldsymbol{H}_m+j\omega\boldsymbol{F}=-\nabla\varphi_m$，因此磁场可以表示为：

$$\boldsymbol{H}_m = -j\omega\boldsymbol{F} - \nabla\varphi_m \tag{3-208}$$

于是

$$\nabla\times\boldsymbol{E}_m = -\boldsymbol{J}_m - j\omega\mu\boldsymbol{H}_m = -\boldsymbol{J}_m - j\omega\mu(-j\omega\boldsymbol{F} - \nabla\varphi_m) \tag{3-209}$$

将$\nabla\times\boldsymbol{E}_m=-\varepsilon^{-1}\nabla\times(\nabla\times\boldsymbol{F})=-\varepsilon^{-1}[\nabla(\nabla\cdot\boldsymbol{F})-\nabla^2\boldsymbol{F}]$代入，整理得：

$$\nabla^2\boldsymbol{F} + k^2\boldsymbol{F} = -\varepsilon\boldsymbol{J}_m + \nabla(\nabla\cdot\boldsymbol{F} + j\omega\mu\varepsilon\varphi_m) \tag{3-210}$$

对于磁矢量位 $\boldsymbol{F}$，目前我们只定义了旋度，并不能完全确定矢量位 $\boldsymbol{F}$ 的值，因此不妨令$\nabla \cdot \boldsymbol{F} + j\omega\mu\varepsilon\varphi_{\mathrm{m}} = 0$，于是有：

$$\begin{cases} \nabla^2 \boldsymbol{F} + k^2 \boldsymbol{F} = -\varepsilon \boldsymbol{J}_{\mathrm{m}} \\ \boldsymbol{H}_{\mathrm{e}} = -j\omega \boldsymbol{F} - \dfrac{j}{\omega\mu\varepsilon} \nabla(\nabla \cdot \boldsymbol{F}) \\ \boldsymbol{E}_{\mathrm{m}} = -\dfrac{1}{\varepsilon} \nabla \times \boldsymbol{F} \end{cases} \tag{3-211}$$

从公式中可以看出，我们需要先根据电流计算电矢量位函数 $\boldsymbol{F}$，然后根据 $\boldsymbol{F}$ 计算磁型源产生的电场和磁场。

由于总场是电型源和磁型源产生的场的叠加，因此对于既有电型源也有磁型源的时谐场，可以将上述的结论叠加得到：

$$\begin{cases} \nabla^2 \boldsymbol{A} + k^2 \boldsymbol{A} = -\mu \boldsymbol{J}_{\mathrm{e}} \\ \nabla^2 \boldsymbol{F} + k^2 \boldsymbol{F} = -\varepsilon \boldsymbol{J}_{\mathrm{m}} \\ \boldsymbol{E} = -j\omega \boldsymbol{A} - \dfrac{j}{\omega\mu\varepsilon} \nabla(\nabla \cdot \boldsymbol{A}) - \dfrac{1}{\varepsilon} \nabla \times \boldsymbol{F} \\ \boldsymbol{H} = -j\omega \boldsymbol{F} - \dfrac{j}{\omega\mu\varepsilon} \nabla(\nabla \cdot \boldsymbol{F}) + \dfrac{1}{\mu} \nabla \times \boldsymbol{A} \end{cases} \tag{3-212}$$

3.5.2　辐射公式

根据辅助位函数的分析，电磁辐射可以认为是由电流和磁流辐射的场，因此可以借助辅助位函数进行计算，即：

$$\boldsymbol{E} = -j\omega \boldsymbol{A} - \frac{j}{\omega\mu\varepsilon} \nabla(\nabla \cdot \boldsymbol{A}) - \frac{1}{\varepsilon} \nabla \times \boldsymbol{F} \tag{3-213}$$

$$\boldsymbol{H} = -j\omega \boldsymbol{F} - \frac{j}{\omega\mu\varepsilon} \nabla(\nabla \cdot \boldsymbol{F}) + \frac{1}{\mu} \nabla \times \boldsymbol{A} \tag{3-214}$$

式中，$\boldsymbol{E}$ 和 $\boldsymbol{H}$ 是辐射电场和磁场；$\boldsymbol{A}$ 是磁矢量位函数；$\boldsymbol{F}$ 是电标量位函数，且 $\boldsymbol{A}$ 和 $\boldsymbol{F}$ 满足如下二阶微分方程：

$$\nabla^2 \boldsymbol{A} + k^2 \boldsymbol{A} = -\mu \boldsymbol{J}_{\mathrm{e}} \tag{3-215}$$

$$\nabla^2 \boldsymbol{F} + k^2 \boldsymbol{F} = -\varepsilon \boldsymbol{J}_{\mathrm{m}} \tag{3-216}$$

假定 $G(\boldsymbol{r},\boldsymbol{r}')$为方程的冲激响应，即格林函数，其中 $\boldsymbol{r}$ 表示观察点，$\boldsymbol{r}'$表示源点，那么，$G(\boldsymbol{r},\boldsymbol{r}')$满足方程：

$$\nabla \times G(\boldsymbol{r},\boldsymbol{r}') + k^2 G(\boldsymbol{r},\boldsymbol{r}') = -\mu\delta \tag{3-217}$$

式中，δ 为单位冲激函数。根据冲激响应性质，$\boldsymbol{A}$ 和 $\boldsymbol{F}$ 可以表示为：

$$\boldsymbol{A} = -\mu \int_V G(\boldsymbol{r},\boldsymbol{r}') \boldsymbol{J}_{\mathrm{e}}(\boldsymbol{r}') \mathrm{d}V \tag{3-218}$$

$$\boldsymbol{F}=-\varepsilon\int_V G(\boldsymbol{r},\boldsymbol{r}')\boldsymbol{J}_{\mathrm{m}}(\boldsymbol{r}')\mathrm{d}V \tag{3-219}$$

代入辐射电场和磁场的表达式,得:

$$\boldsymbol{E}=-j\omega\mu\int_V G(\boldsymbol{r},\boldsymbol{r}')\boldsymbol{J}_{\mathrm{e}}(\boldsymbol{r}')+\frac{1}{k^2}\nabla[\nabla\cdot G(\boldsymbol{r},\boldsymbol{r}')\boldsymbol{J}_{\mathrm{e}}(\boldsymbol{r}')]\mathrm{d}V'-\nabla\times\int_V G(\boldsymbol{r},\boldsymbol{r}')\boldsymbol{J}_{\mathrm{m}}(\boldsymbol{r}')\mathrm{d}V' \tag{3-220}$$

$$\boldsymbol{H}=-j\omega\varepsilon\int_V G(\boldsymbol{r},\boldsymbol{r}')\boldsymbol{J}_{\mathrm{m}}(\boldsymbol{r}')+\frac{1}{k^2}\nabla[\nabla\cdot G(\boldsymbol{r},\boldsymbol{r}')\boldsymbol{J}_{\mathrm{m}}(\boldsymbol{r}')]\mathrm{d}V'+\nabla\times\int_V G(\boldsymbol{r},\boldsymbol{r}')\boldsymbol{J}_{\mathrm{e}}(\boldsymbol{r}')\mathrm{d}V' \tag{3-221}$$

根据矢量恒等式

$$\nabla\cdot(\Phi\boldsymbol{A})=\nabla\Phi\cdot\boldsymbol{A}+\Phi\nabla\cdot\boldsymbol{A} \tag{3-222}$$

$$\nabla\times(\Phi\boldsymbol{A})=\nabla\Phi\times\boldsymbol{A}+\Phi\nabla\times\boldsymbol{A} \tag{3-223}$$

可知:

$$\begin{aligned}\nabla[\nabla\cdot G(\boldsymbol{r},\boldsymbol{r}')\cdot\boldsymbol{J}_{\mathrm{e,m}}(\boldsymbol{r}')]&=\nabla[\nabla\cdot G(\boldsymbol{r},\boldsymbol{r}')\cdot\boldsymbol{J}_{\mathrm{e,m}}(\boldsymbol{r}')+G(\boldsymbol{r},\boldsymbol{r}')\nabla\cdot\boldsymbol{J}_{\mathrm{e,m}}(\boldsymbol{r}')]\\&=\nabla\nabla G(\boldsymbol{r},\boldsymbol{r}')\cdot\boldsymbol{J}_{\mathrm{e,m}}(\boldsymbol{r}')\end{aligned} \tag{3-224}$$

$$\begin{aligned}\nabla\times[G(\boldsymbol{r},\boldsymbol{r}')\boldsymbol{J}_{\mathrm{e,m}}(\boldsymbol{r}')]&=\nabla G(\boldsymbol{r},\boldsymbol{r}')\times\boldsymbol{J}_{\mathrm{e,m}}(\boldsymbol{r}')+G(\boldsymbol{r},\boldsymbol{r}')\nabla\times\boldsymbol{J}_{\mathrm{e,m}}(\boldsymbol{r}')\\&=\nabla G(\boldsymbol{r},\boldsymbol{r}')\times\boldsymbol{J}_{\mathrm{e,m}}(\boldsymbol{r}')\end{aligned} \tag{3-225}$$

代入辐射电场和磁场的表达式,化简得:

$$\boldsymbol{E}=-j\omega\mu\int_V\left(\bar{\bar{\boldsymbol{I}}}+\frac{\nabla\nabla}{k^2}\right)G(\boldsymbol{r},\boldsymbol{r}')\cdot\boldsymbol{J}_{\mathrm{e}}(\boldsymbol{r}')\mathrm{d}V'-\int_V\nabla G(\boldsymbol{r},\boldsymbol{r}')\times\boldsymbol{J}_{\mathrm{m}}(\boldsymbol{r}')\mathrm{d}V' \tag{3-226}$$

$$\boldsymbol{H}=-j\omega\mu\int_V\left(\bar{\bar{\boldsymbol{I}}}+\frac{\nabla\nabla}{k^2}\right)G(\boldsymbol{r},\boldsymbol{r}')\cdot\boldsymbol{J}_{\mathrm{m}}(\boldsymbol{r}')\mathrm{d}V'+\int_V\nabla G(\boldsymbol{r},\boldsymbol{r}')\times\boldsymbol{J}_{\mathrm{e}}(\boldsymbol{r}')\mathrm{d}V' \tag{3-227}$$

因此,只要求得电流、磁流的分布情况,就可以计算出辐射电场和磁场的值。

3.5.3 自由空间格林函数

对于二维标量亥姆霍兹方程:

$$\nabla^2\varphi(\boldsymbol{\rho})+\beta^2\varphi(\boldsymbol{\rho})=f(\boldsymbol{\rho}) \tag{3-228}$$

假设冲激响应为 $G(\boldsymbol{\rho},\boldsymbol{\rho}')$,则 $G(\boldsymbol{\rho},\boldsymbol{\rho}')$ 满足方程:

$$\nabla^2 G(\boldsymbol{\rho},\boldsymbol{\rho}')+\beta^2 G(\boldsymbol{\rho},\boldsymbol{\rho}')=-\delta(\boldsymbol{\rho},\boldsymbol{\rho}') \tag{3-229}$$

在柱坐标系中将$\nabla^2 G(\boldsymbol{\rho},\boldsymbol{\rho}')$展开，得：

$$\nabla^2 G(\boldsymbol{\rho},\boldsymbol{\rho}')=\frac{\partial^2}{\partial\rho^2}G(\boldsymbol{\rho},\boldsymbol{\rho}')+\frac{1}{\rho}\frac{\partial}{\partial\rho}G(\boldsymbol{\rho},\boldsymbol{\rho}')+\frac{1}{\rho^2}\frac{\partial^2}{\partial\varphi^2}G(\boldsymbol{\rho},\boldsymbol{\rho}')+\frac{\partial^2}{\partial z^2}G(\boldsymbol{\rho},\boldsymbol{\rho}') \tag{3-230}$$

由于格林函数只与距离有关，与方向无关，因此$G(\boldsymbol{\rho},\boldsymbol{\rho}')$与$\varphi$和$z$无关，于是有：

$$\nabla^2 G(\boldsymbol{\rho},\boldsymbol{\rho}')=\frac{\partial^2}{\partial\rho^2}G(\boldsymbol{\rho},\boldsymbol{\rho}')+\frac{1}{\rho}\frac{\partial}{\partial\rho}G(\boldsymbol{\rho},\boldsymbol{\rho}') \tag{3-231}$$

代入原方程得：

$$\frac{\partial^2}{\partial\rho^2}G(\boldsymbol{\rho},\boldsymbol{\rho}')+\frac{1}{\rho}\frac{\partial}{\partial\rho}G(\boldsymbol{\rho},\boldsymbol{\rho}')+\beta^2 G(\boldsymbol{\rho},\boldsymbol{\rho}')=-\delta(\boldsymbol{\rho},\boldsymbol{\rho}') \tag{3-232}$$

当$\boldsymbol{\rho}\neq\boldsymbol{\rho}'$时：

$$\frac{\partial^2}{\partial\rho^2}G(\boldsymbol{\rho},\boldsymbol{\rho}')+\frac{1}{\rho}\frac{\partial}{\partial\rho}G(\boldsymbol{\rho},\boldsymbol{\rho}')+\beta^2 G(\boldsymbol{\rho},\boldsymbol{\rho}')=0 \tag{3-233}$$

根据贝塞尔函数定义，该方程的解可以表示为$A_1H_0^{(1)}(\beta|\boldsymbol{\rho}-\boldsymbol{\rho}'|)+A_2H_0^{(2)}(\beta|\boldsymbol{\rho}-\boldsymbol{\rho}'|)$。在柱坐标系中，$H_0^{(1)}(\beta|\boldsymbol{\rho}-\boldsymbol{\rho}'|)$表示向靠近$\boldsymbol{\rho}'$方向辐射的电磁波，$H_0^{(2)}(\beta|\boldsymbol{\rho}-\boldsymbol{\rho}'|)$表示向远离$\boldsymbol{\rho}'$方向辐射的电磁波。根据物理意义，格林函数的解在大多数问题中取第二项，即：

$$G(\boldsymbol{\rho},\boldsymbol{\rho}')=A_2H_0^{(2)}(\beta|\boldsymbol{\rho}-\boldsymbol{\rho}'|) \tag{3-234}$$

当$\boldsymbol{\rho}=\boldsymbol{\rho}'$时，在该点附近对一个半径无限小的柱表面进行积分，原方程左边第一项：

$$\begin{aligned}\iint_S\nabla^2 G(\boldsymbol{\rho},\boldsymbol{\rho}')\mathrm{d}S&=\iint_C\nabla G(\boldsymbol{\rho},\boldsymbol{\rho}')\mathrm{d}l\\&=\iint_C\frac{\mathrm{d}}{\mathrm{d}\rho}G(\boldsymbol{\rho},\boldsymbol{\rho}')\mathrm{d}l\\&=A_2\lim_{|\boldsymbol{\rho}-\boldsymbol{\rho}'|\to0}\int_0^{2\pi}[-\beta H_1^{(2)}(\beta|\boldsymbol{\rho}-\boldsymbol{\rho}'|)]\rho\mathrm{d}\varphi\\&=-j4A_2\end{aligned} \tag{3-235}$$

原方程左边第二项：

$$\iint_S G(\boldsymbol{\rho},\boldsymbol{\rho}')\mathrm{d}S=A_2\lim_{\varepsilon\to0}\int_0^{2\pi}\int_0^{\varepsilon}[H_0^{(2)}(\beta|\boldsymbol{\rho}-\boldsymbol{\rho}'|)]\rho\mathrm{d}\rho\mathrm{d}\varphi=0 \tag{3-236}$$

原方程右边：

$$\iint_S-\delta(\boldsymbol{\rho}-\boldsymbol{\rho}')\mathrm{d}S=-1 \tag{3-237}$$

因此，$A_2=\dfrac{1}{4j}$，自由空间二维标量格林函数为：

$$G(\boldsymbol{\rho},\boldsymbol{\rho}')=\frac{1}{4j}H_0^{(2)}(k\mid\boldsymbol{\rho}-\boldsymbol{\rho}'\mid) \tag{3-238}$$

在 $\boldsymbol{\rho}=\boldsymbol{\rho}'$ 的位置会产生奇异性。

下面我们来推导直角坐标系中的解，格林函数满足方程：

$$\nabla^2G(x,y',x',y')+\beta^2G(x,y',x',y')=-\delta(x-x')\delta(y-y') \tag{3-239}$$

不妨设 $x'=0,y'=0$，在任意一点的解可以根据线性系统的平移直接获得。于是方程可以简化为：

$$\nabla^2G(x,y)+\beta^2G(x,y)=-\delta(x)\delta(y) \tag{3-240}$$

$G(x,y)$ 可以用傅里叶变换表示为：

$$G(x,y)=\int_{-\infty}^{\infty}g(\beta_x,y)\mathrm{e}^{-j\beta_x x}\,\mathrm{d}\beta_x \tag{3-241}$$

将表达式代入原方程，方程左边为：

$$(\nabla^2+\beta^2)\int_{-\infty}^{\infty}g(\beta_x,y)\mathrm{e}^{-j\beta_x x}\,\mathrm{d}\beta_x=\int_{-\infty}^{\infty}\left(\frac{\partial^2}{\partial y^2}+\beta^2-\beta_x^2\right)g(\beta_x,y)\mathrm{e}^{-j\beta_x x}\,\mathrm{d}\beta_x \tag{3-242}$$

方程右边为：

$$-\delta(x-x')\delta(y-y')=-\frac{1}{2\pi}\int_{-\infty}^{\infty}\mathrm{e}^{-j\beta_x x}\,\mathrm{d}\beta_x\delta(y) \tag{3-243}$$

于是

$$\left(\frac{\partial^2}{\partial y^2}+\beta_y^2\right)g(\beta_x,y)=-\frac{1}{2\pi}\delta(y) \tag{3-244}$$

齐次解为：

$$g(\beta_x,y)=A_1\mathrm{e}^{-j\beta_y y}+A_2\mathrm{e}^{-j\beta_y y} \tag{3-245}$$

当 $y>0$ 时，电磁波要朝着 $+y$ 方向传播；当 $y<0$ 时，电磁波要朝着 $-y$ 方向传播，因此：

$$g(\beta_x,y)=A\mathrm{e}^{-j\beta_y|y|} \tag{3-246}$$

根据冲激函数匹配法：

$$\lim_{\varepsilon\to0}\left[\frac{\mathrm{d}}{\mathrm{d}y}g(\beta_x,y)\mid_{y=\varepsilon}-\frac{\mathrm{d}}{\mathrm{d}y}g(\beta_x,y)\mid_{y=-\varepsilon}\right]=-\frac{1}{2\pi} \tag{3-247}$$

计算得 $A=-\dfrac{j}{4\pi\beta_y}$，格林函数表达式为：

$$G(x,y)=-\frac{j}{4\pi}\int_{-\infty}^{\infty}\frac{e^{-j\beta_x x-j\beta_y|y|}}{\beta_y}d\beta_x \tag{3-248}$$

根据线性特性，将 $x'=0,y'=0$ 平移到任意一点，则：

$$G(x,y';x',y')=-\frac{j}{4\pi}\int_{-\infty}^{\infty}\frac{e^{-j\beta_x(x-x')-j\beta_y|y-y'|}}{\beta_y}d\beta_x \tag{3-249}$$

对于三维标量亥姆霍兹方程：

$$\nabla^2\varphi(\boldsymbol{r})+\beta^2\varphi(\boldsymbol{r})=f(\boldsymbol{r}) \tag{3-250}$$

假设冲激响应为 $G(\boldsymbol{r},\boldsymbol{r}')$，则 $G(\boldsymbol{r},\boldsymbol{r}')$ 满足方程：

$$\nabla^2 G(\boldsymbol{r},\boldsymbol{r}')+\beta^2 G(\boldsymbol{r},\boldsymbol{r}')=-\delta(\boldsymbol{r},\boldsymbol{r}') \tag{3-251}$$

在球坐标系中将 $\nabla^2 G(\boldsymbol{r},\boldsymbol{r}')$ 展开，得：

$$\nabla^2 G(\boldsymbol{r},\boldsymbol{r}')=\frac{1}{r^2}\frac{\partial}{\partial r}\left(r^2\frac{\partial}{\partial r}\right)G(\boldsymbol{r},\boldsymbol{r}')+\frac{1}{r^2\sin\theta}\frac{\partial}{\partial\theta}\left(\sin\theta\frac{\partial}{\partial\theta}\right)G(\boldsymbol{r},\boldsymbol{r}')+\frac{1}{r^2\sin\theta}\frac{\partial^2}{\partial\varphi^2}G(\boldsymbol{r},\boldsymbol{r}') \tag{3-252}$$

由于格林函数只与距离有关，与方向无关，因此 $G(\boldsymbol{\rho},\boldsymbol{\rho}')$ 与 θ 和 φ 无关，于是有：

$$\nabla^2 G(\boldsymbol{r},\boldsymbol{r}')=\frac{1}{r^2}\frac{\partial}{\partial r}\left(r^2\frac{\partial}{\partial r}\right)G(\boldsymbol{r},\boldsymbol{r}') \tag{3-253}$$

代入原方程得：

$$\left[\frac{1}{r^2}\frac{\partial}{\partial r}\left(r^2\frac{\partial}{\partial r}\right)+\beta^2\right]G(\boldsymbol{r},\boldsymbol{r}')=-\delta(\boldsymbol{r}-\boldsymbol{r}') \tag{3-254}$$

当 $\boldsymbol{r}\neq\boldsymbol{r}'$ 时：

$$\left[\frac{1}{r^2}\frac{\partial}{\partial r}\left(r^2\frac{\partial}{\partial r}\right)+\beta^2\right]G(\boldsymbol{r},\boldsymbol{r}')=0 \tag{3-255}$$

根据贝塞尔函数定义，该方程的解可以表示为 $A_1\dfrac{e^{jk|\boldsymbol{r}-\boldsymbol{r}'|}}{|\boldsymbol{r}-\boldsymbol{r}'|}+A_2\dfrac{e^{-jk|\boldsymbol{r}-\boldsymbol{r}'|}}{|\boldsymbol{r}-\boldsymbol{r}'|}$。在球坐标系中，$\dfrac{e^{jk|\boldsymbol{r}-\boldsymbol{r}'|}}{|\boldsymbol{r}-\boldsymbol{r}'|}$ 表示向靠近 $\boldsymbol{r}'$ 方向辐射的电磁波，$\dfrac{e^{-jk|\boldsymbol{r}-\boldsymbol{r}'|}}{|\boldsymbol{r}-\boldsymbol{r}'|}$ 表示向远离 $\boldsymbol{r}'$ 方向辐射的电磁波。根据物理意义，格林函数的解在大多数问题中取第二项，即：

$$G(\boldsymbol{r}-\boldsymbol{r}')=A_2\frac{e^{-jk|\boldsymbol{r}-\boldsymbol{r}'|}}{|\boldsymbol{r}-\boldsymbol{r}'|} \tag{3-256}$$

当 $\boldsymbol{r}=\boldsymbol{r}'$ 时，在该点附近对一个半径无限小的球体进行积分，原方程左边第一项：

$$
\begin{aligned}
\iiint_V \nabla^2 G(\boldsymbol{r},\boldsymbol{r}')\mathrm{d}V &= \oiint_S \nabla G(\boldsymbol{r},\boldsymbol{r}') \cdot \mathrm{d}S \\
&= \oiint_S \frac{\mathrm{d}}{\mathrm{d}r} G(\boldsymbol{r},\boldsymbol{r}') \cdot \mathrm{d}S \\
&= A_2 \lim_{|\boldsymbol{r}-\boldsymbol{r}'|\to 0} \int_0^{2\pi}\int_0^{\pi} -(1+j\beta|\boldsymbol{r}-\boldsymbol{r}'|)\frac{\mathrm{e}^{-j\beta|\boldsymbol{r}-\boldsymbol{r}'|}}{|\boldsymbol{r}-\boldsymbol{r}'|^2} r^2 \sin\theta \mathrm{d}\theta \mathrm{d}\varphi \\
&= A_2 \lim_{|\boldsymbol{r}-\boldsymbol{r}'|\to 0} [-(1+j\beta|\boldsymbol{r}-\boldsymbol{r}'|)\mathrm{e}^{-j\beta|\boldsymbol{r}-\boldsymbol{r}'|}] 4\pi \\
&= -4\pi A_2
\end{aligned} \tag{3-257}
$$

原方程左边第二项：

$$
\iiint_V G(\boldsymbol{r},\boldsymbol{r}')\mathrm{d}V = A_2 \lim_{\varepsilon\to 0}\int_0^{2\pi}\int_0^{\pi}\int_0^{\varepsilon} \frac{\mathrm{e}^{-jk|\boldsymbol{r}-\boldsymbol{r}'|}}{|\boldsymbol{r}-\boldsymbol{r}'|} r^2 \sin\theta \mathrm{d}r\mathrm{d}\theta\mathrm{d}\varphi = 0 \tag{3-258}
$$

原方程右边：

$$
\iiint_V -\delta(\boldsymbol{r}-\boldsymbol{r}') = -1 \tag{3-259}
$$

因此，$A_2=\dfrac{1}{4\pi}$，自由空间二维标量格林函数为：

$$
G(\boldsymbol{r},\boldsymbol{r}') = \frac{\mathrm{e}^{-jk|\boldsymbol{r}-\boldsymbol{r}'|}}{4\pi|\boldsymbol{r}-\boldsymbol{r}'|} \tag{3-260}
$$

在 $\boldsymbol{r}=\boldsymbol{r}'$ 的位置会产生奇异性。

下面我们来推导直角坐标系中的解。格林函数满足方程：

$$
\begin{aligned}
&\nabla^2 G(x,y,z;x',y',z') + \beta^2 G(x,y,z;x',y',z') \\
&\quad = -\delta(x-x')\delta(y-y')\delta(z-z')
\end{aligned} \tag{3-261}
$$

不妨设 $x'=0, y'=0, z'=0$，在任意一点的解可以根据线性系统的平移直接获得。于是，方程可以简化为：

$$
\nabla^2 G(x,y,z) + \beta^2 G(x,y,z) = -\delta(x)\delta(y)\delta(z) \tag{3-262}
$$

$G(x,y,z)$可以用傅里叶变换表示为：

$$
G(x,y,z) = \int_{-\infty}^{\infty} g(\beta_x,y)\mathrm{e}^{-j\beta_x x}\mathrm{d}\beta_x \tag{3-263}
$$

将表达式代入原方程，方程左边为：

$$
(\nabla^2+\beta^2)\int_{-\infty}^{\infty} g(\beta_x,y)\mathrm{e}^{-j\beta_x x}\mathrm{d}\beta_x = \int_{-\infty}^{\infty}\left(\frac{\partial^2}{\partial y^2}+\beta^2-\beta_x^2\right)g(\beta_x,y)\mathrm{e}^{-j\beta_x x}\mathrm{d}\beta_x \tag{3-264}
$$

方程右边为：

$$-\delta(x-x')\delta(y-y')=-\frac{1}{2\pi}\int_{-\infty}^{\infty}\mathrm{e}^{-j\beta_x x}\mathrm{d}\beta_x\delta(y) \tag{3-265}$$

于是

$$\left(\frac{\partial^2}{\partial y^2}+\beta_y^2\right)g(\beta_x,y)=-\frac{1}{2\pi}\delta(y) \tag{3-266}$$

齐次解为：

$$g(\beta_x,y)=A_1\mathrm{e}^{-j\beta_y y}+A_2\mathrm{e}^{-j\beta_y y} \tag{3-267}$$

当 $y>0$ 时，电磁波要朝着 $+y$ 方向传播；当 $y<0$ 时，电磁波要朝着 $-y$ 方向传播，因此：

$$g(\beta_x,y)=A\mathrm{e}^{-j\beta_y|y|} \tag{3-268}$$

根据冲激函数匹配法：

$$\lim_{\varepsilon\to 0}\left[\frac{\mathrm{d}}{\mathrm{d}y}g(\beta_x,y)\mid_{y=\varepsilon}-\frac{\mathrm{d}}{\mathrm{d}y}g(\beta_x,y)\mid_{y=-\varepsilon}\right]=-\frac{1}{2\pi} \tag{3-269}$$

计算得 $A=-\dfrac{j}{4\pi\beta_y}$，格林函数表达式为：

$$G(x,y)=-\frac{j}{4\pi}\int_{-\infty}^{\infty}\frac{\mathrm{e}^{-j\beta_x x-j\beta_y|y|}}{\beta_y}\mathrm{d}\beta_x \tag{3-270}$$

根据线性特性，将 $x'=0,y'=0$ 平移到任意一点，则：

$$G(x,y;x',y')=-\frac{j}{4\pi}\int_{-\infty}^{\infty}\frac{\mathrm{e}^{-j\beta(x-x')-j\beta_y|y-y'|}}{\beta_y}\mathrm{d}\beta_x \tag{3-271}$$

3.6　电磁散射

由于场源的作用，在均匀媒质区域内激发出电场 $\boldsymbol{E}^{\mathrm{inc}}$ 和磁场 $\boldsymbol{H}^{\mathrm{inc}}$，称为入射场，如图 3-7(a)所示。若当在该区域内放置任意目标，则该区域的电磁场将发生变化，变为电场 $\boldsymbol{E}$ 和磁场 $\boldsymbol{H}$，称为总场，如图 3-7(b)所示。用总场减去入射场，就得到该目标对电磁场变化所产生的贡献，称为散射场，即：

$$\boldsymbol{E}^{\mathrm{sca}}=\boldsymbol{E}-\boldsymbol{E}^{\mathrm{inc}},\boldsymbol{H}^{\mathrm{sca}}=\boldsymbol{H}-\boldsymbol{H}^{\mathrm{inc}} \tag{3-272}$$

如果目标是可穿透的，就把物体内部的总电场 $\boldsymbol{E}^{\mathrm{tran}}$ 和磁场 $\boldsymbol{H}^{\mathrm{tran}}$ 称为透射场。对于几何外形简单的物体，如无限长圆柱、椭圆柱、球、椭球等，可以分别求出散射体内外区域麦克斯韦方程的通解，然后根据边界条件确定待定系数，最后把解表示成级数求和或积分的形式，称为解析解。对于绝大多数不规则的电磁散射体，不可能获得严格的解析解，或许能得到近似的解析解，但一般情况下是

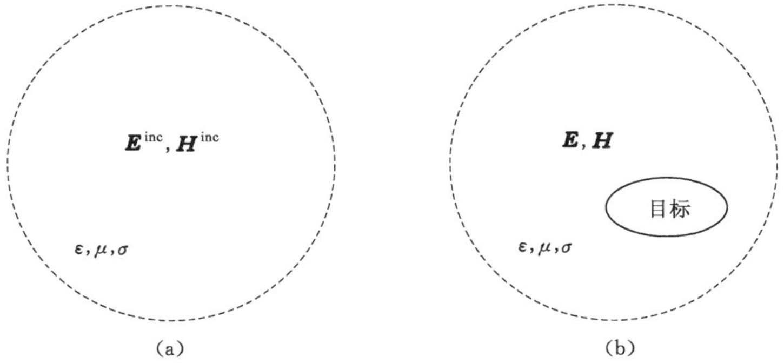

图 3-7 电磁散射示意图

进行数值求解。

为了表征目标的电磁散射特性，一般采用雷达散射截面(RCS)的概念。雷达散射截面是雷达隐身技术中最关键的概念，它表征了目标在雷达波照射下所产生回波强度的一种物理量。RCS 的具体表达式为：

$$\text{RCS} = 10\lg\left(4\pi r^2 \frac{|\boldsymbol{E}^{\text{tran}}|^2}{|\boldsymbol{E}^{\text{inc}}|^2}\right) \tag{3-273}$$

式中，$\boldsymbol{E}^{\text{sca}}$为散射电场；$\boldsymbol{E}^{\text{inc}}$为入射电场。

从公式中可以看出，RCS 就是散射场能量和入射场能量的比值，单位为分贝(dB)。

3.7 本章小结

电磁波的基础知识是电磁场理论中必不可少的重要内容，计算电磁辐射、电磁散射，都需要对电磁波进行建模。首先，引入波动方程，建立了电磁波的基础模型；其次，通过分离变量法求波动方程的解，给出了基本波函数的数学模型；再次，阐述均匀平面波是直角坐标系下基本波函数的特殊情况；然后，对均匀平面波的反射、透射进行了推导和归纳；最后，利用辅助位函数给出电磁辐射公式，并导出电磁散射的基本概念。

参考文献

[1] BAÑOS A. Fundamental wave functions in an unbounded magneto-hydrodynamic field. Ⅰ. general theory[J]. Physical review, 1955, 97(6):

1435-1443.

[2] BLAU M, O'LOUGHLIN M. Homogeneous plane waves[J]. Nuclear physics B,2003,654(1/2):135-176.

[3] CAPPELLIN C, BREINBJERG O, FRANDSEN A. Properties of the transformation from the spherical wave expansion to the plane wave expansion[J].Radio science,2008,43(1):1012.

[4] COLEMAN C J.On the generalization of Snell's law[J].Radio science, 2004,39(2):2005.

[5] GRAGLIA R,USLENGHI P.Electromagnetic scattering from anisotropic materials,Part Ⅰ:general theory[J].IEEE transactions on antennas and propagation,1984,32(8):867-869.

[6] GRAGLIA R,USLENGHI P.Electromagnetic scattering from anisotropic materials,Part Ⅱ:computer code and numerical results in two dimensions [J].IEEE transactions on antennas and propagation,1987,35(2):225-232.

[7] HAMID A K,COORAY F R.Scattering of a plane wave by a homogeneous anisotropic elliptic cylinder [J]. IEEE transactions on antennas and propagation,2015,63(8):3579-3587.

[8] HAUPT R L,COTE M.Snell's law applied to finite surfaces[J].IEEE transactions on antennas and propagation,1993,41(2):227-230.

[9] IP A,JACKSON D R.Radiation from cylindrical leaky waves[J].IEEE transactions on antennas and propagation,1990,38(4):482-488.

[10] LINDELL I V.The radiation operator[J].IEEE transactions on antennas and propagation,2000,48(11):1701-1706.

[11] MICHALSKI K A,MOSIG J R.Multilayered media Green's functions in integral equation formulations[J]. IEEE transactions on antennas and propagation,1997,45(3):508-519.

[12] O'TOOLE M M,LIU E D,CHANG M S.Linewidth control in projection lithography using a multilayer resist process[J].IEEE transactions on electron devices,1981,28(11):1405-1410.

[13] SATO R,SHIRAI H.Efficient reflection/transmission coefficient by two-layered dielectric slab for accurate propagation analysis [C]//2014 International Symposium on Electromagnetic Compatibility, Tokyo. May

12-16,2014,Tokyo,Japan.IEEE,2014:813-816.

[14] SCHELKUNOFF S A.A general radiation formula[J].Proceedings of the IRE,1939,27(10):660-666.

[15] SMITH J J.Green's functions in evaluating fields[J].Electrical engineering, 1954,73(4):323.

[16] SMITH J J.The use of instantaneous point sources or Green's functions in evaluating electromagnetic fields[J]. Transactions of the American institute of electrical engineers, Part Ⅰ: communication and electronics, 1954,73(1):82-88.

[17] YAGHJIAN A D.Electric dyadic Green's functions in the source region [J].Proceedings of the IEEE,1980,68(2):248-263.

[18] YANG R G.Auxiliary functions in electromagnetic theory[C]//2000 5th International Symposium on Antennas, Propagation, and EM Theory. ISAPE 2000 (IEEE Cat.No.00EX417).August 15-18,2000,Beijing,China. IEEE,2002:483-486.

[19] YEE K E.Numerical solution of initial boundary value problems involving Maxwell's equations in isotropic media[J].IEEE transactions on antennas and propagation,1966,14(3):302-307.

[20] ZHAO J S, CHEW W C.Integral equation solution of Maxwell's equations from zero frequency to microwave frequencies[J]. IEEE transactions on antennas and propagation,2000,48(10):1635-1645.

第 4 章　计算电磁散射的解析法

4.1　引言

本章主要介绍简单目标(圆柱、球)在平面波照射下的电磁散射解析解。采用 Mie 级数将平面波分解为柱面波、球面波后,圆柱、球的电磁散射解可以有较为简单的计算形式。

4.2　无限长圆柱的散射

4.2.1　理想导体圆柱

(1) 入射平面波为 TM^z 极化

TM^z 极化波沿着 $+x$ 方向传播,其电场方向为 $+z$ 方向,垂直入射半径为 a 的无限长 PEC 圆柱,如图 4-1 所示。

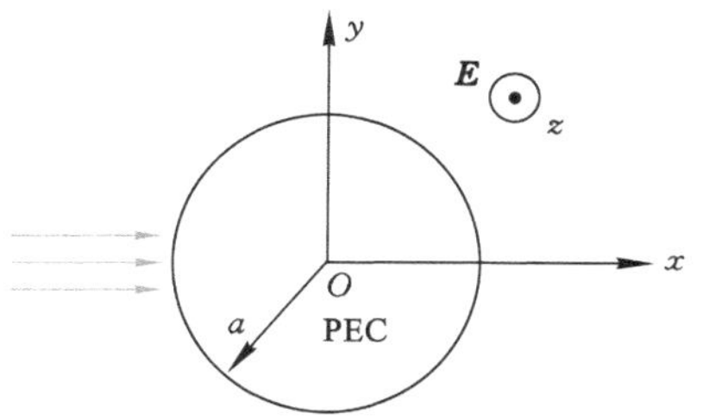

图 4-1　TM^z 极化平面垂直入射无限长 PEC 圆柱

根据平面波的柱面波展开公式,将入射电场和入射磁场在柱坐标系下展开,分别表示为:

$$\boldsymbol{E}^{\mathrm{inc}}=\hat{\boldsymbol{a}}_z E_0 \mathrm{e}^{-j\beta x}=\hat{\boldsymbol{a}}_z E_0 \mathrm{e}^{-j\beta\rho\cos\varphi}=\hat{\boldsymbol{a}}_z E_0 \sum_{n=-\infty}^{\infty} j^{-n} J_n(\beta\rho)\mathrm{e}^{jn\varphi} \tag{4-1}$$

$$\boldsymbol{H}^{\text{inc}}=-\frac{1}{j\omega\mu}\nabla\times\boldsymbol{E}^{\text{inc}}=-\hat{\boldsymbol{a}}_{\rho}\frac{E_0}{\omega\mu}\frac{1}{\rho}\sum_{n=-\infty}^{\infty}nj^{-n}J_n(\beta\rho)\mathrm{e}^{jn\varphi}-\hat{\boldsymbol{a}}_{\varphi}j\frac{E_0}{\eta}\sum_{n=-\infty}^{\infty}J^{-n}J'_n(\beta\rho)\mathrm{e}^{jn\varphi}\tag{4-2}$$

式中，$\boldsymbol{E}^{\text{inc}}$ 和 $\boldsymbol{H}^{\text{inc}}$ 表示入射波的电场和磁场；β 为波数；η 为波阻抗。

由于散射场朝外传播，因此，散射电场和磁场用柱第二类汉克尔函数展开，分别表示为：

$$\boldsymbol{E}^{\text{sca}}=\hat{\boldsymbol{a}}_zE_0\sum_{n=-\infty}^{\infty}a_nH_n^{(2)}(\beta\rho)\mathrm{e}^{jn\varphi}\tag{4-3}$$

$$\boldsymbol{H}^{\text{sca}}=-\hat{\boldsymbol{a}}_{\rho}\frac{E_0}{\omega\mu}\frac{1}{\rho}\sum_{n=-\infty}^{\infty}na_nH_n^{(2)}(\beta\rho)\mathrm{e}^{jn\varphi}-\hat{\boldsymbol{a}}_{\varphi}j\frac{E_0}{\eta}\sum_{n=-\infty}^{\infty}a_nH_n^{'(2)}(\beta\rho)\mathrm{e}^{jn\varphi}\tag{4-4}$$

式中，$\boldsymbol{E}^{\text{sca}}$ 和 $\boldsymbol{H}^{\text{sca}}$ 表示散射波的电场和磁场，a_n 为待定系数。

根据 PEC 的边界条件，在 $\rho=a$ 处切向电场为 0，可以得到：

$$E_0\sum_{n=-\infty}^{\infty}[j^{-n}J_n(\beta a)\mathrm{e}^{jn\varphi}+a_nH_n^{(2)}(\beta a)\mathrm{e}^{jn\varphi}]=0\tag{4-5}$$

由于不同阶数的贝塞尔函数之间相互正交，上面的累加式中每一项则必须等于 0，即：

$$j^{-n}J_n(\beta a)\mathrm{e}^{jn\varphi}+a_nH_n^{(2)}(\beta a)\mathrm{e}^{jn\varphi}=0\tag{4-6}$$

其中，n 为整数。从而得到展开项的系数为 $a_n=-j^{-n}\dfrac{J_n(\beta a)}{H_n^{(2)}(\beta a)}$，将系数代入展开式，得到散射电场和磁场的表达式为：

$$E_z^{\text{sca}}=-E_0\sum_{n=-\infty}^{\infty}j^{-n}\frac{J_n(\beta a)}{H_n^{(2)}(\beta a)}H_n^{(2)}(\beta\rho)\mathrm{e}^{jn\varphi}\tag{4-7}$$

$$H_{\rho}^{\text{sca}}=\frac{E_0}{\omega\mu}\frac{1}{\rho}\sum_{n=-\infty}^{\infty}j^{-n}n\frac{J_n(\beta a)}{H_n^{(2)}(\beta a)}H_n^{(2)}(\beta\rho)\mathrm{e}^{jn\varphi}\tag{4-8}$$

$$H_{\varphi}^{\text{sca}}=j\frac{E_0}{\eta}\sum_{n=-\infty}^{\infty}j^{-n}\frac{J_n(\beta a)}{H_n^{(2)}(\beta a)}H_n^{'(2)}(\beta\rho)\mathrm{e}^{jn\varphi}\tag{4-9}$$

对于远区散射场，当 $\beta\rho\to\infty$ 时，更具大宗量汉克尔函数的近似表达式 $H_n^{(2)}(\beta\rho)\approx\sqrt{\dfrac{2j}{\pi\beta\rho}}j^n\mathrm{e}^{-j\beta\rho}$，则相应的电场和磁场可以简化为：

$$E_z^{\text{sca}}=-E_0\sqrt{\frac{2j}{\pi\beta\rho}}\mathrm{e}^{-j\beta\rho}\sum_{n=-\infty}^{\infty}\frac{J_n(\beta a)}{H_n^{(2)}(\beta a)}\mathrm{e}^{jn\varphi}\tag{4-10}$$

$$H_{\rho}^{\text{sca}}=\frac{E_0}{\omega\mu}\frac{1}{\rho}\sqrt{\frac{2j}{\pi\beta\rho}}\mathrm{e}^{-j\beta\rho}\sum_{n=-\infty}^{\infty}n\frac{J_n(\beta a)}{H_n^{(2)}(\beta a)}\mathrm{e}^{jn\varphi}\approx 0 \tag{4-11}$$

$$H_{\varphi}^{\text{sca}}=\frac{E_0}{\eta}\sqrt{\frac{2j}{\pi\beta\rho}}\mathrm{e}^{-j\beta\rho}\sum_{n=-\infty}^{\infty}\frac{J_n(\beta a)}{H_n^{(2)}(\beta a)}\mathrm{e}^{jn\varphi} \tag{4-12}$$

根据远场表达式计算雷达散射截面为：

$$\sigma=\lim_{\rho\to\infty}2\pi\rho\frac{|\boldsymbol{E}^{\text{sca}}|^2}{|\boldsymbol{E}^{\text{inc}}|^2}=\frac{2\lambda}{\pi}\left|\sum_{\rho\to\infty}\frac{J_n(\beta a)}{H_n^{(2)}(\beta a)}\mathrm{e}^{jn\varphi}\right|^2 \tag{4-13}$$

下面给出采用 Mie 级数方法计算无限长 PEC 圆柱雷达散射截面的算例。

首先，计算半径为 1 m 的 PEC 圆柱的散射截面，入射平面波的频率分别为 1 GHz 和 3 GHz，传播方向为 $+x$ 方向，TM^z 极化，计算结果如图 4-2 所示。从图中可以看出，频率越高，散射截面随着角度的变化越剧烈，即振荡越明显。

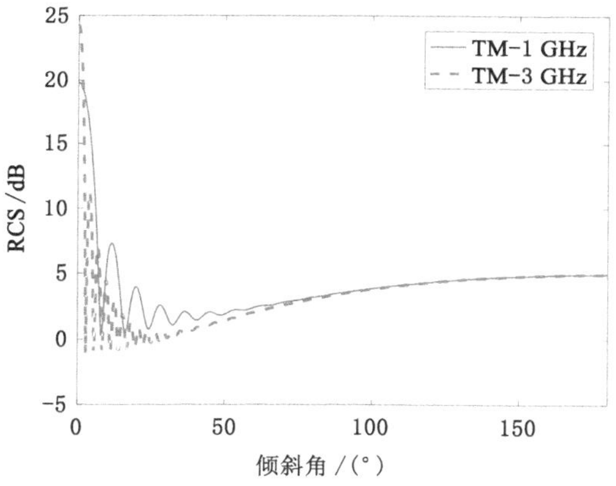

图 4-2　TM^z 极化 PEC 圆柱的双站散射($r=1$ m)

其次，利用解析公式仿真了无限长金属圆柱近场散射的情况，如图 4-3 所示。金属圆柱的横截面半径为 1 m，入射平面波频率为 300 MHz，传播方向为 $+x$ 方向，TM^z 极化。以圆柱底面圆心为坐标中心，仿真了 20 m×20 m 区间的总场和散射场的大小，以及总场和散射场的相位。

利用 Mie 级数计算 PEC 圆柱平面波散射的 C 语言代码可扫描如下二维码获得。

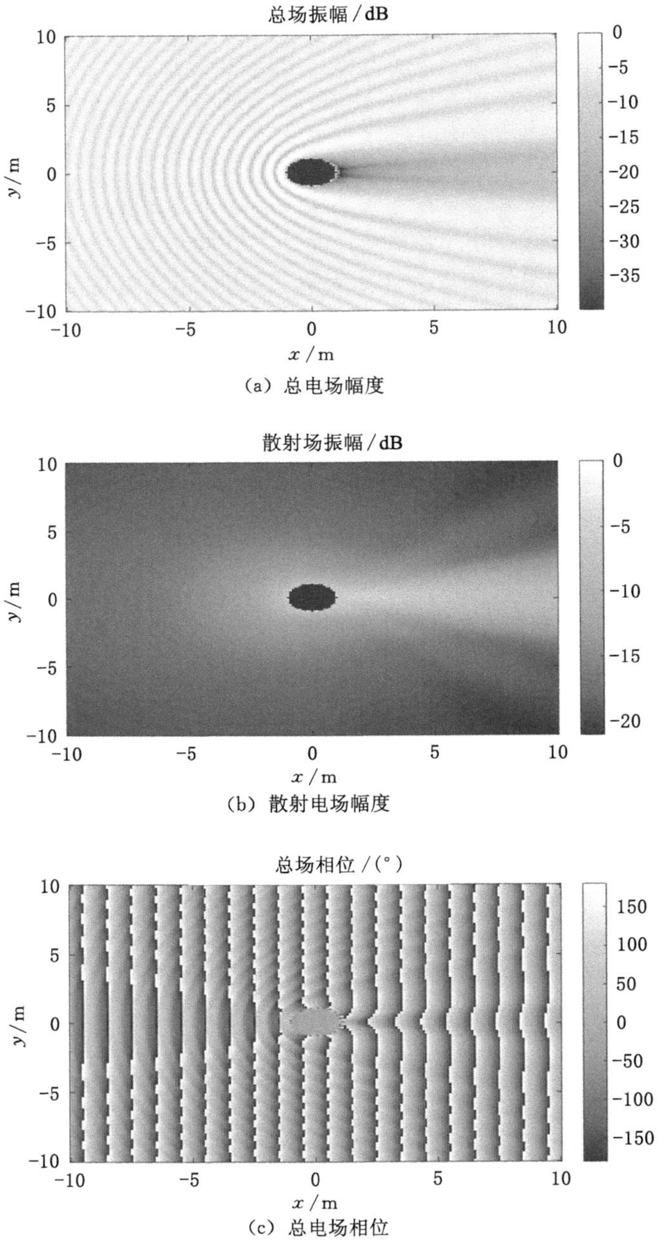

图 4-3 TM^z 极化 PEC 圆柱的双站散射($r=1$ m, $f=300$ MHz)

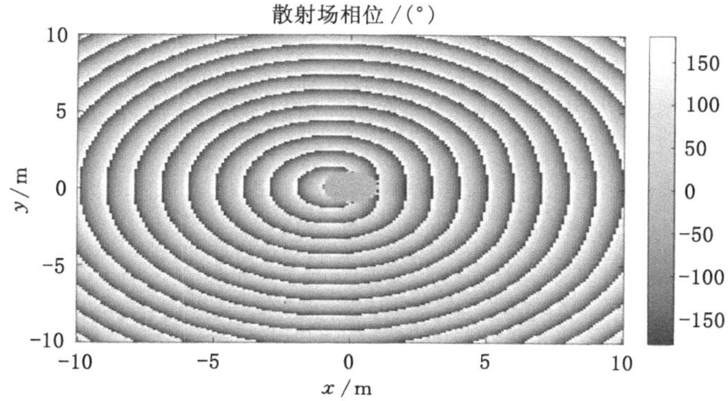

(d) 散射电场相位

图 4-3 (续)

(2) 入射平面波为 TE^z 极化

TE^z 极化波沿着 $+x$ 方向传播，其磁场方向为 $+z$ 方向，垂直入射半径为 a 的无限长 PEC 圆柱，如图 4-4 所示。

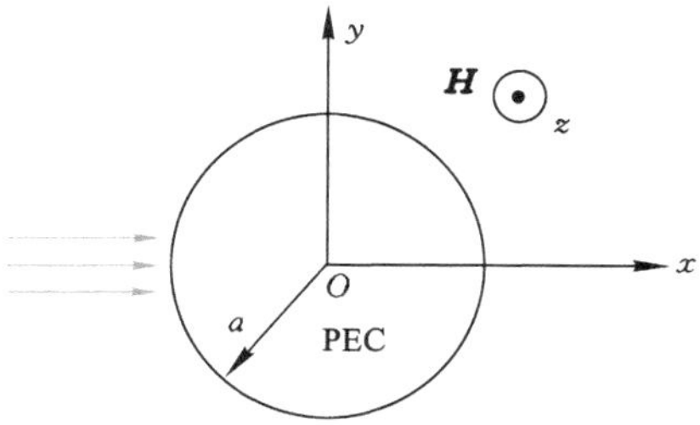

图 4-4　TE^z 极化平面垂直入射无限长 PEC 圆柱

根据平面波的柱面波展开公式，入射电场和入射磁场在柱坐标下展开，分别表示为：

$$\boldsymbol{H}^{\text{inc}}=\hat{\boldsymbol{a}}_z H_0 \mathrm{e}^{-j\beta x}=\hat{\boldsymbol{a}}_z H_0 \mathrm{e}^{-j\beta\rho\cos\varphi}=\hat{\boldsymbol{a}}_z H_0 \sum_{n=-\infty}^{\infty} j^{-n} J_n(\beta\rho)\mathrm{e}^{jn\varphi} \tag{4-14}$$

$$\boldsymbol{E}^{\text{inc}}=\frac{1}{j\omega\varepsilon}\nabla\times\boldsymbol{H}^{\text{inc}}=\hat{\boldsymbol{a}}_\rho \frac{H_0}{\omega\varepsilon}\frac{1}{\rho}\sum_{n=-\infty}^{\infty} nj^{-n}J_n(\beta\rho)\mathrm{e}^{jn\varphi}+\hat{\boldsymbol{a}}_\varphi j\eta H_0\sum_{n=-\infty}^{\infty} j^{-n}J'_n(\beta\rho)\mathrm{e}^{jn\varphi} \tag{4-15}$$

式中，$\boldsymbol{E}^{\text{inc}}$ 和 $\boldsymbol{H}^{\text{inc}}$ 表示入射波的电场和磁场；β 为波数；η 为波阻抗。

由于散射场朝外传播，因此，散射电场和磁场用柱第二类汉克尔函数展开，分别表示为：

$$\boldsymbol{H}^{\mathrm{sca}}=\hat{\boldsymbol{a}}_z H_0 \sum_{n=-\infty}^{\infty} a_n H_n^{(2)}(\beta\rho)\mathrm{e}^{jn\varphi} \tag{4-16}$$

$$\boldsymbol{E}^{\mathrm{sca}}=\hat{\boldsymbol{a}}_\rho \frac{H_0}{\omega\varepsilon}\frac{1}{\rho}\sum_{n=-\infty}^{\infty} n a_n H_n^{(2)}(\beta\rho)\mathrm{e}^{jn\varphi}+\hat{\boldsymbol{a}}_\varphi j\eta H_0 \sum_{n=-\infty}^{\infty} a_n H_n^{'(2)}(\beta\rho)\mathrm{e}^{jn\varphi} \tag{4-17}$$

式中，$\boldsymbol{E}^{\mathrm{sca}}$和 $\boldsymbol{H}^{\mathrm{sca}}$表示散射波的电场和磁场，$a_n$ 为待定系数。

根据 PEC 的边界条件，在 $\rho=a$ 处切向电场为 0，可以得到：

$$-\frac{\beta H_0}{j\omega\varepsilon}\sum_{n=-\infty}^{\infty}\left[j^{-n}J'_n(\beta\rho)\mathrm{e}^{jn\varphi}+a_n H_n^{'(2)}(\beta\rho)\mathrm{e}^{jn\varphi}\right]=0 \tag{4-18}$$

由于不同阶数的贝塞尔函数之间相互正交，上面的累加式中每一项则必须等于 0，即：

$$j^{-n}J'_n(\beta\rho)\mathrm{e}^{jn\varphi}+a_n H_n^{'(2)}(\beta\rho)\mathrm{e}^{jn\varphi}=0 \tag{4-19}$$

其中，n 为整数。从而得到展开项的系数为 $a_n=-j^{-n}\dfrac{J'_n(\beta a)}{H_n^{'(2)}(\beta a)}$，将系数代入展开式，得到散射电场和磁场的表达式为：

$$H_z^{\mathrm{sca}}=-H_0\sum_{n=-\infty}^{\infty} j^{-n}\frac{J'_n(\beta a)}{H_n^{'(2)}(\beta a)}H_n^{(2)}(\beta\rho)\mathrm{e}^{jn\varphi} \tag{4-20}$$

$$E_\rho^{\mathrm{sca}}=-\frac{H_0}{\omega\varepsilon}\frac{1}{\rho}\sum_{n=-\infty}^{\infty} nj^{-n}\frac{J'_n(\beta a)}{H_n^{'(2)}(\beta a)}H_n^{(2)}(\beta\rho)\mathrm{e}^{jn\varphi} \tag{4-21}$$

$$E_\varphi^{\mathrm{sca}}=-j\eta H_0\sum_{n=-\infty}^{\infty} j^{-n}\frac{J'_n(\beta a)}{H_n^{'(2)}(\beta a)}H_n^{'(2)}(\beta\rho)\mathrm{e}^{jn\varphi} \tag{4-22}$$

对于远区散射场，当 $\beta\rho\to\infty$时，$H_n^{(2)}(\beta a)\approx\sqrt{\dfrac{2j}{\pi\beta\rho}}j^n\mathrm{e}^{-j\beta\rho}$，则相应的散射磁场为：

$$H_z^{\mathrm{sca}}=-H_0\sqrt{\frac{2j}{\pi\beta\rho}}\mathrm{e}^{-j\beta\rho}\sum_{n=-\infty}^{\infty}\frac{J'_n(\beta a)}{H_n^{'(2)}(\beta a)}\mathrm{e}^{jn\varphi} \tag{4-23}$$

$$E_\rho^{\mathrm{sca}}=-\frac{H_0}{\omega\varepsilon}\frac{1}{\rho}\sqrt{\frac{2j}{\pi\beta\rho}}\mathrm{e}^{-j\beta\rho}\sum_{n=-\infty}^{\infty} n\frac{J'_n(\beta a)}{H_n^{'(2)}(\beta a)}\mathrm{e}^{jn\varphi}\approx 0 \tag{4-24}$$

$$E_\varphi^{\mathrm{sca}}=-\eta H_0\sqrt{\frac{2j}{\pi\beta\rho}}\mathrm{e}^{-jn\rho}\sum_{n=-\infty}^{\infty}\frac{J'_n(\beta a)}{H_n^{'(2)}(\beta a)}\mathrm{e}^{jn\varphi} \tag{4-25}$$

根据远场表达式计算雷达散射截面为：

$$\sigma=\lim_{\rho\to\infty}2\pi\rho\frac{|\boldsymbol{H}^{\mathrm{sca}}|^2}{|\boldsymbol{H}^{\mathrm{inc}}|^2}=\frac{2\lambda}{\pi}\left|\sum_{n=-\infty}^{\infty}\frac{J'_n(\beta a)}{H_n^{'(2)}(\beta a)}\mathrm{e}^{jn\varphi}\right|^2 \tag{4-26}$$

下面给出采用 Mie 级数方法计算无限长 PEC 圆柱雷达散射截面的算例。

首先，计算半径为 1 m 的 PEC 圆柱的散射截面，入射平面波的频率分别为 1 GHz 和 3 GHz，传播方向为 $+x$ 方向，TE^z 极化，计算结果如图 4-5 所示。从图中可以看出，频率越高，散射截面随着角度的变化越剧烈，即振荡越明显。

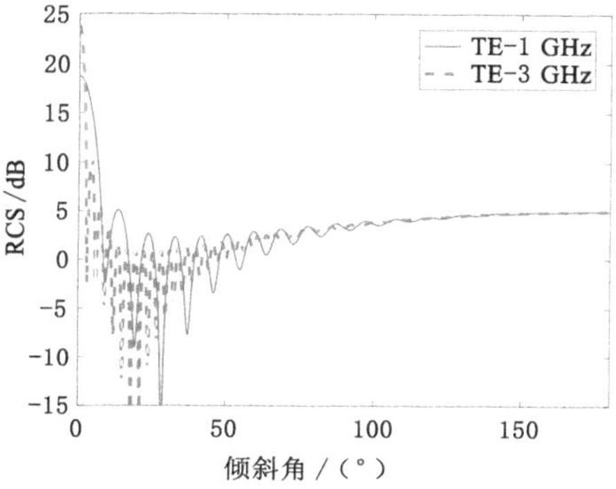

图 4-5　TE^z 极化 PEC 圆柱的双站散射($r=1$ m)

其次，利用解析公式仿真了无限长金属圆柱近场散射的情况，如图 4-6 所示。金属圆柱的横截面半径为 1 m，入射平面波频率为 300 MHz，传播方向为 $+x$ 方向，TE^z 极化。以圆柱底面圆心为坐标中心，仿真了 20 m×20 m 区间的总场和散射场的大小，以及总场和散射场的相位。

利用 Mie 级数计算 PEC 圆柱平面波散射的 C 语言代码可扫描如下二维码获得。

4.2.2　均匀介质圆柱

(1) 入射平面波为 TM^z 极化

TM^z 极化波沿着 $+x$ 方向传播，其电场方向为 $+z$ 方向，垂直入射半径为 a 的无限长均匀介质圆柱，如图 4-7 所示。其中，介质圆柱的相对介电常数为 ε_r，相对磁导率为 μ_r。

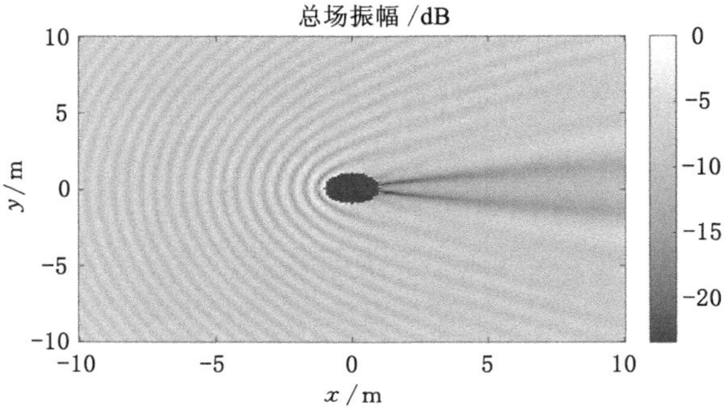

(a) 总磁场幅度

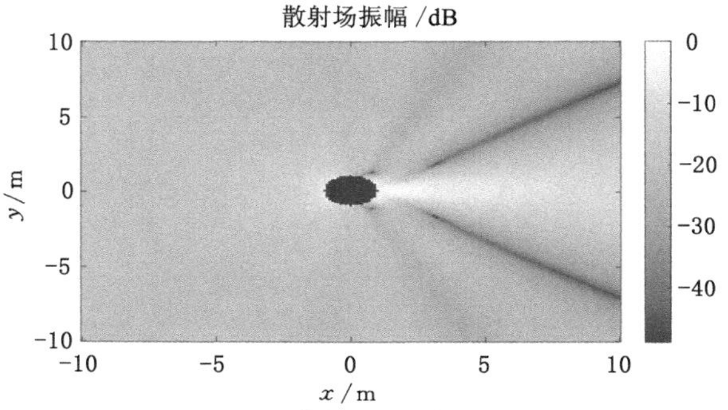

(b) 散射磁场幅度

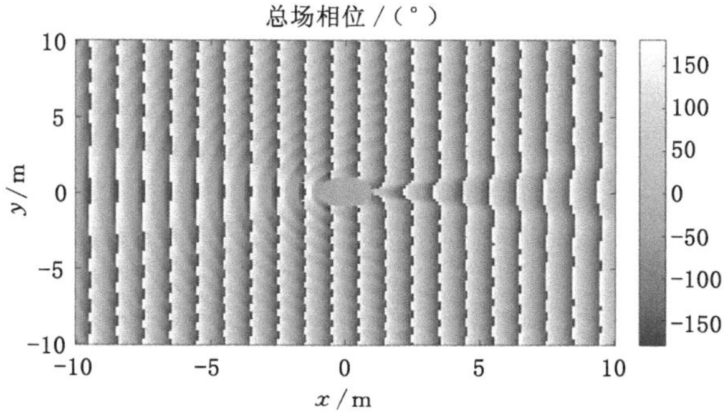

(c) 总磁场相位

图 4-6 TE^z 极化 PEC 圆柱的双站散射($r=1$ m,$f=300$ MHz)

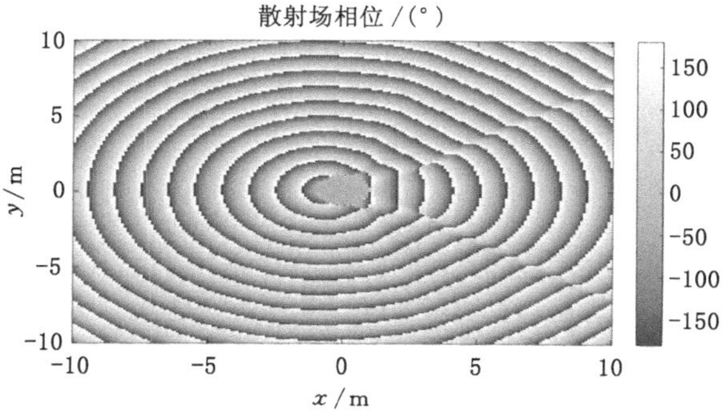

(d) 散射磁场相位

图 4-6 （续）

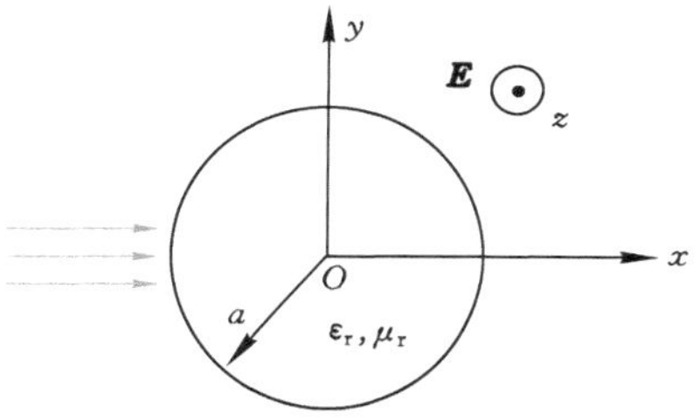

图 4-7　TM^z 极化平面垂直入射无限长均匀介质圆柱

根据平面波的柱面波展开公式，入射电场和入射磁场在柱坐标系下展开，分别表示为：

$$\boldsymbol{E}^{\text{inc}}=\hat{\boldsymbol{a}}_z E_0 \mathrm{e}^{-j\beta x}=\hat{\boldsymbol{a}}_z E_0 \mathrm{e}^{-j\beta\rho\cos\varphi}=\hat{\boldsymbol{a}}_z E_0 \sum_{n=-\infty}^{\infty} j^{-n} J_n(\beta\rho)\mathrm{e}^{jn\varphi} \tag{4-27}$$

$$\begin{aligned}\boldsymbol{H}^{\text{inc}}&=-\frac{1}{j\omega\mu}\nabla\times\boldsymbol{E}^{\text{inc}}=-\hat{\boldsymbol{a}}_\rho \frac{E_0}{\omega\mu}\frac{1}{\rho}\sum_{n=-\infty}^{\infty} nj^{-n}J_n(\beta\rho)\mathrm{e}^{jn\varphi}-\\&\quad\hat{\boldsymbol{a}}_\varphi j\frac{E_0}{\eta}\sum_{n=-\infty}^{\infty} j^{-n}J'_n(\beta\rho)\mathrm{e}^{jn\varphi}\end{aligned} \tag{4-28}$$

式中，$\boldsymbol{E}^{\text{inc}}$ 和 $\boldsymbol{H}^{\text{inc}}$ 表示入射波的电场和磁场；β 为波数；η 为波阻抗。

由于散射场朝外传播，因此，散射电场和磁场用柱第二类汉克尔函数展开，分别表示为：

$$\boldsymbol{E}^{\text{sca}}=\hat{\boldsymbol{a}}_z E_0 \sum_{n=-\infty}^{\infty} a_n H_n^{(2)}(\beta\rho)\mathrm{e}^{jn\varphi} \tag{4-29}$$

$$\boldsymbol{H}^{\text{sca}}=-\hat{\boldsymbol{a}}_{\rho}\frac{E_0}{\omega\mu}\frac{1}{\rho}\sum_{n=-\infty}^{\infty}na_nH_n^{(2)}(\beta\rho)\mathrm{e}^{jn\varphi}-\hat{\boldsymbol{a}}_{\varphi}j\frac{E_0}{\eta}\frac{1}{\rho}\sum_{n=-\infty}^{\infty}a_nH_n^{'(2)}(\beta\rho)\mathrm{e}^{jn\varphi}\tag{4-30}$$

式中，$\boldsymbol{E}^{\text{sca}}$和 $\boldsymbol{H}^{\text{sca}}$表示散射波的电场和磁场，$a_n$ 为待定系数。

与 PEC 不同，介质目标内部存在透射场，且透射场能够由柱面基本波函数的线性组合表示。由于透射场在介质内部均为有限大，因此有：

$$\boldsymbol{E}^{\text{tran}}=\hat{\boldsymbol{a}}_zE_0\sum_{n=-\infty}^{\infty}b_nJ_n(\beta_1\rho)\mathrm{e}^{jn\varphi}\tag{4-31}$$

$$\boldsymbol{H}^{\text{tran}}=-\hat{\boldsymbol{a}}_{\rho}\frac{E_0}{\omega\mu_1}\frac{1}{\rho}\sum_{n=-\infty}^{\infty}nb_nJ_n(\beta_1\rho)\mathrm{e}^{jn\varphi}-\hat{\boldsymbol{a}}_{\varphi}j\frac{E_0}{\eta}\sum_{n=-\infty}^{\infty}b_nJ'_n(\beta\rho)\mathrm{e}^{jn\varphi}\tag{4-32}$$

式中，$\boldsymbol{E}^{\text{tran}}$和 $\boldsymbol{H}^{\text{tran}}$表示透射波的电场和磁场；$b_n$ 为待定系数。

根据介质表面的边界条件，切向电场和切向磁场连续，可以得到：

$$j^{-n}J_n(\beta a)+H_n^{(2)}(\beta a)a_n=J_n(\beta_1a)b_n\tag{4-33}$$

$$\frac{j^{-n}J'_n(\beta a)}{\eta}+\frac{H_n^{'(2)}(\beta a)}{\eta}a_n=\frac{J'_n(\beta_1a)}{\eta_1}b_n\tag{4-34}$$

求解方程组，从而得到展开项的系数为：

$$a_n=j^{-n}\frac{J'_n(\beta a)J_n(\beta_1a)\eta_1-J_n(\beta a)J'_n(\beta_1a)\eta}{H_n^{(2)}(\beta a)J'_n(\beta_1a)\eta-H_n^{'(2)}(\beta a)J_n(\beta_1a)\eta_1}\tag{4-35}$$

$$b_n=j^{-n}\frac{H_n^{(2)}(\beta a)J'_n(\beta a)\eta_1-J_n(\beta a)H_n^{'(2)}(\beta a)\eta_1}{H_n^{(2)}(\beta a)J'_n(\beta_1a)\eta-H_n^{'(2)}(\beta a)J_n(\beta_1a)\eta_1}\tag{4-36}$$

将系数代入展开式，即可计算出散射场和透射场。

对于远区散射场，$\beta\rho\rightarrow\infty$，$H_n^{(2)}(\beta\rho)\approx\sqrt{\frac{2j}{\pi\beta\rho}}j^n\mathrm{e}^{-j\beta\rho}$，则相应的电场和磁场为：

$$\boldsymbol{E}^{\text{sca}}=\hat{\boldsymbol{a}}_zE_0\sqrt{\frac{2j}{\pi\beta\rho}}\mathrm{e}^{-j\beta\rho}\sum_{n=-\infty}^{\infty}a_nj^n\mathrm{e}^{-j\beta\rho}\tag{4-37}$$

$$\boldsymbol{H}^{\text{sca}}=-\hat{\boldsymbol{a}}_{\varphi}\frac{E_0}{\eta}\sqrt{\frac{2j}{\pi\beta\rho}}\mathrm{e}^{-j\beta\rho}\sum_{n=-\infty}^{\infty}a_nj^n\mathrm{e}^{j\beta\varphi}\tag{4-38}$$

下面给出采用 Mie 级数方法计算无限长均匀介质圆柱雷达散射截面的算例。

首先，计算半径为 1 m 的均匀介质圆柱的散射截面，其相对介电常数为 4，相对磁导率为 1，入射平面波的频率分别为 1 GHz 和 3 GHz，传播方向为 $+x$ 方向，TM^z 极化，计算结果如图 4-8(a)所示。从图中可以看出，频率越高，散射截面随着角度的变化越剧烈，即振荡越明显。如果考虑损耗介质，即将相对介电常数从 4 变成 $4-j$，则散射截面有明显的降低，如图 4-8(b)所示。

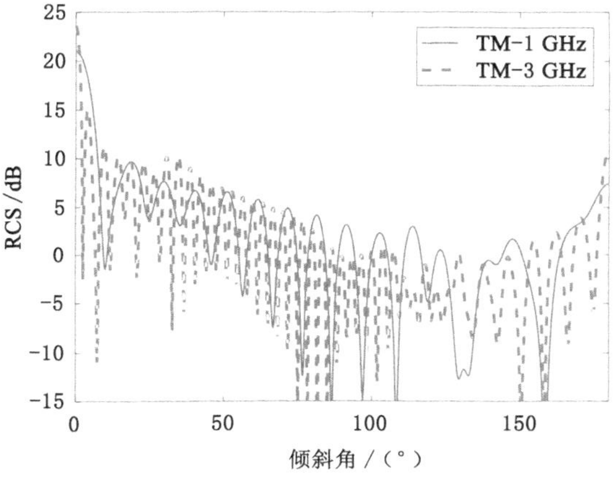

(a) $\varepsilon_r=4$，$\mu_r=1$

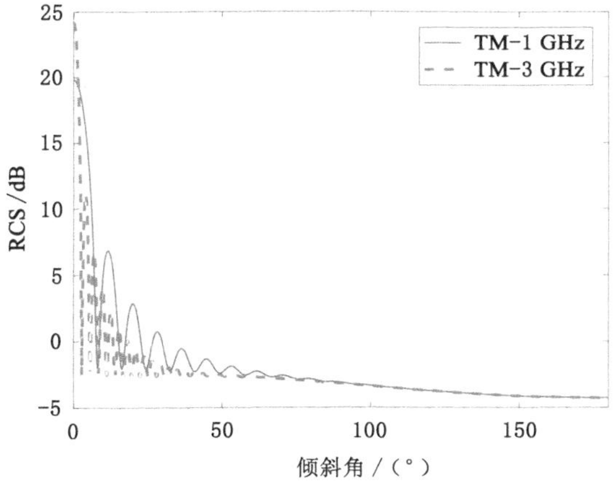

(b) $\varepsilon_r=4-j$，$\mu_r=1$

图 4-8　TM^z 极化均匀介质圆柱的双站散射($r=1$ m)

其次，利用解析公式仿真了无限长均匀介质圆柱近场散射的情况，如图 4-9 所示。介质圆柱的横截面半径为 1 m，相对介电常数为 4，相对磁导率为 1，入射平面波频率为 300 MHz，传播方向为 $+x$ 方向，TM^z 极化。以圆柱底面圆心为坐标中心，仿真了 20 m×20 m 区间的总场和散射场的大小，以及总场和散射场的相位。

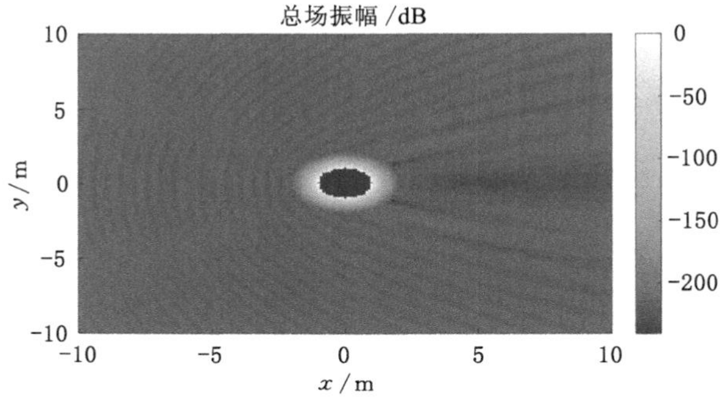

(a) 总磁场幅度

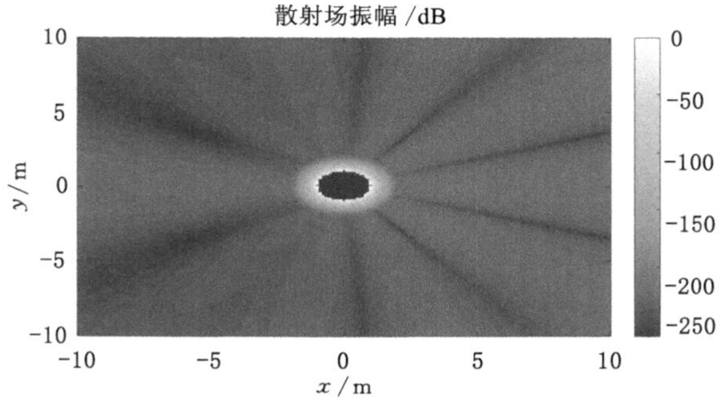

(b) 散射磁场幅度

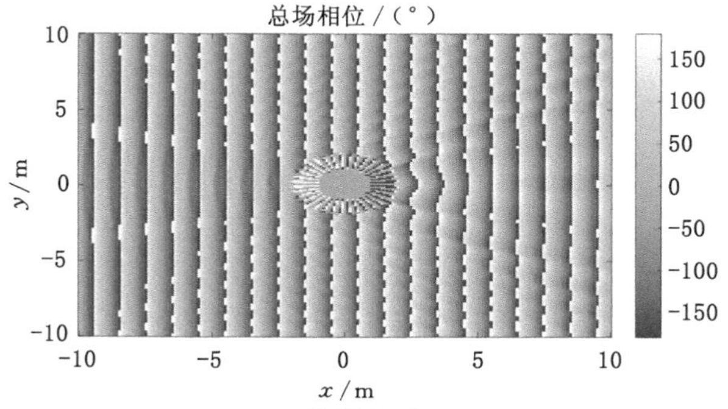

(c) 总磁场相位

图 4-9　TM^z 极化均匀介质圆柱的双站散射($r=1$ m，$\varepsilon_r=4$，$\mu_r=1$，$f=300$ MHz)

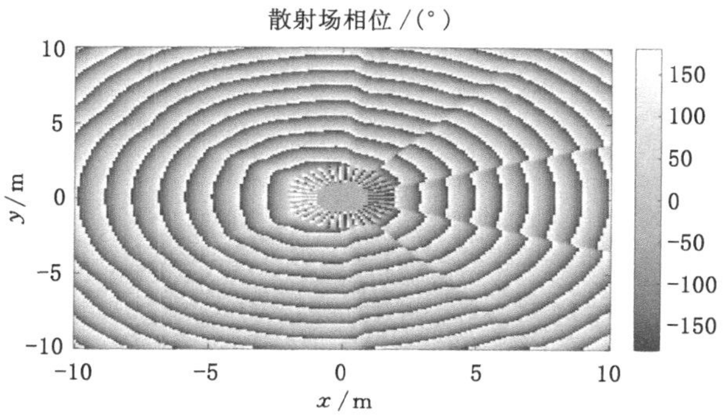

(d) 散射磁场相位

图 4-9 （续）

利用 Mie 级数计算均匀介质圆柱平面波散射的 C 语言代码可扫描如下二维码获得。

(2) 入射平面波为 TE^z 极化

TE^z 极化波沿着 $+x$ 方向传播，其磁场方向为 $+z$ 方向，垂直入射半径为 a 的无限长均匀介质圆柱，如图 4-10 所示。其中，介质圆柱的相对介电常数为 ε_r，相对磁导率为 μ_r。

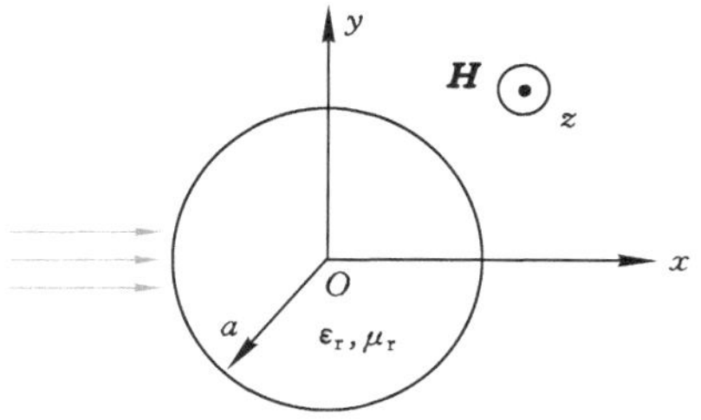

图 4-10　TE^z 极化平面垂直入射无限长均匀介质圆柱

根据平面波的柱面波展开公式，入射电场和入射磁场在柱坐标系下展开，分别表示为：

$$\boldsymbol{H}^{\mathrm{inc}}=\hat{\boldsymbol{a}}_z H_0 \mathrm{e}^{-j\beta x}=\hat{\boldsymbol{a}}_z H_0 \mathrm{e}^{-j\beta\rho\cos\varphi}=\hat{\boldsymbol{a}}_z H_0 \sum_{n=-\infty}^{\infty} j^{-n} J_n(\beta\rho)\mathrm{e}^{jn\varphi} \tag{4-39}$$

$$\boldsymbol{E}^{\mathrm{inc}}=\frac{1}{j\omega\varepsilon}\nabla\times\boldsymbol{H}^{\mathrm{inc}}=\hat{\boldsymbol{a}}_{\rho}\frac{H_0}{\omega\varepsilon}\frac{1}{\rho}\sum_{n=-\infty}^{\infty}j^{-n}J_n(\beta\rho)\mathrm{e}^{jn\varphi}+\hat{\boldsymbol{a}}_{\varphi}j\eta H_0\sum_{n=-\infty}^{\infty}j^{-n}J'_n(\beta\rho)\mathrm{e}^{jn\varphi} \tag{4-40}$$

式中，$\boldsymbol{E}^{\mathrm{inc}}$和$\boldsymbol{H}^{\mathrm{inc}}$表示入射波的电场和磁场；$\beta$为波数；$\eta$为波阻抗。

由于散射场朝外传播，因此，散射电场和磁场用柱第二类汉克尔函数展开，分别表示为：

$$\boldsymbol{H}^{\mathrm{inc}}=\hat{\boldsymbol{a}}_z H_0\sum_{n=-\infty}^{\infty}a_n H_n^{(2)}(\beta\rho)\mathrm{e}^{jn\varphi} \tag{4-41}$$

$$\boldsymbol{E}^{\mathrm{sca}}=\hat{\boldsymbol{a}}_{\rho}\frac{H_0}{\omega\varepsilon}\frac{1}{\rho}\sum_{n=-\infty}^{\infty}na_n H_n^{(2)}(\beta\rho)\mathrm{e}^{jn\varphi}+\hat{\boldsymbol{a}}_{\varphi}j\eta H_0\sum_{n=-\infty}^{\infty}a_n H_0 H_n^{'(2)}(\beta\rho)\mathrm{e}^{jn\varphi} \tag{4-42}$$

式中，$\boldsymbol{E}^{\mathrm{sca}}$和$\boldsymbol{H}^{\mathrm{sca}}$表示散射波的电场和磁场，$a_n$为待定系数。

与PEC不同，介质目标内部存在透射场，且透射场能够由柱面基本波函数的线性组合表示，由于透射场在介质内部均为有限大，因此有：

$$\boldsymbol{H}^{\mathrm{tran}}=\hat{\boldsymbol{a}}_z H_0\sum_{n=-\infty}^{\infty}b_n J_n(\beta_1\rho)\mathrm{e}^{jn\varphi} \tag{4-43}$$

$$\boldsymbol{E}^{\mathrm{tran}}=\hat{\boldsymbol{a}}_{\rho}\frac{H_0}{\omega\varepsilon}\frac{1}{\rho}\sum_{n=-\infty}^{\infty}nb_n J_n(\beta_1\rho)\mathrm{e}^{jn\varphi}+\hat{\boldsymbol{a}}_{\varphi}j\eta_1 H_0\sum_{n=-\infty}^{\infty}b_n J'_n(\beta_1\rho)\mathrm{e}^{jn\varphi} \tag{4-44}$$

式中，$\boldsymbol{E}^{\mathrm{tran}}$和$\boldsymbol{H}^{\mathrm{tran}}$表示透射波的电场和磁场；$b_n$为待定系数。

根据介质表面的边界条件，在$\rho=a$处切向电场和切向磁场连续，可以得到：

$$j^{-n}J_n(\beta a)+H_n^{(2)}(\beta a)a_n=J_n(\beta_1 a)b_n \tag{4-45}$$

$$\eta j^{-n}J'_n(\beta a)+\eta H_n^{'(2)}(\beta a)a_n=\eta_1 J'_n(\beta_1 a)b_n \tag{4-46}$$

求解方程组，从而得到展开项的系数为：

$$a_n=j^{-n}=\frac{\eta J'_n(\beta a)J_n(\beta_1 a)-\eta_1 J_n(\beta a)J'_n(\beta_1 a)}{\eta_1 H_n^{(2)}(\beta a)J'_n(\beta_1 a)-\eta H_n^{'(2)}(\beta a)J_n(\beta_1 a)} \tag{4-47}$$

$$b_n=j^{-n}=\frac{\eta H_n^{(2)}(\beta a)J'_n(\beta a)-\eta J_n(\beta a)H_n^{('2)}(\beta_1 a)}{\eta_1 H_n^{(2)}(\beta a)J'_n(\beta_1 a)-\eta H_n^{'(2)}(\beta a)J_n(\beta_1 a)} \tag{4-48}$$

将系数代入展开式，即可计算出散射场和透射场。

对于远区散射场，$\beta\rho\rightarrow\infty$，$H_n^{(2)}(\beta\rho)\approx\sqrt{\frac{2j}{\pi\beta\rho}}j^n\mathrm{e}^{-j\beta\rho}$，则相应的电场和磁场为：

$$\boldsymbol{H}^{\mathrm{sca}}=\hat{\boldsymbol{a}}_z H_0\sqrt{\frac{2j}{\pi\beta\rho}}\mathrm{e}^{-j\beta\rho}\sum_{n=-\infty}^{\infty}a_n j^n \mathrm{e}^{jn\varphi} \tag{4-49}$$

$$\boldsymbol{E}^{\mathrm{sca}}=\hat{\boldsymbol{a}}_\varphi H_0\sqrt{\frac{2j}{\pi\beta\rho}}\mathrm{e}^{-j\beta\rho}\sum_{n=-\infty}^{\infty}a_n j^n \mathrm{e}^{jn\varphi} \tag{4-50}$$

下面给出采用 Mie 级数方法计算无限长均匀介质圆柱雷达散射截面的算例。

首先，计算半径为 1 m 的均匀介质圆柱的散射截面，其相对介电常数为 4，相对磁导率为 1，入射平面波的频率分别为 1 GHz 和 3 GHz，传播方向为 $+x$ 方向，TE^z 极化，计算结果如图 4-11(a)所示。从图中可以看出，频率越高，散射截面随着角度的变化越剧烈，即振荡越明显。如果考虑损耗介质，即将相对介电常数从 4 变成 $4-j$，则散射截面有明显的降低，如图 4-11(b)所示。

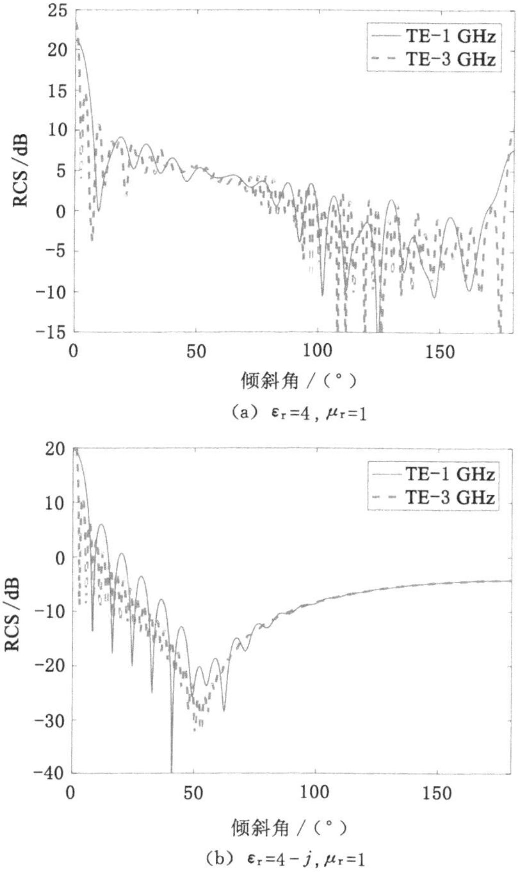

(a) $\varepsilon_r=4$, $\mu_r=1$

(b) $\varepsilon_r=4-j$, $\mu_r=1$

图 4-11　TE^z 极化均匀介质圆柱的双站散射($r=1$ m)

其次，利用解析公式仿真了无限长均匀介质圆柱近场散射的情况，如图 4-12 所示。介质圆柱的横截面半径为 1 m，相对介电常数为 4，相对磁导率为 1，入射平面波频率为 300 MHz，传播方向为 $+x$ 方向，TE^z 极化。以圆柱底面圆心为坐标中心，仿真了 20 m×20 m 区间的总场和散射场的大小，以及总场和散射场的相位。

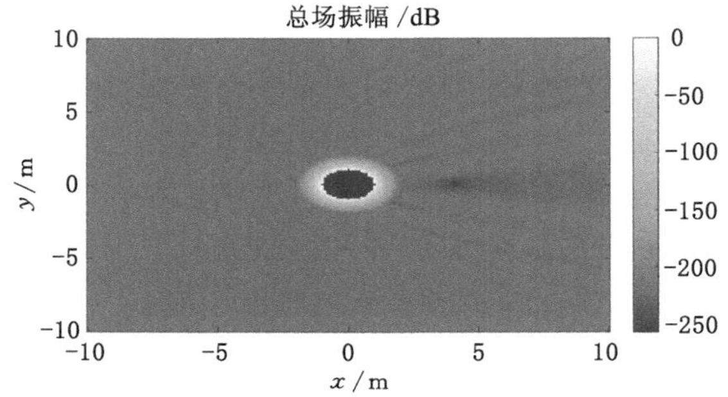

(a) 总磁场幅度

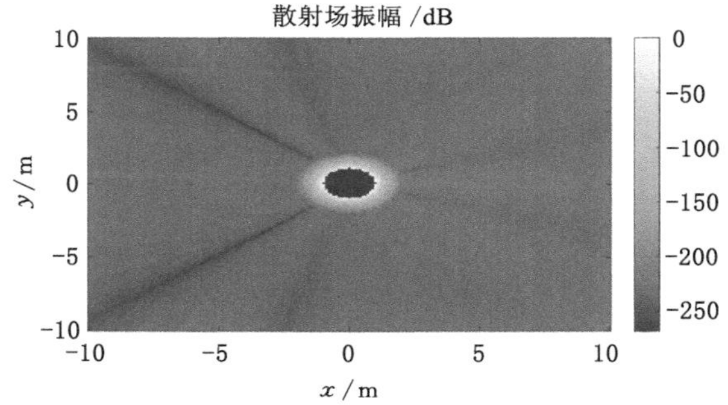

(b) 散射磁场幅度

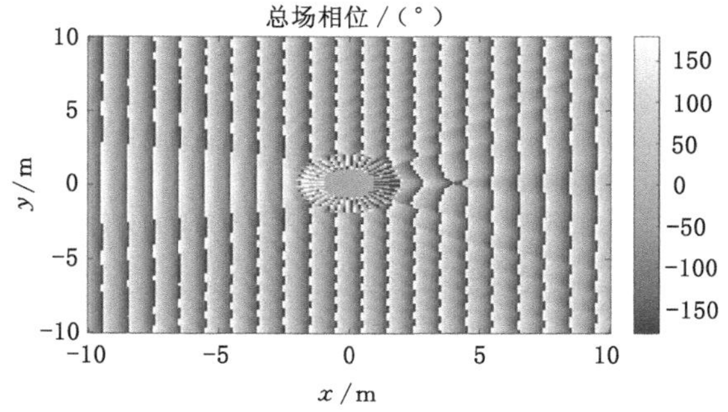

(c) 总磁场相位

图 4-12　TE^z 极化均匀介质圆柱的双站散射（$r=1$ m，$\varepsilon_r=4$，$\mu_r=1$，$f=300$ MHz）

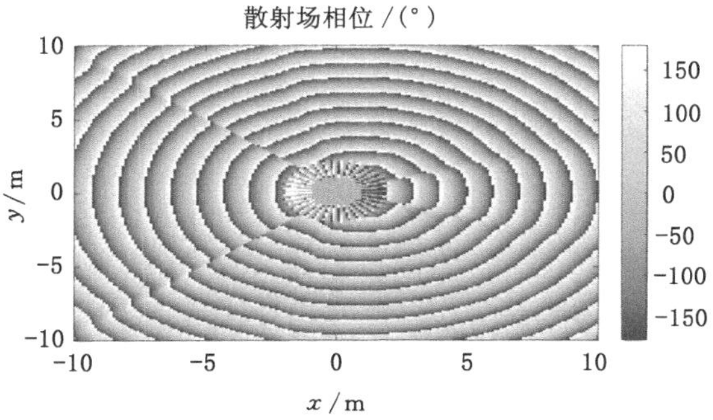

(d) 散射磁场相位

图 4-12 （续）

利用 Mie 级数计算均匀介质圆柱平面波散射的 C 语言代码可扫描如下二维码获得。

4.3　球的散射

4.3.1　问题描述

已知半径为 a 的理想导体球放置在某均匀媒质中，球心为坐标原点，如图 4-13 所示。理想导体球受到一平面波照射，该平面波沿着 $+z$ 方向传播，波速为 β，极化方向如图 4-13 所示，且在原点处的相位为 0。因此，入射平面波在直角坐标系下可以表示为：

$$\boldsymbol{E}^{\text{inc}} = \hat{\boldsymbol{a}}_x E_x^{\text{inc}} = \hat{\boldsymbol{a}}_x E_0 \mathrm{e}^{-j\beta z} = \hat{\boldsymbol{a}}_x E_0 \mathrm{e}^{-j\beta r\cos\theta} \tag{4-51}$$

$$\boldsymbol{H}^{\text{inc}} = \hat{\boldsymbol{a}}_y H_y^{\text{inx}} = \hat{\boldsymbol{a}}_y \frac{E_0}{\eta} \mathrm{e}^{-j\beta z} = \hat{\boldsymbol{a}}_y \frac{E_0}{\eta} \mathrm{e}^{-j\beta r\cos\theta} \tag{4-52}$$

式中，$\boldsymbol{E}^{\text{inc}}$ 和 $\boldsymbol{H}^{\text{inc}}$ 为入射电场和磁场，入射电场只有 x 分量，入射磁场只有 y 分量；η 为波阻抗。

根据球坐标系和直角坐标系转换的公式，将电场和磁场转换为直角坐标系，并用球面波函数展开，得：

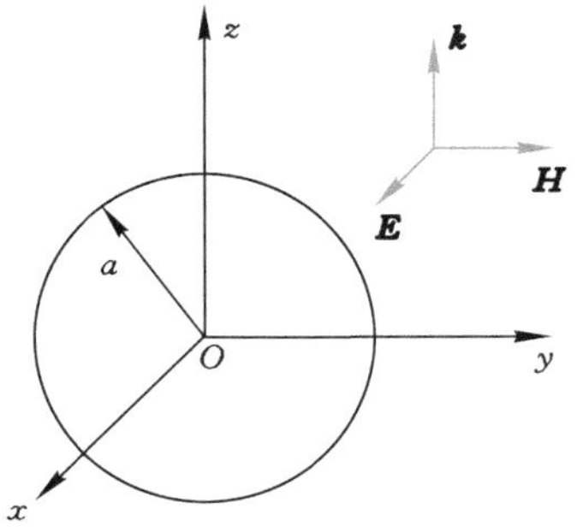

图 4-13　球散射的几何关系

$$E_r^{\text{inc}}=E_x^{\text{inc}}\sin\theta\cos\varphi=-j\frac{E_0}{\beta r}\cos\varphi\frac{\partial}{\partial\theta}(\mathrm{e}^{-j\beta r\cos\theta})$$

$$=-j\frac{E_0}{\beta r}\cos\varphi\sum_{n=0}^{\infty}j^{-n}(2n+1)j_n(\beta r)P_n^1(\cos\theta)\tag{4-53}$$

$$E_\theta^{\text{inc}}=E_x^{\text{inc}}\cos\theta\cos\varphi=E_0\cos\theta\cos\varphi\mathrm{e}^{-j\beta r\cos\theta}$$

$$=E_0\cos\theta\cos\varphi\sum_{n=0}^{\infty}j^{-n}(2n+1)j_n(\beta r)P_n^0(\cos\theta)\tag{4-54}$$

$$E_\varphi^{\text{inc}}=-E_x^{\text{inc}}\sin\varphi=-E_0\sin\varphi\mathrm{e}^{-j\beta r\cos\theta}$$

$$=-E_0\sin\varphi\sum_{n=0}^{\infty}j^{-n}(2n+1)j_n(\beta r)P_n^0(\cos\theta)\tag{4-55}$$

$$H_r^{\text{inc}}=H_y^{\text{inc}}\sin\theta\sin\varphi=-j\frac{E_0}{\beta r\eta}\sin\varphi\frac{\partial}{\partial\theta}(\mathrm{e}^{-j\beta r\cos\theta})$$

$$=-j\frac{E_0}{\beta r\eta}\sin\varphi\sum_{n=0}^{\infty}j^{-n}(2n+1)j_n(\beta r)P_n^1(\cos\theta)\tag{4-56}$$

$$H_\theta^{\text{inc}}=H_y^{\text{inc}}\cos\theta\sin\varphi=\frac{E_0}{\eta}\cos\theta\sin\varphi\mathrm{e}^{-j\beta r\cos\theta}$$

$$=\frac{E_0}{\eta}\cos\theta\sin\varphi\sum_{n=0}^{\infty}j^{-n}(2n+1)j_n(\beta r)P_n^0(\cos\theta)\tag{4-57}$$

$$H_\varphi^{\text{inc}}=H_y^{\text{inc}}\cos\varphi=\frac{E_0}{\eta}\cos\varphi\mathrm{e}^{-j\beta r\cos\theta}$$

$$=\frac{E_0}{\eta}\cos\varphi\sum_{n=0}^{\infty}j^{-n}(2n+1)j_n(\beta r)P_n^0(\cos\theta)\tag{4-58}$$

式中，P_n^m 表示第一类勒让德函数。

根据勒让德函数的性质，有$\frac{\partial}{\partial\theta}[P_n^0(\cos\theta)]=P_n^1(\cos\theta)$，$P_0^1=0$。令 $\hat{j}_n(x)=$

$xj_n(x)$，于是有：

$$E_r^{\text{inc}} = -jE_0 \frac{\cos\varphi}{(\beta r)^2}\sum_{n=0}^{\infty} j^{-n}(2n+1)\hat{j}_n(\beta r)P_n^1(\cos\theta) \tag{4-59}$$

$$E_\theta^{\text{inc}} = E_0 \frac{\cos\theta\cos\varphi}{\beta r}\sum_{n=0}^{\infty} j^{-n}(2n+1)\hat{j}_n(\beta r)P_n^0(\cos\theta) \tag{4-60}$$

$$E_\varphi^{\text{inc}} = -E_0 \frac{\sin\varphi}{\beta r}\sum_{n=0}^{\infty} j^{-n}(2n+1)\hat{j}_n(\beta r)P_n^0(\cos\theta) \tag{4-61}$$

$$H_r^{\text{inc}} = -j\frac{E_0}{\eta}\frac{\sin\varphi}{(\beta r)^2}\sum_{n=0}^{\infty} j^{-n}(2n+1)\hat{j}_n(\beta r)P_n^1(\cos\theta) \tag{4-62}$$

$$H_\theta^{\text{inc}} = \frac{E_0}{\eta}\frac{\cos\theta\sin\varphi}{\beta r}\sum_{n=0}^{\infty} j^{-n}(2n+1)\hat{j}_n(\beta r)P_n^0(\cos\theta) \tag{4-63}$$

$$H_\varphi^{\text{inc}} = \frac{E_0}{\eta}\frac{\cos\varphi}{\beta r}\sum_{n=0}^{\infty} j^{-n}(2n+1)\hat{j}_n(\beta r)P_n^1(\cos\theta) \tag{4-64}$$

入射场还可以用矢量位函数表示为：

$$E_r^{\text{inc}} = \frac{1}{j\omega\mu\varepsilon}\left(\frac{\partial^2}{\partial r^2}+\beta^2\right)A_r^{\text{inc}} \tag{4-65}$$

$$H_r^{\text{inc}} = \frac{1}{j\omega\mu\varepsilon}\left(\frac{\partial^2}{\partial r^2}+\beta^2\right)F_r^{\text{inc}} \tag{4-66}$$

由于

$$\begin{aligned}\left(\frac{\partial^2}{\partial r^2}+\beta^2\right)\hat{j}_n(\beta r) &= \beta^2\left(\frac{\partial^2}{\partial x^2}+1\right)\hat{j}_n(x) = \beta^2\left(\frac{\partial^2}{\partial x^2}+1\right)[xj_n(x)] \\ &= \frac{\beta^2}{x}\left[x^2\frac{\mathrm{d}^2}{\mathrm{d}x^2}j_n(x)+2x\frac{\mathrm{d}}{\mathrm{d}x}j_n(x)+x^2j_n(x)\right] \\ &= \frac{\beta^2}{x}n(n+1)j_n(x) = \frac{n(n+1)}{r^2}\hat{j}_n(\beta r)\end{aligned} \tag{4-67}$$

将恒等式代入入射电场表达式，并与矢量位表达式相等，得：

$$\begin{aligned}E_r^{\text{inc}} &= -jE_0\frac{\cos\varphi}{\beta^2}\sum_{n=0}^{\infty}j^{-n}\frac{2n+1}{n(n+1)}\left(\frac{\partial^2}{\partial r^2}+\beta^2\right)\hat{j}_n(\beta r)P_n^1(\cos\theta) \\ &= \frac{1}{j\omega\mu\varepsilon}\left(\frac{\partial^2}{\partial r^2}+\beta^2\right)A_r^{\text{inc}}\end{aligned} \tag{4-68}$$

$$\begin{aligned}H_r^{\text{inc}} &= -j\frac{E_0}{\eta}\frac{\sin\varphi}{\beta^2}\sum_{n=0}^{\infty}j^{-n}\frac{2n+1}{n(n+1)}\left(\frac{\partial^2}{\partial r^2}+\beta^2\right)\hat{j}_n(\beta r)P_n^1(\cos\theta) \\ &= \frac{1}{j\omega\mu\varepsilon}\left(\frac{\partial^2}{\partial r^2}+\beta^2\right)F_r^{\text{inc}}\end{aligned} \tag{4-69}$$

计算可得：

$$A_r^{\mathrm{inc}} = E_0 \frac{\cos\varphi}{\omega}\sum_{n=1}^{\infty}\psi_n \hat{j}_n(\beta r)P_n^1(\cos\theta) \tag{4-70}$$

$$F_r^{\mathrm{inc}} = \frac{E_0}{\eta}\frac{\sin\varphi}{\omega}\sum_{n=1}^{\infty}\psi_n \hat{j}_n(\beta r)P_n^1(\cos\theta) \tag{4-71}$$

式中，$\psi_n = j^{-n}\dfrac{(2n+1)}{n(n+1)}$。

与入射场相同，可以定义散射场和透射场的矢量位函数为：

$$A_r^{\mathrm{sca}} = E_0 \frac{\cos\varphi}{\omega}\sum_{n=1}^{\infty}a_n \hat{h}_n^{(2)}(\beta r)P_n^1(\cos\theta) \tag{4-72}$$

$$F_r^{\mathrm{sca}} = \frac{E_0}{\eta}\frac{\sin\varphi}{\omega}\sum_{n=1}^{\infty}b_n \hat{h}_n^{(2)}(\beta r)P_n^1(\cos\theta) \tag{4-73}$$

$$A_r^{\mathrm{tran}} = E_0 \frac{\cos\varphi}{\omega}\sum_{n=1}^{\infty}c_n \hat{j}_n(\beta_1 r)P_n^1(\cos\theta) \tag{4-74}$$

$$F_r^{\mathrm{tran}} = \frac{E_0}{\eta}\frac{\sin\varphi}{\omega}\sum_{n=1}^{\infty}d_n \hat{j}_n(\beta_1 r)P_n^1(\cos\theta) \tag{4-75}$$

式中，a_n、b_n、c_n 和 d_n 为待定系数。

那么，球外表面的总场矢量位函数为：

$$A_r = A_r^{\mathrm{inc}} + A_r^{\mathrm{sca}} = E_0 \frac{\cos\varphi}{\omega}\sum_{n=1}^{\infty}[\psi_n \hat{j}_n(\beta r) + a_n \hat{h}_n^{(2)}(\beta r)]P_n^1(\cos\theta) \tag{4-76}$$

$$F_r = F_r^{\mathrm{inc}} + F_r^{\mathrm{sca}} = \frac{E_0}{\eta}\frac{\sin\varphi}{\omega}\sum_{n=1}^{\infty}[\psi_n \hat{j}_n(\beta r) + b_n \hat{h}_n^{(2)}(\beta r)]P_n^1(\cos\theta) \tag{4-77}$$

内表面的总场矢量位函数为：

$$A_r^1 = A_r^{\mathrm{tran}} = E_0 \frac{\cos\varphi}{\omega}\sum_{n=1}^{\infty}c_n \hat{j}_n(\beta_1 r)P_n^1(\cos\theta) \tag{4-78}$$

$$F_r^1 = F_r^{\mathrm{tran}} = \frac{E_0}{\eta}\frac{\sin\varphi}{\omega}\sum_{n=1}^{\infty}d_n \hat{j}_n(\beta_1 r)P_n^1(\cos\theta) \tag{4-79}$$

式中，$\hat{h}_n^{(2)}(\beta r) = krh_n^{(2)}(\beta r)$。

4.3.2 理想导体球

关于理想导体球，内部总场为零，外部总场根据矢量位函数计算为：

$$E_r = \frac{1}{j\omega\mu\varepsilon}\left(\frac{\partial^2}{\partial r^2} + \beta^2\right)A_r \tag{4-80}$$

$$E_\theta = \frac{1}{j\omega\mu\varepsilon}\frac{1}{r}\frac{\partial^2 A_r}{\partial r\partial\theta} - \frac{1}{\varepsilon}\frac{1}{r\sin\theta}\frac{\partial F_r}{\partial\varphi} \tag{4-81}$$

$$E_\varphi = \frac{1}{j\omega\mu\varepsilon}\frac{1}{r\sin\theta}\frac{\partial^2 A_r}{\partial r\partial\theta} + \frac{1}{\varepsilon}\frac{1}{r}\frac{\partial F_r}{\partial\theta} \tag{4-82}$$

$$H_r = \frac{1}{j\omega\mu\varepsilon}\left(\frac{\partial^2}{\partial r^2} + \beta^2\right)F_r \tag{4-83}$$

$$H_\theta = \frac{1}{\mu}\frac{1}{r\sin\theta}\frac{\partial A_r}{\partial\varphi} + \frac{1}{j\omega\mu\varepsilon}\frac{1}{r}\frac{\partial^2 F_r}{\partial r\partial\theta} \tag{4-84}$$

$$H_\varphi = -\frac{1}{\mu}\frac{1}{r}\frac{\partial A_r}{\partial\theta} + \frac{1}{j\omega\mu\varepsilon}\frac{1}{r\sin\theta}\frac{\partial^2 F_r}{\partial r\partial\varphi} \tag{4-85}$$

根据理想导体边界条件，外部切向电场为0：

$$E_\theta(r=a)=0 \text{ 或 } E_\varphi(r=a)=0 \tag{4-86}$$

系数 a_n 和 b_n 通过计算可得：

$$a_n = -\psi_n\frac{\hat{j}'_n(ka)}{\hat{h}_n^{'(2)}(ka)}, b_n = -\psi_n\frac{\hat{j}_n(ka)}{\hat{h}_n^{(2)}(ka)} \tag{4-87}$$

于是散射场为：

$$E_r^{\text{sca}} = j\frac{E_0\cos\varphi}{(\beta r)^2}\sum_{n=1}^{\infty}j^{-n}(2n+1)\frac{\hat{j}'_n(ka)}{\hat{h}_n^{'(2)}(ka)}\hat{h}_n^{(2)}(\beta r)P_n^1(\cos\theta) \tag{4-88}$$

$$E_\theta^{\text{sca}} = -E_0\frac{\cos\varphi}{\beta r}\sum_{n=1}^{\infty}\left[ja_n\hat{h}_n^{'(2)}(\beta r)\frac{\partial}{\partial\theta}P_n^1(\cos\theta) + b_n\hat{h}_n^{(2)}(\beta r)\frac{P_n^1(\cos\theta)}{\sin\theta}\right] \tag{4-89}$$

$$E_\varphi^{\text{sca}} = \frac{E_0\sin\varphi}{\beta r}\sum_{n=1}^{\infty}\left[ja_n\hat{h}_n^{'(2)}(\beta r)\frac{P_n^1(\cos\theta)}{\sin\theta} + b_n\hat{h}_n^{(2)}(\beta r)\frac{\partial}{\partial\theta}P_n^1(\cos\theta)\right] \tag{4-90}$$

$$H_r = jE_0\frac{\sin\varphi}{(\beta r)^2\eta}\sum_{n=1}^{\infty}j^{-n}(2n+1)\frac{\hat{j}_n(\beta a)}{\hat{h}_n^{(2)}(\beta a)}\hat{h}_n^{(2)}(\beta r)P_n^1(\cos\theta) \tag{4-91}$$

$$H_\theta = -\frac{E_0}{\eta}\frac{\sin\varphi}{\beta r}\sum_{n=1}^{\infty}\left[a_n\hat{h}_n^{(2)}(\beta r)\frac{P_n^1(\cos\theta)}{\sin\theta} + jb_n\hat{h}_n^{'(2)}(\beta r)\frac{\partial}{\partial\theta}P_n^1(\cos\theta)\right] \tag{4-92}$$

$$H_\varphi = -\frac{E_0}{\eta}\frac{\cos\varphi}{\beta r}\sum_{n=1}^{\infty}\left[a_n\hat{h}_n^{(2)}(\beta r)\frac{\partial}{\partial\theta}P_n^1(\cos\theta) + jb_n\hat{h}_n^{'(2)}(\beta r)\frac{P_n^1(\cos\theta)}{\sin\theta}\right] \tag{4-93}$$

对于远区散射场，$\beta r \gg 1$ 时，贝塞尔函数采用渐进形式：

$$\hat{h}_n^{(2)}(\beta r) \xrightarrow{\beta r\to\infty} j^{n+1}\mathrm{e}^{-j\beta r} \tag{4-94}$$

$$\hat{h}_n^{'(2)}(\beta r) \xrightarrow{\beta r\to\infty} j^{n}\mathrm{e}^{-j\beta r} \tag{4-95}$$

因此，远区散射场的表达式为：

$$E_r^{\mathrm{sca}} = -\frac{E_0}{(\beta r)^2}\mathrm{e}^{-j\beta r}\cos\varphi\sum_{n=1}^{\infty}(2n+1)\frac{\hat{j}'_n(\beta a)}{\hat{h}_n^{\prime(2)}(\beta a)}P_0^1(\cos\theta) \tag{4-96}$$

$$E_\theta^{\mathrm{sca}} = j\frac{E_0}{\beta r}\mathrm{e}^{-j\beta r}\cos\varphi\sum_{n=1}^{\infty}\psi_n\left[\frac{\hat{j}'_n(\beta a)}{\hat{h}_n^{\prime(2)}(\beta a)}\frac{\partial}{\partial\theta}P_0^1(\cos\theta)+\frac{\hat{j}_n(\beta a)}{\hat{h}_n^{(2)}(\beta a)}\frac{P_0^1(\cos\theta)}{\sin\theta}\right] \tag{4-97}$$

$$E_\varphi^{\mathrm{sca}} = -j\frac{E_0}{\beta r}\mathrm{e}^{-j\beta r}\sin\varphi\sum_{n=1}^{\infty}\psi_n\left[\frac{\hat{j}'_n(\beta a)}{\hat{h}_n^{\prime(2)}(\beta a)}\frac{P_0^1(\cos\theta)}{\sin\theta}+\frac{\hat{j}_n(\beta a)}{\hat{h}_n^{(2)}(\beta a)}\frac{\partial}{\partial\theta}P_0^1(\cos\theta)\right] \tag{4-98}$$

$$H_r = -\frac{E_0}{(\beta r)^2\eta}\mathrm{e}^{-j\beta r}\sin\varphi\sum_{n=1}^{\infty}(2n+1)\frac{\hat{j}_n(\beta a)}{\hat{h}_n^{(2)}(\beta a)}P_0^1(\cos\theta) \tag{4-99}$$

$$H_\theta = j\frac{E_0}{\beta r\eta}\mathrm{e}^{-j\beta r}\sin\varphi\sum_{n=1}^{\infty}\psi_n\left[\frac{\hat{j}'_n(\beta a)}{\hat{h}_n^{\prime(2)}(\beta a)}\frac{P_0^1(\cos\theta)}{\sin\theta}+\frac{\hat{j}_n(\beta a)}{\hat{h}_n^{(2)}(\beta a)}\frac{\partial}{\partial\theta}P_0^1(\cos\theta)\right] \tag{4-100}$$

$$H_\varphi = j\frac{E_0}{\beta r\eta}\mathrm{e}^{-j\beta r}\cos\varphi\sum_{n=1}^{\infty}\psi_n\left[\frac{\hat{j}'_n(\beta a)}{\hat{h}_n^{\prime(2)}(\beta a)}\frac{\partial}{\partial\theta}P_0^1(\cos\theta)+\frac{\hat{j}_n(\beta a)}{\hat{h}_n^{(2)}(\beta a)}\frac{P_0^1(\cos\theta)}{\sin\theta}\right] \tag{4-101}$$

4.3.3 均匀介质球

对于均匀介质球，球内部和外部总场均不为零。外部总场根据矢量位函数计算为：

$$\begin{aligned}E_r &= \frac{1}{j\omega\mu\varepsilon}\left(\frac{\partial^2}{\partial r^2}+\beta^2\right)A_r\\&= -j\frac{E_0\cos\varphi}{(\beta r)^2}\sum_{n=1}^{\infty}\left[(2n+1)\hat{j}_n(\beta r)+n(n+1)a_n\hat{h}_n^{(2)}(\beta r)\right]P_n^1(\cos\theta)\end{aligned} \tag{4-102}$$

$$\begin{aligned}E_\theta &= \frac{1}{j\omega\mu\varepsilon}\frac{1}{r}\frac{\partial^2}{\partial r}\frac{A_r}{\partial\theta}-\frac{1}{\varepsilon}\frac{1}{r\sin\theta}\frac{\partial F_r}{\partial\varphi}\\&= -j\frac{E_0\cos\varphi}{\beta r}\sum_{n=1}^{\infty}\left[\psi_n\hat{j}'_n(\beta r)+a_n\hat{h}_n^{\prime(2)}(\beta r)\right]\frac{\partial}{\partial\theta}P_n^1(\cos\theta)-\\&\quad\frac{E_0\cos\varphi}{\beta r}\sum_{n=1}^{\infty}\left[\psi_n\hat{j}_n(\beta r)+b_n\hat{h}_n^{(2)}(\beta r)\right]\frac{P_n^1(\cos\theta)}{\sin\theta}\end{aligned} \tag{4-103}$$

$$E_\varphi = \frac{1}{j\omega\mu\varepsilon}\frac{1}{r\sin\theta}\frac{\partial^2 A_r}{\partial r\partial\varphi}+\frac{1}{\varepsilon}\frac{1}{r}\frac{\partial F_r}{\partial\theta}$$

$$=j\frac{E_0\sin\varphi}{\beta r}\sum_{n=1}^{\infty}[\psi_n\hat{j}'_n(\beta r)+a_n\hat{h}_n'^{(2)}(\beta r)]\frac{P_n^1(\cos\theta)}{\sin\theta}+$$

$$\frac{E_0\sin\varphi}{\beta r}\sum_{n=1}^{\infty}[\psi_n\hat{j}_n(\beta r)+b_n\hat{h}_n^{(2)}(\beta r)]\frac{\partial}{\partial\theta}P_n^1(\cos\theta) \tag{4-104}$$

$$H_r=\frac{1}{j\omega\mu\varepsilon}\left(\frac{\partial^2}{\partial r^2}+\beta^2\right)F_r$$

$$=-j\frac{E_0\sin\varphi}{(\beta r)^2\eta}\sum_{n=1}^{\infty}j^{-n}[(2n+1)\hat{j}_n(\beta r)+n(n+1)b_n\hat{h}_n^{(2)}(\beta r)]P_n^1(\cos\theta) \tag{4-105}$$

$$H_\theta=\frac{1}{\mu}\frac{1}{r\sin\theta}\frac{\partial A_r}{\partial\varphi}+\frac{1}{j\omega\mu\varepsilon}\frac{1}{r}\frac{\partial^2F_r}{\partial r\partial\theta}$$

$$=-\frac{E_0\sin\varphi}{\beta r\eta}\sum_{n=1}^{\infty}j^{-n}[\psi_n\hat{j}_n(\beta r)+a_n\hat{h}_n^{(2)}(\beta r)]\frac{P_n^1(\cos\theta)}{\sin\theta}-$$

$$j\frac{E_0\sin\varphi}{\beta r\eta}\sum_{n=1}^{\infty}j^{-n}[\psi_n\hat{j}'_n(\beta r)+b_n\hat{h}_n'^{(2)}(\beta r)]\frac{\partial}{\partial\theta}P_n^1(\cos\theta) \tag{4-106}$$

$$H_\varphi=-\frac{1}{\mu}\frac{1}{r}\frac{\partial A_r}{\partial\theta}+\frac{1}{j\omega\mu\varepsilon}\frac{1}{r\sin\theta}\frac{\partial^2F_r}{\partial r\partial\varphi}$$

$$=-\frac{E_0\cos\varphi}{\beta r\eta}\sum_{n=1}^{\infty}[\psi_n\hat{j}_n(\beta r)+a_n\hat{h}_n^{(2)}(\beta r)]\frac{\partial}{\partial\theta}P_n^1(\cos\theta)-$$

$$j\frac{E_0\cos\varphi}{\beta r\eta}\sum_{n=1}^{\infty}[\psi_n\hat{j}'_n(\beta r)+b_n\hat{h}_n'^{(2)}(\beta r)]\frac{P_n^1(\cos\theta)}{\sin\theta} \tag{4-107}$$

内部总场根据矢量位函数计算为：

$$E_r^1=\frac{1}{j\omega_1\mu_1\varepsilon_1}\left(\frac{\partial^2}{\partial r^2}+\beta_1^2\right)A_r^1=-j\frac{E_0\cos\varphi}{(\beta_1 r)^2}\sum_{n=1}^{\infty}j^{-n}n(n+1)c_n\hat{j}_n(\beta_1 r)P_n^1(\cos\theta) \tag{4-108}$$

$$E_\theta^1=\frac{1}{j\omega\mu_1\varepsilon_1}\frac{1}{r}\frac{\partial^2A_r^1}{\partial r\partial\theta}-\frac{1}{\varepsilon_1}\frac{1}{r\sin\theta}\frac{\partial F_r^1}{\partial\varphi}$$

$$=-j\frac{E_0\cos\varphi}{\beta_1 r}\sum_{n=1}^{\infty}c_n\hat{j}'_n(\beta_1 r)\frac{\partial}{\partial\theta}P_n^1(\cos\theta)-\frac{E_0\cos\varphi}{\beta_1 r}\sum_{n=1}^{\infty}d_n\hat{j}'_n(\beta_1 r)\frac{P_n^1(\cos\theta)}{\sin\theta} \tag{4-109}$$

$$E_\varphi^1=\frac{1}{j\omega\mu_1\varepsilon_1}\frac{1}{r\sin\theta}\frac{\partial^2A_r^1}{\partial r\partial\varphi}+\frac{1}{\varepsilon_1}\frac{1}{r}\frac{\partial F_r^1}{\partial\theta}$$

$$= j\frac{E_0\sin\varphi}{\beta_1 r}\sum_{n=1}^{\infty}c_n\hat{j}'_n(\beta_1 r)\frac{P_n^1(\cos\theta)}{\sin\theta}+\frac{E_0\sin\varphi}{\beta_1 r}\sum_{n=1}^{\infty}d_n\hat{j}_n(\beta_1 r)\frac{\partial}{\partial\theta}P_n^1(\cos\theta)$$

(4-110)

$$H_r^1=\frac{1}{j\omega\mu_1\varepsilon_1}\left(\frac{\partial^2}{\partial r^2}+\beta_1^2\right)F_r^1=-j\frac{E_0\sin\varphi}{(\beta_1 r)^2\eta_1}\sum_{n=1}^{\infty}n(n+1)d_n\hat{j}_n(\beta_1 r)P_n^1(\cos\theta)$$

(4-111)

$$H_\theta^1=\frac{1}{\mu_1}\frac{1}{r\sin\theta}\frac{\partial A_r^1}{\partial\varphi}+\frac{1}{j\omega\mu_1\varepsilon_1}\frac{1}{r}\frac{\partial^2 F_r^1}{\partial r\partial\theta}$$
$$=-\frac{E_0\sin\varphi}{\beta_1 r\eta_1}\sum_{n=1}^{\infty}c_n\hat{j}_n(\beta_1 r)\frac{P_n^1(\cos\theta)}{\sin\theta}-j\frac{E_0\sin\varphi}{\beta_1 r\eta_1}\sum_{n=1}^{\infty}d_n\hat{j}'_n(\beta_1 r)\frac{\partial}{\partial\theta}P_n^1(\cos\theta)$$

(4-112)

$$H_\varphi^1=-\frac{1}{\mu_1}\frac{1}{r}\frac{\partial A_r^1}{\partial\theta}+\frac{1}{j\omega\mu_1\varepsilon_1}\frac{1}{r\sin\theta}\frac{\partial^2 F_r^1}{\partial r\partial\varphi}$$
$$=-\frac{E_0\cos\varphi}{\beta_1 r\eta_1}\sum_{n=1}^{\infty}c_n\hat{j}_n(\beta_1 r)\frac{\partial}{\partial\theta}P_n^1(\cos\theta)-$$
$$j\frac{E_0\cos\varphi}{\beta_1 r\eta_1}\sum_{n=1}^{\infty}d_n\hat{j}'_n(\beta_1 r)\frac{P_n^1(\cos\theta)}{\sin\theta} \quad (4\text{-}113)$$

根据均匀介质的边界条件，切向电场和磁场连续，则有：

$$E_\theta(r=a)=E_\theta^1(r=a)\text{ 或 }E_\varphi(r=a)=E_\varphi^1(r=a) \quad (4\text{-}114)$$

$$H_\theta(r=a)=H_\theta^1(r=a)\text{ 或 }H_\varphi(r=a)=H_\varphi^1(r=a) \quad (4\text{-}115)$$

因此，可以列方程：

$$\psi_n\hat{j}'_n(\beta a)+a_n\hat{h}_n^{\prime(2)}(\beta a)=\frac{\beta}{\beta_1}c_n\hat{j}'_n(\beta_1 a) \quad (4\text{-}116)$$

$$\psi_n\hat{j}_n(\beta a)+b_n\hat{h}_n^{(2)}(\beta a)=\frac{\beta}{\beta_1}d_n\hat{j}_n(\beta_1 a) \quad (4\text{-}117)$$

$$\psi_n\hat{j}_n(\beta a)+a_n\hat{h}_n^{(2)}(\beta a)=\frac{\beta\eta}{\beta_1\eta_1}c_n\hat{j}_n(\beta_1 a) \quad (4\text{-}118)$$

$$\psi_n\hat{j}'_n(\beta a)+b_n\hat{h}_n^{\prime(2)}(\beta a)=\frac{\beta\eta}{\beta_1\eta_1}d_n\hat{j}'_n(\beta_1 a) \quad (4\text{-}119)$$

利用朗斯基关系式，经过求解可得：

$$a_n=\psi_n\frac{\eta_1 j_n(\beta a)\hat{j}'_n(\beta_1 a)-\eta j'_n(\beta a)j_n(\beta_1 a)}{\eta h_n^{\prime(2)}(\beta a)j_n(\beta_1 a)-\eta_1 h_n^{(2)}(\beta a)j'_n(\beta_1 a)} \quad (4\text{-}120)$$

$$b_n=\psi_n\frac{\eta_1 j'_n(\beta a)j_n(\beta_1 a)-\eta j_n(\beta a)j'_n(\beta_1 a)}{\eta h_n^{(2)}(\beta a)j'_n(\beta_1 a)-\eta_1 h_n^{\prime(2)}(\beta a)j_n(\beta_1 a)} \quad (4\text{-}121)$$

$$c_n=\psi_n\frac{\beta_1}{\beta}\frac{-j\sqrt{\varepsilon\mu_1}}{\sqrt{\varepsilon_1\mu}h_n^{\prime(2)}(\beta a)j_n(\beta_1 a)-\sqrt{\varepsilon\mu_1}h_n^{(2)}(\beta a)j_n^{\prime}(\beta_1 a)} \tag{4-122}$$

$$d_n=\psi_n\frac{\beta_1}{\beta}\frac{j\sqrt{\varepsilon\mu_1}}{\sqrt{\varepsilon_1\mu}h_n^{(2)}(\beta a)j_n^{\prime}(\beta_1 a)-\sqrt{\varepsilon\mu_1}h_n^{\prime(2)}(\beta a)j_n(\beta_1 a)} \tag{4-123}$$

于是散射场为：

$$E_r^{\text{sca}}=-j\frac{E_0\cos\varphi}{(\beta r)^2}\sum_{n=1}^{\infty}n(n+1)a_n\hat{h}_n^{(2)}(\beta r)P_n^1(\cos\theta) \tag{4-124}$$

$$E_\theta^{\text{sca}}=-j\frac{E_0\cos\varphi}{\beta r}\sum_{n=1}^{\infty}\left[ja_n\hat{h}_n^{\prime(2)}(\beta r)\frac{\partial}{\partial\theta}P_n^1(\cos\theta)+b_n\hat{h}_n^{(2)}(\beta r)\frac{P_n^1(\cos\theta)}{\sin\theta}\right] \tag{4-125}$$

$$E_\varphi^{\text{sca}}=-\frac{E_0\sin\varphi}{\beta r}\sum_{n=1}^{\infty}\left[ja_n\hat{h}_n^{\prime(2)}(\beta r)\frac{P_n^1(\cos\theta)}{\sin\theta}+b_n\hat{h}_n^{(2)}(\beta r)\frac{\partial}{\partial\theta}P_n^1(\cos\theta)\right] \tag{4-126}$$

$$H_r^{\text{sca}}=-j\frac{E_0\sin\varphi}{(\beta r)^2\eta}\sum_{n=1}^{\infty}n(n+1)b_n\hat{h}_n^{(2)}(\beta r)P_n^1(\cos\theta) \tag{4-127}$$

$$H_\theta^{\text{sca}}=-\frac{E_0}{\eta}\frac{\sin\varphi}{\beta r}\sum_{n=1}^{\infty}\left[a_n\hat{h}_n^{(2)}(\beta r)\frac{P_n^1(\cos\theta)}{\sin\theta}+jb_n\hat{h}_n^{\prime(2)}(\beta r)\frac{\partial}{\partial\theta}P_n^1(\cos\theta)\right] \tag{4-128}$$

$$H_\varphi^{\text{sca}}=-\frac{E_0}{\eta}\frac{\cos\varphi}{\beta r}\sum_{n=1}^{\infty}\left[a_n\hat{h}_n^{(2)}(\beta r)\frac{\partial}{\partial\theta}P_n^1(\cos\theta)+jb_n\hat{h}_n^{\prime(2)}(\beta r)\frac{P_n^1(\cos\theta)}{\sin\theta}\right] \tag{4-129}$$

对于远区散射场，$kr\gg1$ 时，贝塞尔函数采用渐进形式：

$$\hat{h}_n^{(2)}(\beta r)\xlongequal{\beta r\to\infty}j^{n+1}\mathrm{e}^{-j\beta r} \tag{4-130}$$

$$\hat{h}_n^{\prime(2)}(\beta r)\xlongequal{\beta r\to\infty}j^{n}\mathrm{e}^{-j\beta r} \tag{4-131}$$

因此，远区散射场的表达式为：

$$E_r^{\text{sca}}=\frac{E_0\cos\varphi}{(\beta r)^2}\mathrm{e}^{-j\beta r}\sum_{n=1}^{\infty}n(n+1)a_nP_n^1(\cos\theta) \tag{4-132}$$

$$E_\theta^{\text{sca}}=-j\frac{E_0\cos\varphi}{\beta r}\mathrm{e}^{-j\beta r}\sum_{n=1}^{\infty}\left[a_n\frac{\partial}{\partial\theta}P_n^1(\cos\theta)+b_n\frac{P_n^1(\cos\theta)}{\sin\theta}\right] \tag{4-133}$$

$$E_\varphi^{\text{sca}}=j\frac{E_0\sin\varphi}{\beta r}\mathrm{e}^{-j\beta r}\sum_{n=1}^{\infty}\left[a_n\frac{P_n^1(\cos\theta)}{\sin\theta}+b_n\frac{\partial}{\partial\theta}P_n^1(\cos\theta)\right] \tag{4-134}$$

$$H_r^{\text{sca}}=\frac{E_0}{\eta}\frac{\sin\varphi}{(\beta r)^2}\mathrm{e}^{-j\beta r}\sum_{n=1}^{\infty}n(n+1)b_nP_n^1(\cos\theta) \tag{4-135}$$

$$H_{\theta}^{\text{sca}}=-j\frac{E_0}{\eta}\frac{\sin\varphi}{\beta r}\mathrm{e}^{-j\beta r}\sum_{n=1}^{\infty}\left[a_n\frac{P_n^1(\cos\theta)}{\sin\theta}+b_n\frac{\partial}{\partial\theta}P_n^1(\cos\theta)\right] \tag{4-136}$$

$$H_{\varphi}^{\text{sca}}=-j\frac{E_0}{\eta}\frac{\cos\varphi}{\beta r}\mathrm{e}^{-j\beta r}\sum_{n=1}^{\infty}\left[a_n\frac{\partial}{\partial\theta}P_n^1(\cos\theta)+b_n\frac{P_n^1(\cos\theta)}{\sin\theta}\right] \tag{4-137}$$

4.3.4 递推公式

(1) $\chi_n(\theta)=\dfrac{P_n^1(\cos\theta)}{\sin\theta}$的递推公式

首先，令 $x=\cos\theta$，则有：

$$\chi_n(\theta)=\frac{P_n^1(\cos\theta)}{\sin\theta}=\frac{1}{\sin\theta}\frac{\mathrm{d}}{\mathrm{d}\theta}P_n^0(\cos\theta)=\frac{\mathrm{d}}{\mathrm{d}\cos\theta}P_n^0(\cos\theta)=\frac{\mathrm{d}}{\mathrm{d}x}P_n^0(x) \tag{4-138}$$

其次，勒让德函数存在递推公式：

$$P_n^0(x)=\frac{2n-1}{n}xP_{n-1}^0(x)-\frac{n-1}{n}P_{n-2}^0(x) \tag{4-139}$$

公式两边取导数得：

$$\frac{\mathrm{d}}{\mathrm{d}x}P_n^0(x)=\frac{2n-1}{n}P_{n-1}^0(x)+\frac{2n-1}{n}x\frac{\mathrm{d}}{\mathrm{d}x}P_{n-1}^0(x)-\frac{n-1}{n}\frac{\mathrm{d}}{\mathrm{d}x}P_{n-2}^0(x) \tag{4-140}$$

由于

$$P_{n-1}^0(x)=\frac{\dfrac{\mathrm{d}}{\mathrm{d}x}P_n^0(x)-\dfrac{\mathrm{d}}{\mathrm{d}x}P_{n-2}^0(x)}{2n-1} \tag{4-141}$$

则

$$\frac{\mathrm{d}}{\mathrm{d}x}P_n^0(x)=\frac{2n-1}{n-1}x\frac{\mathrm{d}}{\mathrm{d}x}P_{n-1}^0(x)-\frac{n-1}{n}\frac{\mathrm{d}}{\mathrm{d}x}P_{n-2}^0(x) \tag{4-142}$$

将 $\chi_n(\theta)=\dfrac{\mathrm{d}}{\mathrm{d}x}P_n^0(x)$代入，则得到递推公式：

$$\chi_n(\theta)=\frac{2n-1}{n-1}\cos\theta\chi_{n-1}(\theta)-\frac{n}{n-1}\chi_{n-2}(\theta) \tag{4-143}$$

初始值为：

$$\chi_0(\theta)=\frac{\mathrm{d}}{\mathrm{d}x}P^0(x)=\frac{\mathrm{d}}{\mathrm{d}x}1=0 \tag{4-144}$$

$$\chi_1(\theta)=\frac{\mathrm{d}}{\mathrm{d}x}P^1(x)=\frac{\mathrm{d}}{\mathrm{d}x}x=1 \tag{4-145}$$

(2) $\tau_n(\theta)=\dfrac{\partial}{\partial\theta}P_n^1(\cos\theta)$的递推公式

由于 $P_n(\cos\theta)$满足勒让德方程：

$$(1-\cos^2\theta)\frac{d^2P_n^0(\cos\theta)}{d\cos\theta^2}-2\cos\theta\frac{dP_n^0(\cos\theta)}{d\cos\theta}+n(n+1)P_n^0(\cos\theta)=0 \tag{4-146}$$

并且存在等式：

$$(1-\cos^2\theta)\frac{d^2P_n^0(\cos\theta)}{d\cos\theta^2}=\cos\theta\frac{dP_n^0(\cos\theta)}{d\cos\theta}-\frac{dP_n^1(\cos\theta)}{d\theta} \tag{4-147}$$

于是，可以得到：

$$\tau_n(\theta)=\frac{dP_n^1(\cos\theta)}{d\theta}=-\cos\theta\frac{dP_n^0(\cos\theta)}{d\cos\theta}+n(n+1)P_n^0(\cos\theta) \tag{4-148}$$

将递推公式 $nP_n^0(\cos\theta)=\cos\theta\frac{dP_n^0(\cos\theta)}{d\cos\theta}-\frac{dP_{n-1}^0(\cos\theta)}{d\cos\theta}$代入，则有：

$$\tau_n(\theta)=n\cos\theta\chi_n(\theta)-(n+1)\cos\theta\chi_{n+1}(\theta) \tag{4-149}$$

上式即为计算采用的递推公式。

4.4　本章小结

圆柱、球的电磁散射解析解基本原理是在柱坐标、球坐标中采用 Mie 级数展开平面波，计算效率高，内存需求小，但使用范围也受到限制。因此，圆柱、球的 Mie 级数解主要用于电磁散射数值计算平台的验证。

参考文献

[1] 江长荫.均匀圆球对平面波的散射[J].电波科学学报，1996，11(3)：65-88.

[2] 郑刚，蔡小舒，王乃宁.Mie 散射的数值计算[J].应用激光，1992，12(5)：220-222.

[3] ALY M S，WONG T T Y.Combined Mie series and asymptotic formulation of transient scattered field and perfectly conducting sphere[C]//1988 IEEE AP-S. International Symposium, Antennas and Propagation. June 6-10，1988，Syracuse，NY，USA.IEEE，2002：664-667.

[4] BALANIS C A. Advanced engineering electromagnetics[M]. New York：Wiley，1989.

[5] BOHREN C F，HUFFMAN D R. Absorption and scattering of light by

small particles[M].New York:Wiley,1998.

[6] CHIU C N,CHU H C,CHEN C H.Scattering from a slit composite cylindrical shell [C]//IEEE Antennas and Propagation Society International Symposium.1996 Digest.July 21-26,1996,Baltimore,MD,USA.IEEE,2002:764-767.

[7] JAVAN H.Application of Mie theory to large particle[C]//Proceedings IEEE Southeastcon'99. Technology on the Brink of 2000 (Cat. No. 99CH36300). March 25-28, 1999, Lexington, KY, USA. IEEE, 2002: 237-241.

[8] LIU M,ZHANG Y N,WU Y,et al.Research on the bistatic scattering characteristic of metal sphere [C]//2015 IEEE 12th Intl Conf on Ubiquitous Intelligence and Computing and 2015 IEEE 12th Intl Conf on Autonomic and Trusted Computing and 2015 IEEE 15th Intl Conf on Scalable Computing and Communications and Its Associated Workshops (UIC-ATC-ScalCom). August 10-14, 2015, Beijing, China. IEEE, 2016: 1582-1585.

[9] MAUTZ J R. Mie series solution for a sphere (computer program descriptions)[J].IEEE transactions on microwave theory and techniques, 1978,26(5):375.

[10] MIE G.Beiträge zur optik trüber medien,speziell kolloidaler metallösungen[J]. Annalen der physik,1908,330(3):377-445.

[11] MIERAS H.Radiation pattern computation of a spherical lens using Mie series[J].IEEE transactions on antennas and propagation,1982,30(6): 1221-1224.

[12] PARK S O,BALANIS C A.Efficient kernel calculation of cylindrical antennas[J]. IEEE transactions on antennas and propagation, 1995, 43(11):1328-1331.

[13] PLONUS M A,INADA H.Closed form expression for the Mie series for large,low density,dielectric spheres[J].Proceedings of the IEEE,1965, 53(6):662-663.

[14] SADEGHZADEH R A, GLOVER I A, MCEWAN N J. Analytical calculation of effective common volumes in bistatic scatter problems [C]//1991 Seventh International Conference on Antennas and Propagation,ICAP 91 (IEE).April 15-18,1991,York.London:IET,2002:

242-244.

[15] SMITH D D, FULLER K A. Mie scattering by concentric multilayers [C]//2002 Summaries of Papers Presented at the Quantum Electronics and Laser Science Conference. May 19-24, 2002, Long Beach, CA, USA. IEEE, 2003: 119-120.

[16] STRATTON J A. Electromagnetic theory[M]. New York: McGraw-Hill book company, inc., 1941.

[17] WANG M Y, XU J, WU J, et al. Mie series study on electromagnetic scattering of metallic sphere covered by double-negative metamaterials [C]//2007 International Symposium on Electromagnetic Compatibility. October 23-26, 2007, Qingdao, China. IEEE, 2008: 482-485.

[18] YUAN Z C, SHI J M, WANG J C, et al. Validity of effective-medium theory in Mie scattering calculation of hollow dielectric sphere[C]//2006 7th International Symposium on Antennas, Propagation and EM Theory. October 26-29, 2006, Guilin, China. IEEE, 2007: 1-4.

[19] ZHOU S, HU X F, WANG B. Mie scattering coefficient of electromagnetic waves by charged sphere particle [C]//2019 IEEE 6th International Symposium on Electromagnetic Compatibility (ISEMC). November 1-4, 2019, Nanjing, China. IEEE, 2020: 1-6.

第5章　矩量法和无限长柱的电磁散射计算

5.1 引言

本章主要介绍了矩量法的基本概念，并运用矩量法分析无限长柱的电磁散射。基于等效原理的积分方程，是均匀媒质目标电磁散射建模的主要方法。

5.2 矩量法

矩量法是一种常用的数值方法，并已被计算电磁领域的研究者所熟知。下面简要介绍矩量法的基本原理。

对于一般的非齐次线性方程，都可以写为：

$$L(f)=g \tag{5-1}$$

式中，L 表示线性算子，常常伴有积分、微分等复杂计算；g 为已知函数，定义在函数空间 G 上，通常为系统的激励函数；f 为待求解的未知函数，定义在函数空间 F 上。此外，对于该问题，函数 f 有且仅有唯一的解。

为了能够求解该方程，我们首先用一组基函数将未知函数 f 展开，即：

$$f=\sum_{n=1}^{N}\alpha_n f_n \tag{5-2}$$

式中，$\{f_n\}(n=1,2,3,\cdots,N)$为一组定义在 F 空间的函数且相互独立；α_n 为未知的展开系数。

如果基函数是完备的，那么这个展开式可以严格逼近未知函数 f；如果基函数是不完备的，那么展开式逼近未知函数 f 时，就会产生相应的误差。将基函数的展开式代入方程中，可得：

$$L\left(\sum_{n=1}^{N}\alpha_n f_n\right)=g \tag{5-3}$$

根据 L 算子的线性，方程变为：

$$\sum_{n=1}^{N}\alpha_n L(f_n)=g \tag{5-4}$$

于是，求函数 f 就变成了求一组未知系数 $\{\alpha_n\}(n=1,2,3,\cdots,N)$。

很明显，我们现在有了 N 个未知量，但只有一个方程，是无法解出最终结果的。此时，采用加权余量法的概念，在方程的两边同时跟测试函数 ω 作内积，可得：

$$\langle \omega, \sum_{n=1}^{N} \alpha_n L(f_n) \rangle = \langle \omega, g \rangle \tag{5-5}$$

根据 L 算子的线性，方程变为：

$$\sum_{n=1}^{N} \alpha_n \langle \omega, L(f_n) \rangle = \langle \omega, g \rangle \tag{5-6}$$

然后，不断变换测试函数，就可以得到不同的方程，从而获得方程组。假定测试函数集 $\{\omega_m\}(m=1,2,3,\cdots,M)$，代入可得：

$$\sum_{n=1}^{N} \alpha_n \langle \omega_m, L(f_n) \rangle = \langle \omega_m, g \rangle \tag{5-7}$$

写成方程组为：

$$\begin{bmatrix} \langle \omega_1, L(f_1) \rangle & \langle \omega_1, L(f_2) \rangle & \cdots & \langle \omega_1, L(f_N) \rangle \\ \langle \omega_2, L(f_1) \rangle & \langle \omega_2, L(f_2) \rangle & \cdots & \langle \omega_2, L(f_N) \rangle \\ \vdots & \vdots & \ddots & \vdots \\ \langle \omega_M, L(f_1) \rangle & \langle \omega_M, L(f_2) \rangle & \cdots & \langle \omega_M, L(f_N) \rangle \end{bmatrix} \begin{bmatrix} \alpha_1 \\ \alpha_2 \\ \vdots \\ \alpha_N \end{bmatrix} = \begin{bmatrix} \langle \omega_1, g \rangle \\ \langle \omega_2, g \rangle \\ \vdots \\ \langle \omega_M, g \rangle \end{bmatrix} \tag{5-8}$$

测试函数的选取至关重要，必须使得测试函数与基函数具有相同的线性空间。一种常用做法是，测试函数选取跟基函数同样的函数。一旦形成了方程组，接下来就是运用数值方法进行求解，即可得到问题的最终解。

5.3　无限长柱的电磁散射

无限长柱是一种理想情况，指柱沿着母线无限伸展。在这种情况下，如果电磁源也同样是沿着母线方向处处相等，那么该三维电磁问题就可以简化为二维电磁问题。本节则讨论如何构造二维电磁问题的面积分方程，以及如何设计二维矩量法来解决无限长柱的散射问题。

5.3.1　理想导体柱

(1) 入射平面波为 TM^z 极化

如图 5-1 所示，TM^z 极化波沿着任意方向传播(图中为 $+x$ 方向)，其电场方向为 $+z$ 方向，且垂直入射截面为任意形状的无限长柱(图中柱的截面为圆形)，柱的材料为理想导电体(PEC)。柱在电磁波的照射下产生散射。下面将介绍如何利用矩量法计算散射场。

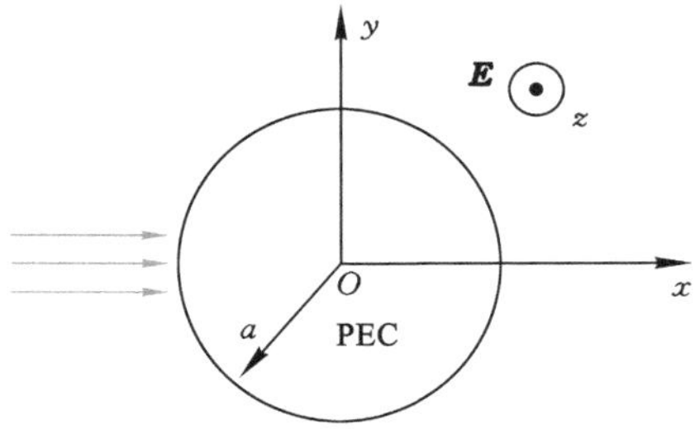

图 5-1　TM^z 极化平面波入射无限长 PEC 柱

根据电流辐射电磁场的公式，理想导体目标的散射电场能够用磁矢量位 $\boldsymbol{A}$ 表示为：

$$\boldsymbol{E}^{\text{sca}}=-j\omega\boldsymbol{A}-\frac{j}{\omega\mu\varepsilon}\nabla(\nabla\cdot\boldsymbol{A}) \tag{5-9}$$

式中，$\boldsymbol{E}^{\text{sca}}$ 为散射电场；ω 为入射波角频率。假设入射电场为 $\boldsymbol{E}^{\text{inc}}$，根据边界条件，PEC 的切向电场为 0，则：

$$\hat{\boldsymbol{n}}\times(\boldsymbol{E}^{\text{sca}}+\boldsymbol{E}^{\text{inc}})=0 \tag{5-10}$$

式中，$\hat{\boldsymbol{n}}$ 为单位外法向量。于是：

$$\hat{\boldsymbol{n}}\times\boldsymbol{E}^{\text{inc}}=-\hat{\boldsymbol{n}}\times\boldsymbol{E}^{\text{sca}}=j\omega\hat{\boldsymbol{n}}\times\boldsymbol{A}+\frac{j}{\omega\mu\varepsilon}\times\hat{\boldsymbol{n}}\times\nabla(\nabla\cdot\boldsymbol{A}) \tag{5-11}$$

TM^z 极化中，磁矢量位 $\boldsymbol{A}$ 只有 z 分量且不是 z 的函数，则：

$$\nabla\cdot\boldsymbol{A}=\frac{\partial A_x}{\partial x}+\frac{\partial A_y}{\partial y}+\frac{\partial A_z}{\partial z}=0$$

于是方程化简为：

$$E_z^{\text{inc}}=j\omega A_z \tag{5-12}$$

由于无限长柱的散射是二维电磁问题，则磁矢量位可以用二维自由空间格林函数表示为：

$$A_z=\mu\int_C G(\boldsymbol{\rho},\boldsymbol{\rho}')J_{ez}(\boldsymbol{\rho}')\mathrm{d}l \tag{5-13}$$

式中，J_{ez} 为无限长柱目标表面沿 z 方向的面电流密度。

将 A_z 的表达式代入，得到：

$$E_z^{\text{inc}}(\boldsymbol{\rho})=j\beta\eta\int_C J_{ez}(\boldsymbol{\rho}')G(\boldsymbol{\rho},\boldsymbol{\rho}')\mathrm{d}l \tag{5-14}$$

式中，β 为波数；η 为波阻抗；$\boldsymbol{\rho}$ 和 $\boldsymbol{\rho}'$ 分别表示观察点和源点的位置。

为了求解积分方程，需要用一组基函数 $\{B_n(\boldsymbol{\rho}')\}$ 将电流展开：

$$J_{ez}(\boldsymbol{\rho}') = \sum_{n=1}^{N} a_n B_n(\boldsymbol{\rho}') \tag{5-15}$$

式中，a_n 为基函数展开电流后的系数。

将基函数代入积分方程得到：

$$E_z^{\text{inc}}(\boldsymbol{\rho}) = j\beta\eta \sum_{n=1}^{N} a_n \int_C B_n(\boldsymbol{\rho}') G(\boldsymbol{\rho}, \boldsymbol{\rho}') \mathrm{d}l' \tag{5-16}$$

当方程的未知电流用基函数展开后，得到的新方程出现了 n 个未知量 a_n。为了构造足够的方程求解这 n 个未知量，用一组测试函数$\{T_m(\boldsymbol{\rho})\}$对方程进行测试，得：

$$\int_C T_m(\boldsymbol{\rho}) E_z^{\text{inc}}(\boldsymbol{\rho}) \mathrm{d}l = j\mathrm{k}\eta \sum_{n=1}^{N} a_n \int_C T_m(\boldsymbol{\rho}) \int_C B_n(\boldsymbol{\rho}') G(\boldsymbol{\rho}, \boldsymbol{\rho}') \mathrm{d}l' \mathrm{d}l \tag{5-17}$$

于是就形成了线性代数方程组，形式如下：

$$\begin{bmatrix} z_{11} & z_{12} & \cdots & z_{1N} \\ z_{21} & z_{22} & \cdots & z_{2N} \\ \vdots & \vdots & \ddots & \vdots \\ z_{M1} & z_{M2} & \cdots & z_{MN} \end{bmatrix} \begin{bmatrix} a_1 \\ a_2 \\ \vdots \\ a_N \end{bmatrix} = \begin{bmatrix} v_1 \\ v_2 \\ \vdots \\ v_M \end{bmatrix} \tag{5-18}$$

其中，$M=N$，且：

$$z_{mn} = j\beta\eta \int_C T_m \int_C B_n(\boldsymbol{\rho}') G(\boldsymbol{\rho}, \boldsymbol{\rho}') \mathrm{d}l' \mathrm{d}l \tag{5-19}$$

$$v_m = \int_C T_m(\boldsymbol{\rho}) E_z^{\text{inc}}(\boldsymbol{\rho}) \mathrm{d}l \tag{5-20}$$

接下来，将目标表面分解为若干子域，即用很多小的线段来模拟物体的外形。每个子域定义一个脉冲基函数，表达式为：

$$B_n(\boldsymbol{\rho}') = \begin{cases} 1 & (\boldsymbol{\rho}') \in C_n \\ 0 & (\boldsymbol{\rho}') \notin C_n \end{cases} \tag{5-21}$$

即每个子域的电流为一个常数。测试函数选择 $\delta(\boldsymbol{\rho} - \boldsymbol{\rho}_m)$，$\boldsymbol{\rho}_m$ 为第 m 个子域的中点。因此，方程可以表示为：

$$\int_{C_m} \delta(\boldsymbol{\rho} - \boldsymbol{\rho}_m) E_z^{\text{inc}}(\boldsymbol{\rho}) \mathrm{d}l = j\beta\eta \sum_{n=1}^{N} a_n \int_{C_m} \delta(\boldsymbol{\rho} - \boldsymbol{\rho}_m) \int_{C_n} G(\boldsymbol{\rho}, \boldsymbol{\rho}') \mathrm{d}l' \mathrm{d}l \tag{5-22}$$

很容易化简为：

$$E_z^{\text{inc}}(\boldsymbol{\rho}_m) = j\beta\eta \sum_{n=1}^{N} a_n \int_{C_n} G(\boldsymbol{\rho}_m, \boldsymbol{\rho}') \mathrm{d}l' \tag{5-23}$$

进一步写成方程组的形式为：

$$\begin{bmatrix} z_{11} & z_{12} & \cdots & z_{1N} \\ z_{21} & z_{22} & \cdots & z_{2N} \\ \vdots & \vdots & \ddots & \vdots \\ z_{N1} & z_{N2} & \cdots & z_{NN} \end{bmatrix} \begin{bmatrix} a_1 \\ a_2 \\ \vdots \\ a_N \end{bmatrix} = \begin{bmatrix} E_z^{\text{inc}}(\boldsymbol{r}_1) \\ E_z^{\text{inc}}(\boldsymbol{r}_2) \\ \vdots \\ E_z^{\text{inc}}(\boldsymbol{r}_N) \end{bmatrix} \tag{5-24}$$

其中：

$$E_z^{\text{inc}}(\boldsymbol{r}_m) = E_z \mathrm{e}^{-j\boldsymbol{\beta}\cdot\boldsymbol{r}_m} \tag{5-25}$$

$$z_{mn} = j\beta\eta\int_{C_n} G(\boldsymbol{\rho}_m, \boldsymbol{\rho}')\mathrm{d}l' \tag{5-26}$$

将二维自由空间格林函数 $G(\boldsymbol{\rho}, \boldsymbol{\rho}') = \frac{1}{4j}H_0^{(2)}(\beta|\boldsymbol{\rho} - \boldsymbol{\rho}'|)$ 代入，则：

$$z_{mn} = \frac{\beta\eta}{4}\int_{C_n} H_0^{(2)}(\beta\,|\,\boldsymbol{\rho}_m - \boldsymbol{\rho}'\,|)\mathrm{d}l' \tag{5-27}$$

对于积分 $z_{mn} = \frac{\beta\eta}{4}\int_{C_n} H_0^{(2)}(\beta\,|\,\boldsymbol{\rho}_m - \boldsymbol{\rho}'\,|)\mathrm{d}l'$，当 $m = n$ 时，积分内部会出现无穷大，此时需要进行奇异性处理。当自变量很小时，零阶汉克尔函数可以近似表示为：

$$H_0^{(2)}(x) \approx 1 - \frac{x^2}{4} - j\left\{\frac{2}{\pi}\ln\left(\frac{\gamma x}{2}\right) + \left[\frac{1}{2\pi} - \frac{1}{2\pi}\ln\left(\frac{\gamma x}{2}\right)\right]x^2\right\} + O(x^4) \tag{5-28}$$

令 $x = 0$ 并将 $H_0^{(2)}(x) \approx 1 - j\,\frac{2}{\pi}\ln\left(\frac{\gamma x}{2}\right)$ 代入自作用积分项，得：

$$z_{mn} \approx l_m\left\{1 - j\,\frac{2}{\pi}\left[\ln\left(\frac{\gamma\beta l_m}{4}\right) - 1\right]\right\} \tag{5-29}$$

式中，l_m 为第 m 条边的边长；$\gamma = 1.781\ 072\ 418\cdots$。

求解方程组得出基函数系数之后，可以利用辐射公式求出电磁散射场，公式如下：

$$E_z^{\text{sca}}(\boldsymbol{\rho}) = -\frac{\beta\eta}{4}\int_C J_{ez}(\boldsymbol{\rho}')H_0^{(2)}(\beta\,|\,\boldsymbol{\rho} - \boldsymbol{\rho}'\,|)\mathrm{d}l' \approx -\frac{\beta\eta}{4}\sum_{n=1}^{N} a_n l_n H_0^{(2)}(\beta\,|\,\boldsymbol{\rho} - \boldsymbol{\rho}_n\,|) \tag{5-30}$$

式中，l_n 为第 n 条边的长度；a_n 为第 n 条边对应的电流基函数系数。当计算远区散射场时，根据贝塞尔函数性质，第二类零阶汉克尔函数可以近似为：

$$H_0^{(2)}(\beta\rho) \approx \sqrt{\frac{2}{\pi\beta\rho}}\,\mathrm{e}^{j\frac{\pi}{4}}\mathrm{e}^{-j\beta\rho}$$

于是

$$E_z^{\text{sca}} \approx -\frac{\beta\eta}{4}\sum_{n=1}^{N} a_n l_n \sqrt{\frac{2}{\pi\beta\rho}}\,\mathrm{e}^{j\frac{\pi}{4}}\mathrm{e}^{-j\beta\rho} = -\eta\sqrt{\frac{\beta}{8\pi\rho}}\,\mathrm{e}^{j\frac{\pi}{4}}\sum_{n=1}^{N} a_n l_n \mathrm{e}^{-j\beta_n} \tag{5-31}$$

雷达散射截面为：

$$\sigma = 10\lg\left(2\pi r\,\frac{|E_z^{\text{sca}}|^2}{|E_z^{\text{inc}}|^2}\right) \tag{5-32}$$

计算半径为 1 m 的理想导体圆柱，入射角度为 0°，TM^z 极化，未知量为 360，用矩量法计算的双站 RCS 与 Mie 级数解比较，如图 5-2 所示。从图中可以看出，矩量法的计算结果与解析解完全吻合，说明矩量法是一种全波方法，计算精度非常高。

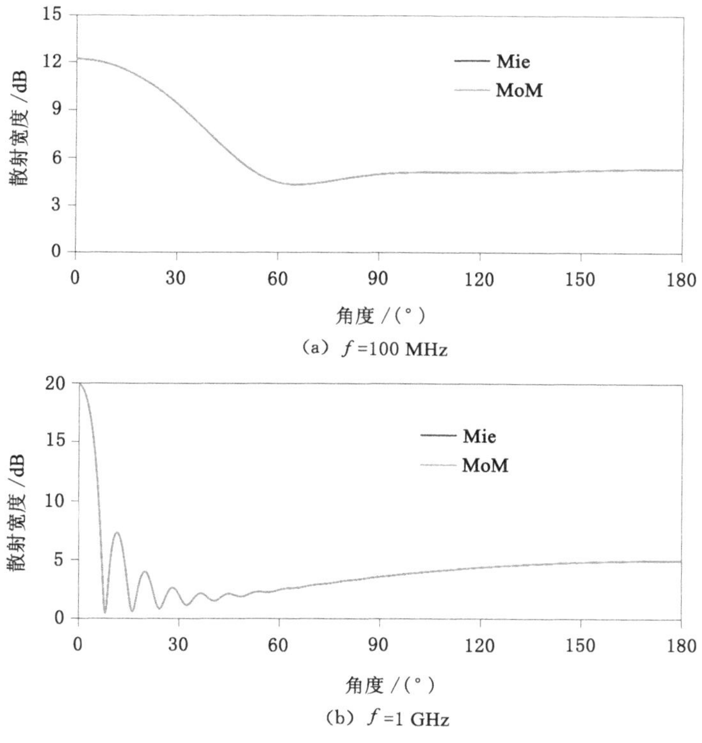

图 5-2　理想导体圆柱对 TM^z 极化波的散射($r=1$ m)

(2) 入射平面波为 TE^z 极化

如图 5-3 所示，TE^z 极化波沿着任意方向传播(图中为 $+x$ 方向)，其磁场方向为 $+z$ 方向，且垂直入射截面为任意形状的无限长柱(图中柱的截面为圆形)，柱的材料为理想导电体。柱在电磁波的照射下产生散射。下面将介绍如何利用矩量法计算散射场。

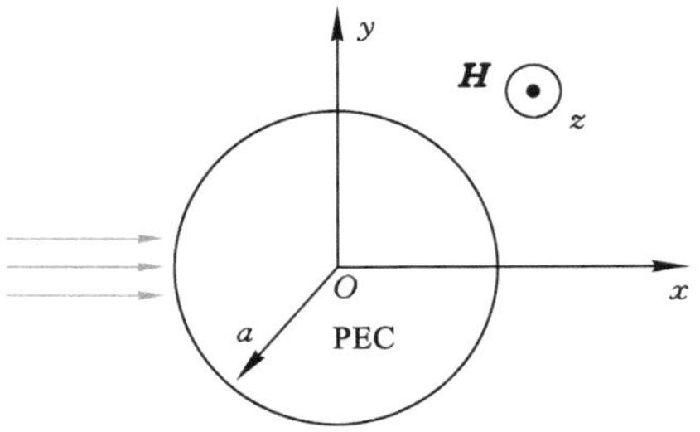

图 5-3　TE^z 极化平面波入射无限长 PEC 圆柱

根据电流辐射电磁场的公式，理想导体目标的散射电场能够用磁矢量位 $\boldsymbol{A}$ 表示为：

$$\boldsymbol{H}^{\mathrm{sca}}=\frac{1}{\mu}\hat{\boldsymbol{n}}\times\nabla\times\boldsymbol{A} \tag{5-33}$$

式中，$\boldsymbol{H}^{\mathrm{sca}}$ 为散射电场。

假设入射电场为 $\boldsymbol{E}^{\mathrm{inc}}$，根据边界条件，PEC 的切向电场为 0，则：

$$\hat{\boldsymbol{n}}\times(\boldsymbol{H}^{\mathrm{inc}}+\boldsymbol{H}^{\mathrm{sca}})=\boldsymbol{J}_{\mathrm{e}} \tag{5-34}$$

式中，$\hat{\boldsymbol{n}}$ 为单位外法向量；$\boldsymbol{J}_{\mathrm{e}}$ 为电流。于是：

$$\hat{\boldsymbol{n}}\times\boldsymbol{H}^{\mathrm{inc}}(\boldsymbol{\rho})=\boldsymbol{J}_{\mathrm{e}}(\boldsymbol{\rho})-\hat{\boldsymbol{n}}\times\boldsymbol{H}^{\mathrm{sca}}=\boldsymbol{J}_{\mathrm{e}}(\boldsymbol{\rho})-\frac{1}{\mu}\times\hat{\boldsymbol{n}}\,\nabla\times\boldsymbol{A} \tag{5-35}$$

当考虑 TE^z 极化平面波入射无限长 PEC 柱散射时，任何变量均不是 z 方向上的函数，且磁场 $\boldsymbol{H}^{\mathrm{inc}}(x,y)$ 只有 z 分量，$\boldsymbol{J}_{\mathrm{e}}(x,y)$ 只有 t 分量，于是：

$$\hat{\boldsymbol{n}}\times\hat{\boldsymbol{z}}H_z^{\mathrm{inc}}(\boldsymbol{\rho})=\hat{\boldsymbol{t}}J_{\mathrm{et}}(\boldsymbol{\rho})-\frac{1}{\mu}\hat{\boldsymbol{n}}\,\nabla\times\boldsymbol{A} \tag{5-36}$$

其中，对 $\hat{\boldsymbol{n}}$、$\hat{\boldsymbol{z}}$、$\hat{\boldsymbol{t}}$ 三个方向的定义如图 5-4 所示

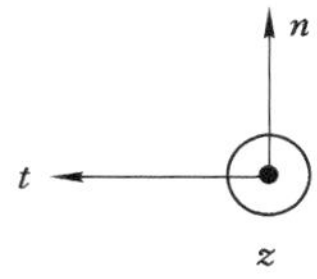

图 5-4　正交方向矢量定义

将 $\hat{\boldsymbol{z}}\times\hat{\boldsymbol{n}}=\hat{\boldsymbol{t}}$ 代入方程，得：

$$-\hat{\boldsymbol{t}}H_z^{\text{inc}}(\boldsymbol{\rho})=\hat{\boldsymbol{t}}J_{et}(\boldsymbol{\rho})-\frac{1}{\mu}\hat{\boldsymbol{n}}\times\nabla\times\boldsymbol{A} \tag{5-37}$$

将二维自由空间格林函数 $G(\boldsymbol{\rho},\boldsymbol{\rho}')=\frac{1}{4j}H_0^{(2)}(\beta|\boldsymbol{\rho}-\boldsymbol{\rho}'|)$ 和矢量位 $\boldsymbol{A}$ 的表达式代入，则：

$$\hat{\boldsymbol{t}}H_z^{\text{inc}}(\boldsymbol{\rho})=-\hat{\boldsymbol{t}}J_{et}(\boldsymbol{\rho})+\hat{\boldsymbol{n}}\times\int_C\nabla\left[\frac{1}{4j}H_0^{(2)}(\beta\mid\boldsymbol{\rho}-\boldsymbol{\rho}'\mid)\right]\times\hat{\boldsymbol{t}}'J_{et}(\boldsymbol{\rho}')\mathrm{d}l \tag{5-38}$$

由于$\nabla\left[\frac{1}{4j}H_0^{(2)}(\beta|\boldsymbol{\rho}-\boldsymbol{\rho}'|)\right]=-\frac{\beta}{4j}H_1^{(2)}(\beta|\boldsymbol{\rho}-\boldsymbol{\rho}'|)\hat{\boldsymbol{r}}$，于是：

$$\hat{\boldsymbol{t}}H_z^{\text{inc}}(\boldsymbol{\rho})=-\hat{\boldsymbol{t}}J_{et}(\boldsymbol{\rho})-\frac{\beta}{4j}\int_C\hat{\boldsymbol{n}}\times(\hat{\boldsymbol{r}}\times\hat{\boldsymbol{t}}')H_1^{(2)}(k\mid\boldsymbol{\rho}-\boldsymbol{\rho}'\mid)J_{et}(\boldsymbol{\rho}')\mathrm{d}l \tag{5-39}$$

根据矢量恒等式 $\boldsymbol{A}\times(\boldsymbol{B}\times\boldsymbol{C})=(\boldsymbol{A}\cdot\boldsymbol{C})\boldsymbol{B}-(\boldsymbol{A}\cdot\boldsymbol{B})\boldsymbol{C}$，得：

$$\hat{\boldsymbol{n}}\times(\hat{\boldsymbol{r}}\times\hat{\boldsymbol{t}}')=\hat{\boldsymbol{n}}\times[\hat{\boldsymbol{r}}\times(\hat{\boldsymbol{z}}\times\hat{\boldsymbol{n}}')]=\hat{\boldsymbol{n}}\times[(\hat{\boldsymbol{r}}\cdot\times\hat{\boldsymbol{n}}')\hat{\boldsymbol{z}}]=-(\hat{\boldsymbol{r}}\cdot\times\hat{\boldsymbol{n}}')\hat{\boldsymbol{t}} \tag{5-40}$$

于是

$$H_z^{\text{inc}}(\boldsymbol{\rho})=-J_{et}(\boldsymbol{\rho})+\frac{\beta}{4j}\int_C(\hat{\boldsymbol{r}}\cdot\hat{\boldsymbol{n}}')H_1^{(2)}(\beta\mid\boldsymbol{\rho}-\boldsymbol{\rho}'\mid)J_{et}(\boldsymbol{\rho}')\mathrm{d}l \tag{5-41}$$

式中，β 为波数；$\boldsymbol{\rho}$ 和 $\boldsymbol{\rho}'$ 分别表示观察点和源点的位置。

由于 $\lim\limits_{x\to x_n,y\to y_n}\frac{\beta}{4j}\int_{C_n}(\hat{\boldsymbol{n}}\cdot\hat{\boldsymbol{r}}')H_1^{(2)}(\beta\mid\boldsymbol{\rho}-\boldsymbol{\rho}'\mid)J_{et}(\boldsymbol{\rho}')\mathrm{d}l=\frac{1}{2}J_{et}(\boldsymbol{\rho})$，因此，积分方程可表示为主值积分：

$$H_z^{\text{inc}}(\boldsymbol{\rho})=-\frac{1}{2}J_{et}(\boldsymbol{\rho})+\frac{\beta}{4j}\int_{C-\delta C}(\hat{\boldsymbol{r}}\cdot\hat{\boldsymbol{n}}')H_1^{(2)}(\beta\mid\boldsymbol{\rho}-\boldsymbol{\rho}'\mid)J_{et}(\boldsymbol{\rho}')\mathrm{d}l' \tag{5-42}$$

式中，δC 为源点 $\boldsymbol{\rho}'$ 的邻域。

为了求解上述方程，需要用一组基函数$\{B_n\}$将电流展开：

$$J_{et}(\boldsymbol{\rho}')=\sum_{n=1}^{N}a_nB_n(\boldsymbol{\rho}) \tag{5-43}$$

其中，a_n 为基函数展开电流后的系数，代入积分方程可以得到：

$$H_z^{\text{inc}}(\boldsymbol{\rho})=-\frac{1}{2}J_{et}(\boldsymbol{\rho})+\frac{\beta}{4j}\sum_{\substack{n=1\\ \boldsymbol{r}\neq\boldsymbol{r}'}}^{N}a_n\int_{C_n}B_n(\hat{\boldsymbol{r}}\cdot\hat{\boldsymbol{n}}')H_1^{(2)}(\beta\mid\boldsymbol{\rho}-\boldsymbol{\rho}'\mid)\mathrm{d}l_n \tag{5-44}$$

用测试函数$\{T_m\}$对方程进行测试，得：

$$\int_C T_m(\boldsymbol{\rho}) H_z^{\text{inc}}(\boldsymbol{\rho})\mathrm{d}l = -\frac{1}{2}\int_{C_m} T_m(\boldsymbol{\rho})\sum_{n=1}^{N} a_n B_n(\boldsymbol{\rho})\mathrm{d}l_m + \frac{\beta}{4j}\sum_{\substack{n=1\\ \rho_{mn}\neq 0}}^{N} a_n \int_{C_m} T_m(\boldsymbol{\rho})\int_{C_n} B_n(\hat{\boldsymbol{r}}_{mn}\cdot\hat{\boldsymbol{n}}')H_1^{(2)}(\beta\rho_{mn})\mathrm{d}l'\mathrm{d}l \tag{5-45}$$

于是就形成了线性代数方程组：

$$\begin{bmatrix} z_{11} & z_{12} & \cdots & z_{1N} \\ z_{21} & z_{22} & \cdots & z_{2N} \\ \vdots & \vdots & \ddots & \vdots \\ z_{M1} & z_{M2} & \cdots & z_{MN} \end{bmatrix} \begin{bmatrix} a_1 \\ a_2 \\ \vdots \\ a_M \end{bmatrix} = \begin{bmatrix} v_1 \\ v_2 \\ \vdots \\ v_M \end{bmatrix} \tag{5-46}$$

其中：

$$z_{mn} = \begin{cases} \dfrac{\beta}{4j}\displaystyle\int_C T_m(\boldsymbol{\rho})\int_C B_n(\hat{\boldsymbol{r}}_{mn}\cdot\hat{\boldsymbol{n}}')H_1^{(2)}(\beta\rho_{mn})\mathrm{d}l'\mathrm{d}l & (m\neq n) \\ -\dfrac{1}{2}\displaystyle\int_{C_m} T_m(\boldsymbol{\rho})\mathrm{d}l & (m=n) \end{cases} \tag{5-47}$$

$$v_m = \int_{C_m} T_m(\boldsymbol{\rho})E_z^{\text{inc}}(\boldsymbol{\rho})\mathrm{d}l \tag{5-48}$$

将目标表面分解为若干子域，即用很多小的线段来模拟物体的外形。每个子域定义一个脉冲基函数，表达式为：

$$B_n(\boldsymbol{\rho}') = \begin{cases} 1 & (\boldsymbol{\rho}'\in C_n) \\ 0 & (\boldsymbol{\rho}'\notin C_n) \end{cases} \tag{5-49}$$

即每个子域的电流为一个常数。测试函数选择$\delta(\boldsymbol{\rho}-\boldsymbol{\rho}_m)$，$\boldsymbol{\rho}_m$为第$m$个子域的中点。因此，方程可以表示为：

$$\int_{C_m}\delta(\boldsymbol{\rho}-\boldsymbol{\rho}_m)H_z^{\text{inc}}(\boldsymbol{\rho})\mathrm{d}l = -\frac{1}{2}a_m\int_{C_m}\delta(\boldsymbol{\rho}-\boldsymbol{\rho}_m)\mathrm{d}l + \frac{\beta}{4j}\sum_{\substack{n=1\\ m\neq n}}^{N} a_n\int_{C_m}\delta(\boldsymbol{\rho}-\boldsymbol{\rho}_m)\int_{C_n}H_1^{(2)}(\beta\,|\,\boldsymbol{\rho}-\boldsymbol{\rho}_n\,|)\mathrm{d}l'\mathrm{d}l \tag{5-50}$$

化简为：

$$H_z^{\text{inc}}(\boldsymbol{\rho}_m) = -\frac{1}{2}a_m + \frac{\beta}{4j}\sum_{\substack{n=1\\ m\neq n}}^{N} a_n\int_{C_m}H_1^{(2)}(\beta\,|\,\boldsymbol{\rho}-\boldsymbol{\rho}_n\,|)\mathrm{d}l' \tag{5-51}$$

进一步写成方程组的形式为：

$$\begin{bmatrix} z_{11} & z_{12} & \cdots & z_{1N} \\ z_{21} & z_{22} & \cdots & z_{2N} \\ \vdots & \vdots & \ddots & \vdots \\ z_{N1} & z_{N2} & \cdots & z_{NN} \end{bmatrix} \begin{bmatrix} a_1 \\ a_2 \\ \vdots \\ a_N \end{bmatrix} = \begin{bmatrix} H_z^{\text{inc}}(\boldsymbol{\rho}_1) \\ H_z^{\text{inc}}(\boldsymbol{\rho}_2) \\ \vdots \\ H_z^{\text{inc}}(\boldsymbol{\rho}_N) \end{bmatrix} \tag{5-52}$$

其中：

$$H_z^{\text{inc}}(C_m) = H_0 \mathrm{e}^{-j\boldsymbol{\beta}\cdot\boldsymbol{\rho}_m} \tag{5-53}$$

$$z_{mn} = \begin{cases} -\dfrac{1}{2} & (m=n) \\ \dfrac{\beta}{4j}\displaystyle\int_{C_n} (\hat{\boldsymbol{r}}_{mn}\cdot\hat{\boldsymbol{n}}')H_1^{(2)}(\beta\,|\,\boldsymbol{\rho}_m-\boldsymbol{\rho}\,|)\mathrm{d}l' & (m\neq n) \end{cases} \tag{5-54}$$

求解方程组得出基函数系数之后，可以利用辐射公式求出电磁散射场：

$$\begin{aligned} H_z^{\text{sca}}(\boldsymbol{\rho}) &= -\frac{\beta}{4j}\int_C (\hat{\boldsymbol{r}}\cdot\hat{\boldsymbol{n}}')H_1^{(2)}(\beta\,|\,\boldsymbol{\rho}-\boldsymbol{\rho}'\,|)J_{\text{ei}}(\boldsymbol{\rho}')\mathrm{d}l' \\ &\approx -\frac{\beta}{4j}\sum_{i=1}^{N} a_i l_i(\hat{\boldsymbol{r}}\cdot\hat{\boldsymbol{n}}')H_1^{(2)}(\beta\,|\,\boldsymbol{\rho}-\boldsymbol{\rho}'\,|) \end{aligned} \tag{5-55}$$

式中，l_i 为第 i 条边的长度，j_{ei} 为第 i 条边对应的电流基函数系数。当计算远区散射场时，根据贝塞尔函数性质，第二类一阶汉克尔函数可以近似为：

$$H_1^{(2)}(\beta\rho) \approx \sqrt{\frac{2}{\pi\beta r}}\mathrm{e}^{j\frac{3}{4}\pi}\mathrm{e}^{-j\beta r}$$

于是

$$H_z^{\text{sca}} \approx -\frac{\beta}{4j}\sum_{i=1}^{N} a_i l_i(\hat{\boldsymbol{r}}\cdot\hat{\boldsymbol{n}}')\sqrt{\frac{2}{\pi\beta r}}\mathrm{e}^{j\frac{3}{4}\pi}\mathrm{e}^{-j\beta\rho_i} = -\sqrt{\frac{\beta}{8\pi\rho}}\mathrm{e}^{j\frac{\pi}{4}}\sum_{i=1}^{N} a_i l_i(\hat{\boldsymbol{r}}\cdot\hat{\boldsymbol{n}}')\mathrm{e}^{-j\beta\rho_i} \tag{5-56}$$

雷达散射截面为：

$$\sigma = 10\lg\left(2\pi r\frac{|\,H_z^{\text{sca}}\,|^2}{|\,H_z^{\text{inc}}\,|^2}\right) = 10\lg\left|\frac{\beta}{4}\left[\sum_{i=1}^{N} a_i l_i(\hat{\boldsymbol{r}}\cdot\hat{\boldsymbol{n}}')\mathrm{e}^{-j\beta r_i}\right]^2\right| \tag{5-57}$$

计算半径为 1 m 的理想导体圆柱，入射角度为 0°，TE^z 极化，未知量为 360，用矩量法计算的双站 RCS 与 Mie 级数解比较，如图 5-5 所示。从图中可以看出，矩量法的计算结果与解析解完全吻合，说明矩量法是一种全波方法，计算精度非常高。

5.3.2　均匀介质柱

(1) 入射平面波为 TM^z 极化

如图 5-6 所示，TM^z 极化波沿着任意方向传播（图中为 $+x$ 方向），其电场方向为 $+z$ 方向，且垂直入射截面为任意形状的无限长柱（图中柱的截面为圆形），

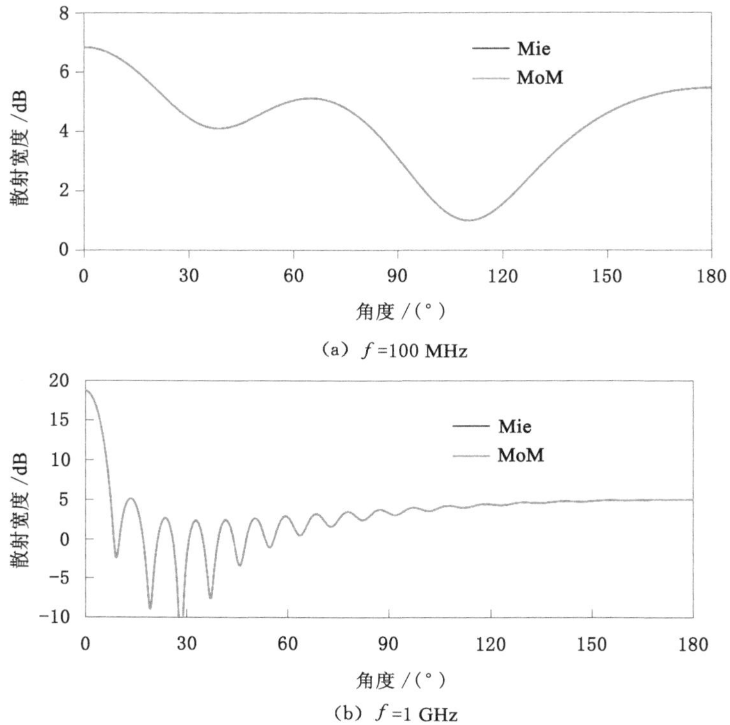

(a) f=100 MHz

(b) f=1 GHz

图 5-5　理想导体圆柱对 TE^z 极化波的散射($r=1$ m)

柱的材料为均匀介质，其介电常数为 ε，磁导率为 μ。柱在电磁波的照射下产生散射，下面将介绍如何利用矩量法计算散射场。

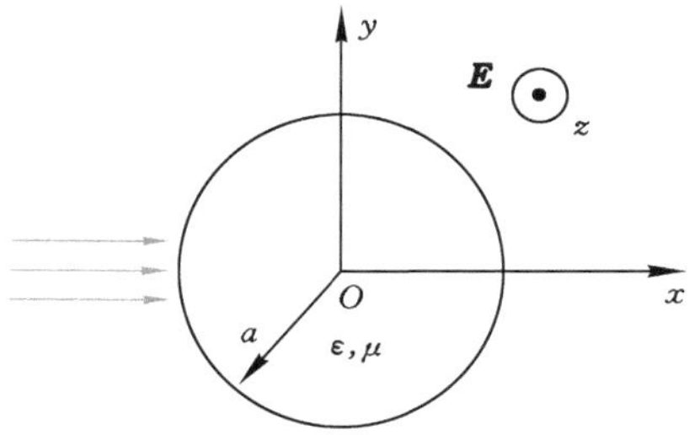

图 5-6　TM^z 极化平面波入射无限长均匀介质圆柱

均匀介质目标的散射电场能够用磁矢量位函数和电矢量位函数表示为：

$$\boldsymbol{E}^{\mathrm{sca}}=-j\omega\boldsymbol{A}-\frac{j}{\omega\mu\varepsilon}\nabla(\nabla\cdot\boldsymbol{A})-\frac{1}{\varepsilon}\hat{\boldsymbol{n}}\times\nabla\times\boldsymbol{F} \tag{5-58}$$

式中，$\boldsymbol{E}^{\mathrm{sca}}$ 为散射电场；$\boldsymbol{A}$ 为表面等效电流产生的矢量位函数；$\boldsymbol{F}$ 为表面等效磁流产生的矢量位函数。

根据介质表面的边界条件，切向电场对应表面磁流密度，则：

$$\hat{\boldsymbol{n}} \times (\boldsymbol{E}^{\mathrm{inc}} + \boldsymbol{E}^{\mathrm{sca}}) = -\boldsymbol{J}_{\mathrm{m}} \tag{5-59}$$

式中，$\hat{\boldsymbol{n}}$ 为单位外法向量；$\boldsymbol{J}_{\mathrm{m}}$ 为磁流密度，于是：

$$\begin{aligned}\hat{\boldsymbol{n}} \times \boldsymbol{E}^{\mathrm{inc}} &= -\boldsymbol{J}_{m} - \hat{\boldsymbol{n}} \times \boldsymbol{E}^{\mathrm{sca}} \\ &= -\boldsymbol{J}_{\mathrm{m}} + j\omega\hat{\boldsymbol{n}} \times \boldsymbol{A} + \frac{j}{\omega\mu\varepsilon}\hat{\boldsymbol{n}} \times \nabla(\nabla \cdot \boldsymbol{A}) + \frac{1}{\varepsilon}\hat{\boldsymbol{n}} \times \nabla \times \boldsymbol{F}\end{aligned} \tag{5-60}$$

当考虑 TM^z 极化波入射时，任何变量均不是 z 方向上的函数，电场 $\boldsymbol{E}^{\mathrm{inc}}(x,y)$ 只有 z 分量，磁矢量位 $\boldsymbol{A}(x,y)$ 只有 z 分量，且 $\nabla \cdot \boldsymbol{A} = \frac{\partial A_x}{\partial x} + \frac{\partial A_y}{\partial y} + \frac{\partial A_z}{\partial z} = 0$，代入 $\boldsymbol{A}$ 和 $\boldsymbol{F}$ 的表达式，于是：

$$\begin{aligned}\hat{\boldsymbol{n}} \times \hat{\boldsymbol{z}}\boldsymbol{E}_z^{\mathrm{inc}} = &-\hat{\boldsymbol{t}}J_{mt} + j\beta\eta\hat{\boldsymbol{n}} \times \hat{\boldsymbol{z}}\int_C G(\boldsymbol{\rho},\boldsymbol{\rho}')J_{ez}(\boldsymbol{\rho}')\mathrm{d}l' + \\ &\hat{\boldsymbol{n}} \times \int_C \nabla G(\boldsymbol{\rho},\boldsymbol{\rho}') \times \hat{\boldsymbol{t}}'J_{mt}(\boldsymbol{\rho}')\mathrm{d}l'\end{aligned} \tag{5-61}$$

引入二维自由空间格林函数：

$$\begin{aligned}G(\boldsymbol{\rho},\boldsymbol{\rho}') &= \frac{1}{4j}H_0^{(2)}(\beta \mid \boldsymbol{\rho} - \boldsymbol{\rho}' \mid) - \hat{\boldsymbol{t}}E_z^{\mathrm{inc}} \\ &= -\hat{\boldsymbol{t}}J_{mt} - \frac{k\eta}{4}\hat{\boldsymbol{t}}\int_C H_0^{(2)}(k \mid \boldsymbol{\rho} - \boldsymbol{\rho}' \mid)J_{ez}(\boldsymbol{\rho}')\mathrm{d}l - \\ &\quad \frac{k}{4j}\int_C \hat{\boldsymbol{n}} \times (\hat{\boldsymbol{r}} \times \hat{\boldsymbol{t}}')H_1^{(2)}(k \mid \boldsymbol{\rho} - \boldsymbol{\rho}' \mid)J_{mt}\mathrm{d}l'\end{aligned} \tag{5-62}$$

根据矢量恒等式 $\boldsymbol{A} \times (\boldsymbol{B} \times \boldsymbol{C}) = (\boldsymbol{A} \cdot \boldsymbol{C})\boldsymbol{B} - (\boldsymbol{A} \cdot \boldsymbol{B})\boldsymbol{C}$，得：

$$\hat{\boldsymbol{n}} \times (\hat{\boldsymbol{r}} \times \hat{\boldsymbol{t}}') = \hat{\boldsymbol{n}} \times [\hat{\boldsymbol{r}} \times (\hat{\boldsymbol{z}} \times \hat{\boldsymbol{n}}')] = \hat{\boldsymbol{n}} \times [(\hat{\boldsymbol{r}} \cdot \hat{\boldsymbol{n}}')\hat{\boldsymbol{z}}] = -(\hat{\boldsymbol{r}} \cdot \hat{\boldsymbol{n}}')\hat{\boldsymbol{t}} \tag{5-63}$$

于是

$$\begin{aligned}E_z^{\mathrm{inc}} = J_{mt} &+ \frac{\beta\eta}{4}\int_C H_0^{(2)}(\beta \mid \boldsymbol{\rho} - \boldsymbol{\rho}' \mid)J_{ez}(\boldsymbol{\rho}')\mathrm{d}l' - \\ &\frac{\beta}{4j}\int_C (\hat{\boldsymbol{r}} \cdot \hat{\boldsymbol{n}}')H_1^{(2)}(\beta \mid \boldsymbol{\rho} - \boldsymbol{\rho}' \mid)J_{mt}(\boldsymbol{\rho}')\mathrm{d}l'\end{aligned} \tag{5-64}$$

对于外表面，波数和波阻抗分别为 β_0 和 η_0，则外表面的方程为：

$$\begin{aligned}E_z^{\mathrm{inc}} = J_{mt} &+ \frac{\beta_0\eta_0}{4}\int_C H_0^{(2)}(\beta_0 \mid \boldsymbol{\rho} - \boldsymbol{\rho}' \mid)J_{ez}(\boldsymbol{\rho}')\mathrm{d}l' - \\ &\frac{\beta_0}{4j}\int_C (\hat{\boldsymbol{r}} \cdot \hat{\boldsymbol{n}}')H_1^{(2)}(\beta_0 \mid \boldsymbol{\rho} - \boldsymbol{\rho}' \mid)J_{mt}\mathrm{d}l'\end{aligned} \tag{5-65}$$

对于内表面，波数和波阻抗分别为 β_d 和 η_d，且入射场 $\boldsymbol{E}^{inc}=0$。若物体外表面产生等效电流 $\boldsymbol{J}_e$ 和磁流 $\boldsymbol{J}_m$，物体内表面则对应产生等效电流 $-\boldsymbol{J}_e$ 和磁流 $-\boldsymbol{J}_m$。因此，得到内表面的方程为：

$$0=-J_{mt}+\frac{\beta_d\eta_d}{4}\int_C H_0^{(2)}(\beta_d\,|\boldsymbol{\rho}-\boldsymbol{\rho}'|)J_{ez}(\boldsymbol{\rho}')\mathrm{d}l'-\frac{\beta_d}{4j}\int_C(\hat{\boldsymbol{r}}\cdot\hat{\boldsymbol{n}}')H_1^{(2)}(\beta_d\,|\boldsymbol{\rho}-\boldsymbol{\rho}'|)J_{mt}\mathrm{d}l' \tag{5-66}$$

这里要注意的是，在推导内表面方程的时候注意电流、磁流和法线均要改变方向。考虑积分主值项的作用，则：

$$E_z^{inc}=\frac{1}{2}J_{mt}+\frac{\beta_0\eta_0}{4}\int_C H_0^{(2)}(\beta_0\,|\boldsymbol{\rho}-\boldsymbol{\rho}'|)J_{ez}(\boldsymbol{\rho}')\mathrm{d}l'-\frac{\beta_0}{4j}\int_{C-\delta C}(\hat{\boldsymbol{r}}\cdot\hat{\boldsymbol{n}}')H_1^{(2)}(\beta_0\,|\boldsymbol{\rho}-\boldsymbol{\rho}'|)J_{mt}(\boldsymbol{\rho}')\mathrm{d}l' \tag{5-67}$$

$$0=-\frac{1}{2}J_{mt}+\frac{\beta_d\eta_d}{4}\int_C H_0^{(2)}(\beta_d\,|\boldsymbol{\rho}-\boldsymbol{\rho}'|)J_{ez}(\boldsymbol{\rho}')\mathrm{d}l'-\frac{\beta_d}{4j}\int_{C-\delta C}(\hat{\boldsymbol{r}}\cdot\hat{\boldsymbol{n}}')H_1^{(2)}(\beta_d\,|\boldsymbol{\rho}-\boldsymbol{\rho}'|)J_{mt}(\boldsymbol{\rho}')\mathrm{d}l' \tag{5-68}$$

式中，$|\boldsymbol{\rho}-\boldsymbol{\rho}'|=\sqrt{(x-x')^2+(y-y')^2}$，为场点和源点之间的距离。

求解方程组得出基函数系数之后，可以利用辐射公式求出电磁散射场，公式如下：

$$\begin{aligned}E_z^{sca}=&-\frac{\beta_0\eta_0}{4}\int_C H_0^{(2)}(\beta_0\,|\boldsymbol{\rho}-\boldsymbol{\rho}'|)J_{ez}(\boldsymbol{\rho}')\mathrm{d}l'+\frac{\beta_0}{4j}\int_{C-\delta C}(\hat{\boldsymbol{r}}\cdot\hat{\boldsymbol{n}}')H_1^{(2)}(\beta_0\,|\boldsymbol{\rho}-\boldsymbol{\rho}'|)J_{mt}(\boldsymbol{\rho}')\mathrm{d}l'\\ \approx&-\frac{\beta_0\eta_0}{4}\sum_{i=1}^{N}a_il_iH_0^{(2)}(\beta_0\,|\boldsymbol{\rho}-\boldsymbol{\rho}_i'|)+\frac{\beta_0}{4j}\sum_{i=1}^{N}b_il_i(\hat{\boldsymbol{r}}\cdot\hat{\boldsymbol{n}}')H_1^{(2)}(\beta_0\,|\boldsymbol{\rho}-\boldsymbol{\rho}_i'|)\end{aligned} \tag{5-69}$$

式中，l_i 为第 i 条边的长度，a_i 和 b_i 为第 i 条边对应的电流和磁流的基函数系数。

当计算远区散射场时，根据贝塞尔函数性质，第二类零阶汉克尔函数可以近似为 $H_0^{(2)}(\beta\rho)\approx\sqrt{\frac{2}{\pi\beta\rho}}\mathrm{e}^{j\frac{\pi}{4}}\mathrm{e}^{-j\beta\rho}$，第二类一阶汉克尔函数可以近似为 $H_1^{(2)}(\beta\rho)\approx\sqrt{\frac{2}{\pi\beta\rho}}\mathrm{e}^{j\frac{3}{4}\pi}\mathrm{e}^{-j\beta\rho}$，于是：

$$E_z^{\mathrm{sca}} \approx -\frac{\beta_0 \eta_0}{4}\sum_{i=1}^{N} a_i l_i \sqrt{\frac{2}{\pi\beta_0\rho}}\mathrm{e}^{j\frac{\pi}{4}}\mathrm{e}^{-j\beta_0\rho_i} + \frac{\beta_0}{4j}\sum_{i=1}^{N} b_i l_i (\hat{\boldsymbol{r}}\cdot\hat{\boldsymbol{n}}')\sqrt{\frac{2}{\pi\beta_0\rho}}\mathrm{e}^{j\frac{3}{4}\pi}\mathrm{e}^{-j\beta_0\rho_i}$$
$$= -\eta_0\sqrt{\frac{\beta_0}{8\pi\rho}}\mathrm{e}^{j\frac{\pi}{4}}\sum_{i=1}^{N} a_i l_i \mathrm{e}^{-j\beta\rho_i} + \sqrt{\frac{\beta_0}{8\pi\rho}}\mathrm{e}^{j\frac{\pi}{4}}\sum_{i=1}^{N} b_i l_i (\hat{\boldsymbol{r}}\cdot\hat{\boldsymbol{n}}')\mathrm{e}^{-j\beta\rho_i} \tag{5-70}$$

雷达散射截面为：

$$\sigma = 10\lg\left(2\pi\frac{|E_z^{\mathrm{sca}}|^2}{|E_z^{\mathrm{inc}}|^2}\right) = 10\lg\left|\frac{\beta}{4}\left[-\eta_0\sum_{i=1}^{N} a_i l_i \mathrm{e}^{-j\beta r_i} + \sum_{i=1}^{N} b_i l_i (\hat{\boldsymbol{r}}\cdot\hat{\boldsymbol{n}}')\mathrm{e}^{-j\beta r_i}\right]^2\right| \tag{5-71}$$

计算半径为 1 m 的均匀介质圆柱，相对介电常数为 4，相对磁导率为 1，入射角度为 0°，TM^z 极化，未知量为 720，用矩量法计算的双站 RCS 与 Mie 级数解比较如图 5-7 和图 5-8 所示。从图中可以看出，矩量法的计算结果与解析解完全吻合，说明矩量法是一种全波方法，计算精度非常高。

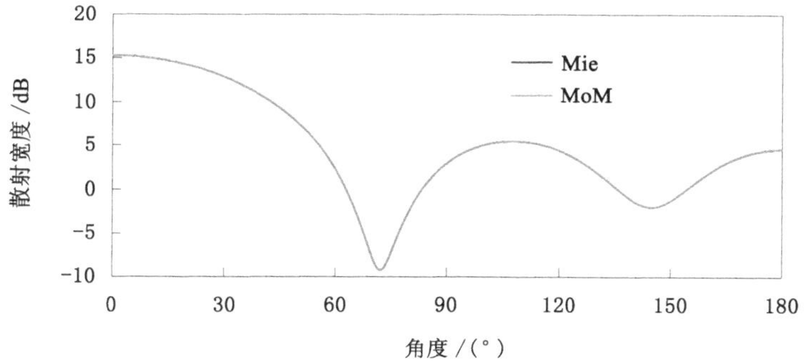

(a) f=100 MHz

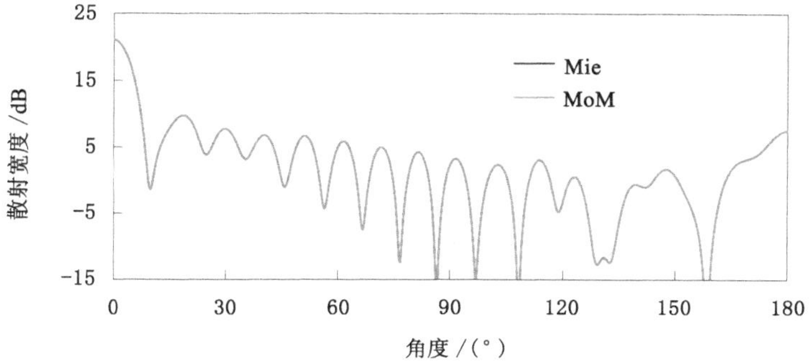

(b) f=1 GHz

图 5-7　均匀介质圆柱对 TM^z 极化波的散射($r=1$ m，$\varepsilon_r=4$，$\mu_r=1$)

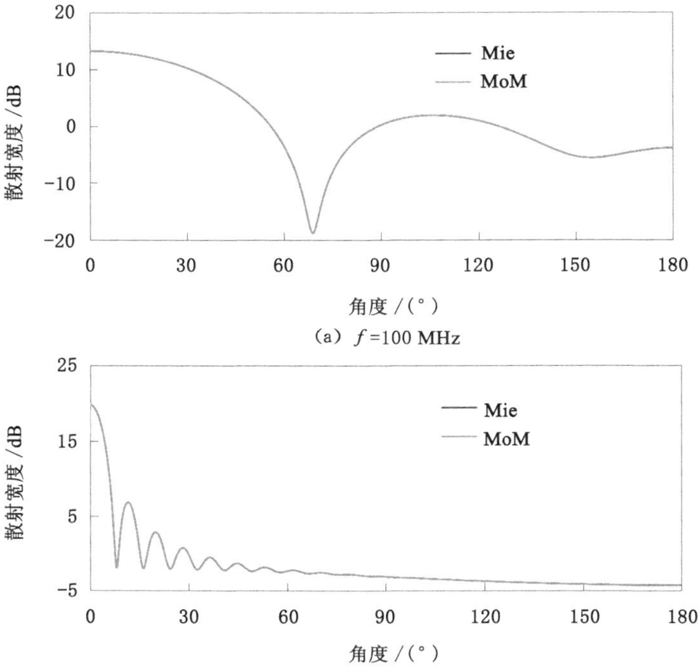

(a) f=100 MHz

(b) f=1 GHz

图 5-8 均匀介质圆柱对 TM^z 极化波的散射($r=1$ m,$\varepsilon_r=4-j$,$\mu_r=1$)

(2) 入射平面波为 TE^z 极化

如图 5-9 所示,TE^z 极化波沿着任意方向传播(图中为$+x$ 方向),其磁场方向为$+z$ 方向,且垂直入射截面为任意形状的无限长柱(图中柱的截面为圆形),柱的材料为均匀介质,其介电常数为 ε,磁导率为 μ。柱在电磁波的照射下产生散射,下面将介绍如何利用矩量法计算散射场。

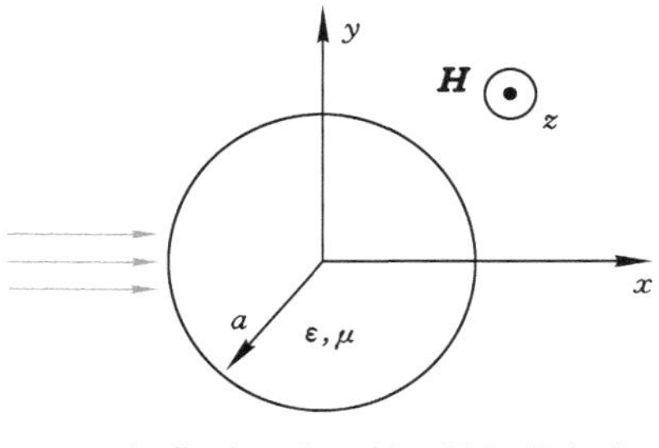

图 5-9 TE^z 极化平面波入射无限长均匀介质圆柱

均匀介质目标的散射磁场能够用磁矢量位函数和电矢量位函数表示为：

$$\boldsymbol{H}^{\text{sca}} = -j\omega \boldsymbol{F} - \frac{j}{\omega\mu\varepsilon}\nabla(\nabla \cdot \boldsymbol{F}) + \frac{1}{\mu}\nabla \times \boldsymbol{A} \tag{5-72}$$

式中，$\boldsymbol{H}^{\text{sca}}$ 为散射电场；$\boldsymbol{A}$ 为表面等效电流产生的矢量位函数；$\boldsymbol{F}$ 为表面等效磁流产生的矢量位函数。

根据介质表面的边界条件，切向磁场对应表面电流，则：

$$\hat{\boldsymbol{n}} \times (\boldsymbol{H}^{\text{inc}} + \boldsymbol{H}^{\text{sca}}) = \boldsymbol{J}_{\text{e}} \tag{5-73}$$

式中，$\hat{\boldsymbol{n}}$ 为单位外法向量；$\boldsymbol{J}_{\text{e}}$ 为电流密度，于是：

$$\hat{\boldsymbol{n}} \times \boldsymbol{H}^{\text{inc}} = \boldsymbol{J}_{\text{e}} - \hat{\boldsymbol{n}} \times \boldsymbol{H}^{\text{sca}} = \boldsymbol{J}_{\text{e}} + j\omega\hat{\boldsymbol{n}} \times \boldsymbol{F} + \frac{j}{\omega\mu\varepsilon}\hat{\boldsymbol{n}} \times \nabla(\nabla \cdot \boldsymbol{F}) - \frac{1}{\mu}\hat{\boldsymbol{n}} \times \nabla \cdot \boldsymbol{A} \tag{5-74}$$

当考虑 TE^z 极化波入射时，任何变量均不是 z 方向上的函数，磁场 $\boldsymbol{H}^{\text{inc}}(x,y)$ 只有 z 分量，电矢量位 $\boldsymbol{F}(x,y)$ 只有 z 分量，且 $\nabla \cdot \boldsymbol{F} = \frac{\partial F_x}{\partial x} + \frac{\partial F_y}{\partial xy} + \frac{\partial F_z}{\partial z} = 0$，代入 $\boldsymbol{A}$ 和 $\boldsymbol{F}$ 的表达式，于是：

$$\begin{aligned}\hat{\boldsymbol{n}} \times \hat{\boldsymbol{z}} E_z^{\text{inc}} = \hat{\boldsymbol{t}} J_{et} + j\,\frac{\beta}{\eta}\hat{\boldsymbol{n}} \times \hat{\boldsymbol{z}}\int_C G(\boldsymbol{\rho},\boldsymbol{\rho}')J_{mz}(\boldsymbol{\rho}')\mathrm{d}l' - \\ \hat{\boldsymbol{n}} \times \int_C \nabla G(\boldsymbol{\rho},\boldsymbol{\rho}') \times \hat{\boldsymbol{t}}' J_{et}(\boldsymbol{\rho}')\mathrm{d}l'\end{aligned} \tag{5-75}$$

引入二维自由空间格林函数：

$$\begin{aligned}G(\boldsymbol{\rho},\boldsymbol{\rho}') &= \frac{1}{4j}H_0^{(2)}(\beta\,|\,\boldsymbol{\rho} - \boldsymbol{\rho}'\,|) - \hat{\boldsymbol{t}} H_z^{\text{inc}} \\ &= \hat{\boldsymbol{t}} J_{et} - \frac{\beta\eta}{4}\hat{\boldsymbol{t}}\int_C H_0^{(2)}(\beta\,|\,\boldsymbol{\rho} - \boldsymbol{\rho}'\,|)J_{mz}(\boldsymbol{\rho}')\mathrm{d}l' + \\ &\quad \frac{\beta}{4j}\int_C \hat{\boldsymbol{n}} \times (\hat{\boldsymbol{r}} \times \hat{\boldsymbol{t}}')H_1^{(2)}(\beta\,|\,\boldsymbol{\rho} - \boldsymbol{\rho}'\,|)J_{et}(\boldsymbol{\rho}')\mathrm{d}l'\end{aligned} \tag{5-76}$$

根据矢量恒等式 $\boldsymbol{A} \times (\boldsymbol{B} \times \boldsymbol{C}) = (\boldsymbol{A} \cdot \boldsymbol{C})\boldsymbol{B} - (\boldsymbol{A} \cdot \boldsymbol{B})\boldsymbol{C}$，得：

$$\hat{\boldsymbol{n}} \times (\hat{\boldsymbol{r}} \times \hat{\boldsymbol{t}}') = \hat{\boldsymbol{n}} \times [\hat{\boldsymbol{r}} \times (\hat{\boldsymbol{n}}' \times \hat{\boldsymbol{z}})] = \hat{\boldsymbol{n}} \times [-(\hat{\boldsymbol{r}} \cdot \hat{\boldsymbol{n}}')\hat{\boldsymbol{z}}] = -(\hat{\boldsymbol{r}} \cdot \hat{\boldsymbol{n}}')\hat{\boldsymbol{t}} \tag{5-77}$$

于是

$$\begin{aligned}H_z^{\text{inc}} = -J_{et} + \frac{\beta}{4\eta}\int_C H_0^{(2)}(\beta\,|\,\boldsymbol{\rho} - \boldsymbol{\rho}'\,|)J_{mz}(\boldsymbol{\rho}')\mathrm{d}l' + \\ \frac{k}{4j}\int_C (\hat{\boldsymbol{r}} \cdot \hat{\boldsymbol{n}}')H_1^{(2)}(k\,|\,\boldsymbol{\rho} - \boldsymbol{\rho}'\,|)J_{et}(\boldsymbol{\rho}')\mathrm{d}l'\end{aligned} \tag{5-78}$$

对于外表面，波数和波阻抗分别为 β_0 和 η_0，则外表面的方程为：

$$H_z^{\mathrm{inc}}=-J_{\mathrm{et}}+\frac{\beta_0}{4\eta_0}\int_C H_0^{(2)}(\beta_0\mid\boldsymbol{\rho}-\boldsymbol{\rho}'\mid)J_{\mathrm{m}z}(\boldsymbol{\rho}')\mathrm{d}l'+$$

$$\frac{\beta_0}{4j}\int_C(\hat{\boldsymbol{r}}\cdot\hat{\boldsymbol{n}}')H_1^{(2)}(\beta_0\mid\boldsymbol{\rho}-\boldsymbol{\rho}'\mid)J_{\mathrm{et}}(\boldsymbol{\rho}')\mathrm{d}l' \tag{5-79}$$

对于内表面，波数和波阻抗分别为 β_{d} 和 η_{d}，且入射场 $\boldsymbol{H}^{\mathrm{inc}}=0$。若物体外表面产生等效电流 $\boldsymbol{J}_{\mathrm{e}}$ 和磁流 $\boldsymbol{J}_{\mathrm{m}}$，物体内表面则对应产生等效电流 $-\boldsymbol{J}_{\mathrm{e}}$ 和磁流 $-\boldsymbol{J}_{\mathrm{m}}$。因此，得到内表面的方程为：

$$0=J_{\mathrm{et}}+\frac{\beta_{\mathrm{d}}}{4\eta_{\mathrm{d}}}\int_C H_0^{(2)}(\beta_{\mathrm{d}}\mid\boldsymbol{\rho}-\boldsymbol{\rho}'\mid)J_{\mathrm{m}z}(\boldsymbol{\rho}')\mathrm{d}l'+$$

$$\frac{\beta_{\mathrm{d}}}{4j}\int_S(\hat{\boldsymbol{r}}\cdot\hat{\boldsymbol{n}}')H_1^{(2)}(\beta_{\mathrm{d}}\mid\boldsymbol{\rho}-\boldsymbol{\rho}'\mid)J_{\mathrm{et}}(\boldsymbol{\rho}')\mathrm{d}l' \tag{5-80}$$

在推导内表面方程的时候注意电流、磁流和法线均要改变方向。考虑积分主值项的作用，则：

$$H_z^{\mathrm{inc}}=-\frac{1}{2}J_{\mathrm{et}}+\frac{\beta_0}{4\eta_0}\int_C H_0^{(2)}(\beta_0\mid\boldsymbol{\rho}-\boldsymbol{\rho}'\mid)J_{\mathrm{m}z}(\boldsymbol{\rho}')\mathrm{d}l'+$$

$$\frac{\beta_0}{4j}\int_{C-\delta C}(\hat{\boldsymbol{r}}\cdot\hat{\boldsymbol{n}}')H_1^{(2)}(\beta_0\mid\boldsymbol{\rho}-\boldsymbol{\rho}'\mid)J_{\mathrm{et}}(\boldsymbol{\rho}')\mathrm{d}l' \tag{5-81}$$

$$0=\frac{1}{2}J_{\mathrm{et}}+\frac{\beta_{\mathrm{d}}}{4\eta_{\mathrm{d}}}\int_C H_0^{(2)}(\beta_{\mathrm{d}}\mid\boldsymbol{\rho}-\boldsymbol{\rho}'\mid)J_{\mathrm{m}z}(\boldsymbol{\rho}')\mathrm{d}l'+$$

$$\frac{\beta_{\mathrm{d}}}{4j}\int_{C-\delta C}(\hat{\boldsymbol{r}}\cdot\hat{\boldsymbol{n}}')H_1^{(2)}(\beta_{\mathrm{d}}\mid\boldsymbol{\rho}-\boldsymbol{\rho}'\mid)J_{\mathrm{et}}(\boldsymbol{\rho}')\mathrm{d}l' \tag{5-82}$$

式中，$|\boldsymbol{\rho}-\boldsymbol{\rho}'|=\sqrt{(x-x')^2+(y-y')^2}$，为场点和源点之间的距离。

求解方程组得出基函数系数之后，可以利用辐射公式求出电磁散射场，公式如下：

$$E_z^{\mathrm{sca}}=-\frac{\beta_0}{4\eta_0}\int_C H_0^{(2)}(\beta\mid\boldsymbol{\rho}-\boldsymbol{\rho}'\mid)J_{\mathrm{m}z}(\boldsymbol{\rho}')\mathrm{d}l'-\frac{\beta_0}{4j}\int_C(\hat{\boldsymbol{r}}\cdot\hat{\boldsymbol{n}}')H_1^{(2)}(\beta\mid\boldsymbol{\rho}-\boldsymbol{\rho}'\mid)J_{\mathrm{et}}(\boldsymbol{\rho}')\mathrm{d}l'$$

$$\approx-\frac{\beta_0}{4\eta_0}\sum_{i=1}^{N}b_i l_i H_0^{(2)}(\beta_0\mid\boldsymbol{\rho}-\boldsymbol{\rho}_i'\mid)-\frac{\beta_0}{4j}\sum_{i=1}^{N}a_i l_i(\hat{\boldsymbol{r}}\cdot\hat{\boldsymbol{n}}')H_1^{(2)}(\beta_0\mid\boldsymbol{\rho}-\boldsymbol{\rho}_i'\mid) \tag{5-83}$$

式中，l_i 为第 i 条边的长度；a_i 和 b_i 为第 i 条边对应的电流和磁流的基函数系数。

当计算远区散射场时，根据贝塞尔函数性质，第二类零阶汉克尔函数可以近似为 $H_0^{(2)}(\beta\rho)\approx\sqrt{\frac{2}{\pi\beta\rho}}\mathrm{e}^{j\frac{\pi}{4}}\mathrm{e}^{-j\beta\rho}$，第二类一阶汉克尔函数可以近似为 $H_1^{(2)}(\beta\rho)\approx\sqrt{\frac{2}{\pi\beta\rho}}\mathrm{e}^{j\frac{3}{4}\pi}\mathrm{e}^{-j\beta\rho}$，于是：

$$E_z^{\text{sca}} \approx -\frac{\beta_0}{4\eta_0}\sum_{i=1}^{N} b_i l_i \sqrt{\frac{2}{\pi\beta_0\rho}} e^{j\frac{\pi}{4}} e^{-j\beta_0\rho_i} - \frac{\beta_0}{4j}\sum_{i=1}^{N} a_i l_i (\hat{\boldsymbol{r}} \cdot \hat{\boldsymbol{n}}') \sqrt{\frac{2}{\pi\beta_0\rho}} e^{j\frac{3}{4}\pi} e^{-j\beta_0\rho_i}$$

$$= -\frac{1}{\eta_0}\sqrt{\frac{\beta_0}{8\pi\rho}} e^{j\frac{\pi}{4}} \sum_{i=1}^{N} b_i l_i e^{-j\beta\rho_i} - \sqrt{\frac{\beta_0}{8\pi\rho}} e^{j\frac{\pi}{4}} \sum_{i=1}^{N} a_i l_i (\hat{\boldsymbol{r}} \cdot \hat{\boldsymbol{n}}') e^{-j\beta\rho_i} \tag{5-84}$$

雷达散射截面为：

$$\sigma = 10\lg\left(2\pi r \frac{|E_z^{\text{sca}}|^2}{|E_z^{\text{inc}}|^2}\right) = 10\lg\left|\frac{\beta_0}{4}\left[\sum_{i=1}^{N} a_i l_i (\hat{\boldsymbol{r}} \cdot \hat{\boldsymbol{n}}') e^{-j\beta_0\rho} + \frac{1}{\eta_0}\sum_{i=1}^{N} b_i l_i e^{-j\beta_0\rho}\right]^2\right| \tag{5-85}$$

半径为 1 m 的均匀介质圆柱，相对介电常数为 4，相对磁导率为 1，入射角度为 0°，TE^z 极化，未知量为 720，用矩量法计算的双站 RCS 与 Mie 级数解比较，如图 5-10 和图 5-11 所示。从图中可以看出，矩量法的计算结果与解析解完全吻合，说明矩量法是一种全波方法，计算精度非常高。

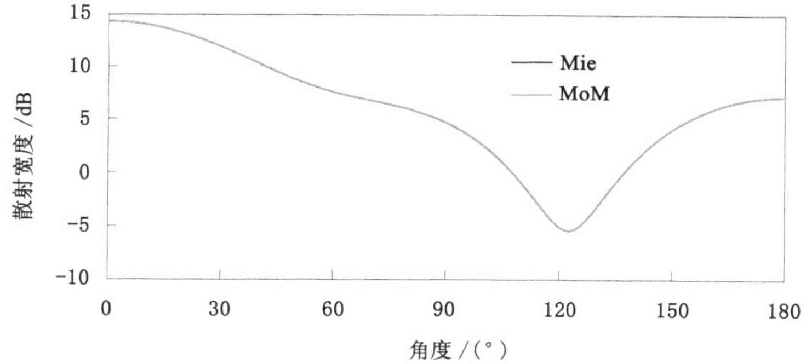

(a) f=100 MHz

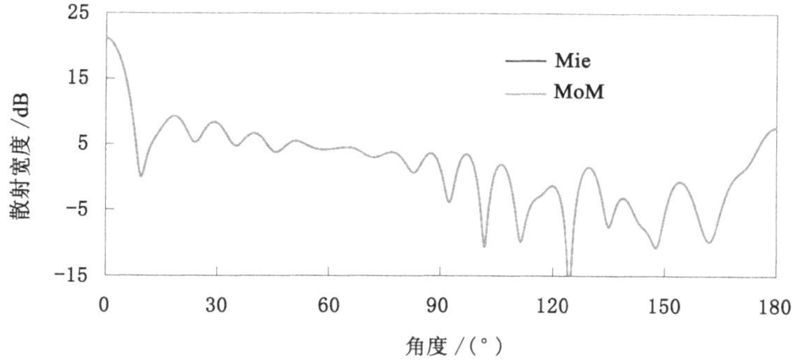

(b) f=1 GHz

图 5-10 均匀介质圆柱对 TE^z 极化波的散射($r=1$ m，$\varepsilon_r=4$，$\mu_r=1$)

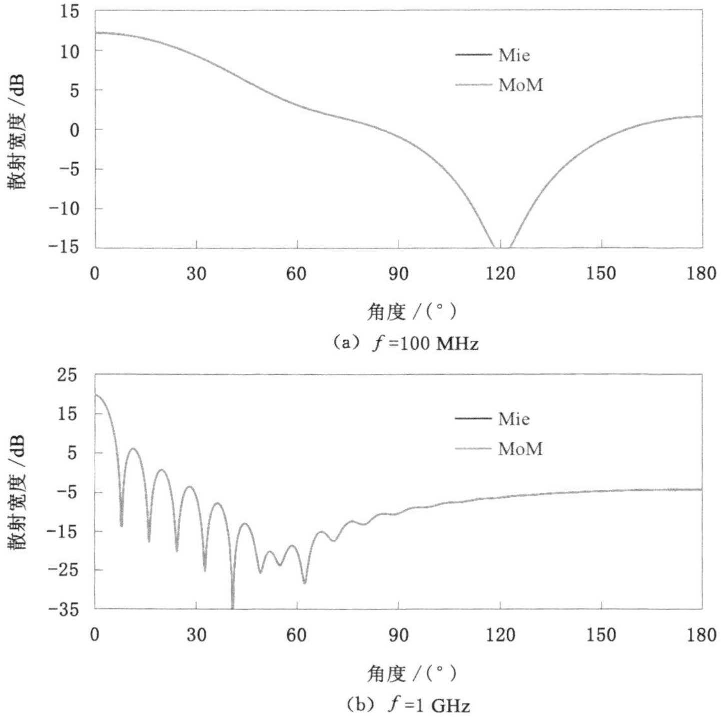

图 5-11 均匀介质圆柱对 TE^z 极化波的散射($r=1$ m,$\varepsilon_r=4-j$,$\mu_r=1$)

5.4 本章小结

无限长理想导体柱、均匀介质柱,均可以用面等效原理建立积分方程模型。一旦方程建立,即可用矩量法离散,转变为线性代数方程组。在矩量法离散过程中,基函数和测试函数的选取尤为重要,本章选用的是脉冲基函数和 Delta 测试函数。奇异性是矩量法离散中的一个难题,需要推导解析积分公式。

参考文献

[1] SAMOKHIN A. Singular integral equations and three-dimensional problems of electromagnetic scattering [C]//IEEE Antennas and Propagation Society International Symposium. 1995 Digest. June 18-23,

1995,Newport Beach,CA,USA.IEEE,2002:2057-2060.

[2] WARNICK K E,CHEW W C.Accuracy of the method of moments for scattering by a cylinder[J].IEEE transactions on microwave theory and techniques,2000,48(10):1652-1660.

[3] ROUMELIOTIS J A,KAKOGIANNOS N B.Electromagnetic scattering from an infinite cylinder of small radius coated by a dielectric one[C]//Proceedings of MELECON'94. Mediterranean Electrotechnical Conference. April 12-14, 1994,Antalya,Turkey.IEEE,2002:435-438.

第6章　频域面积分方程

6.1　引言

本章主要介绍了如何用矩量法求解理想导体、均匀介质目标的电磁散射场。对于理想导体目标，采用电场、磁场、混合场积分方程，对于均匀介质目标则采用PMCHWT方程。当考虑多个目标时，则需要根据实际情况，灵活建立适合的面积分方程，并充分考虑目标之间包含与被包含的关系。

6.2　理想导体目标的电磁散射

当理想导体目标被电磁波照射时，表面会感应出电流，并向外辐射能量，这就是理想导体目标电磁散射原理的简单描述。利用频域面积分方程能够分析理想导体目标的电磁散射，其主要思路是建立入射电、磁场与目标表面感应电流密度之间的关联方程。一旦方程建立起来，就可以依据已知的入射电、磁场计算目标表面的感应电流密度，并进而利用辐射公式计算出相应的散射场。

6.2.1　电场和磁场积分方程

假设某理想导体目标被入射平面波照射，入射平面波的电场和磁场由 $\boldsymbol{E}^{\mathrm{inc}}$ 和 $\boldsymbol{H}^{\mathrm{inc}}$ 表示，其表面感应电流密度为 $\boldsymbol{J}_{\mathrm{e}}$，如图6-1所示。

根据电流辐射电磁场的公式，其散射场表示为：

$$\boldsymbol{E}^{\mathrm{sca}}=-j\omega\boldsymbol{A}-\frac{J}{\omega\mu\varepsilon}\nabla(\nabla\cdot\boldsymbol{A})=-j\beta\eta\int_S\left(\overline{\overline{\boldsymbol{I}}}+\frac{\nabla\nabla}{\beta^2}\right)G(\boldsymbol{r},\boldsymbol{r}')\cdot\boldsymbol{J}_{\mathrm{e}}(\boldsymbol{r}')\mathrm{d}S \tag{6-1}$$

$$\boldsymbol{H}^{\mathrm{sca}}=\frac{1}{\mu}\nabla\times\boldsymbol{A}=\int_S\nabla G(\boldsymbol{r},\boldsymbol{r}')\times\boldsymbol{J}_{\mathrm{e}}(\boldsymbol{r}')\mathrm{d}S \tag{6-2}$$

式中，$\boldsymbol{E}^{\mathrm{sca}}$ 和 $\boldsymbol{H}^{\mathrm{sca}}$ 分别为散射电场和散射磁场；$\boldsymbol{A}$ 为磁矢量位；β 为电磁波的相位常数；η 为波阻抗；$G(\boldsymbol{r},\boldsymbol{r}')$为自由空间格林函数，表达式为：

$$G(\boldsymbol{r},\boldsymbol{r}')=\frac{\mathrm{e}^{-j\beta|\boldsymbol{r}-\boldsymbol{r}'|}}{4\pi|\boldsymbol{r}-\boldsymbol{r}'|} \tag{6-3}$$

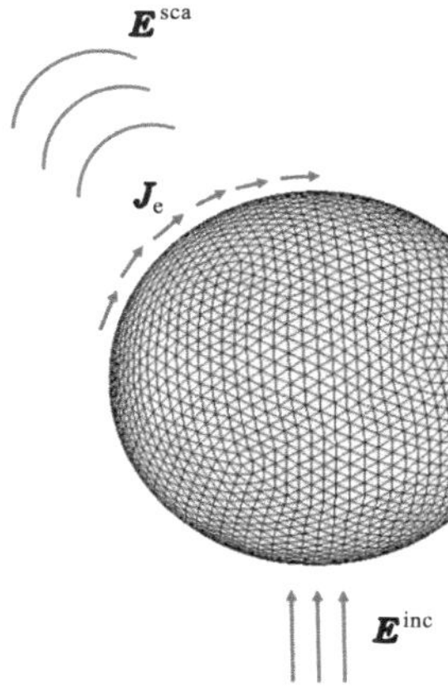

图 6-1　平面波照射理想导体目标

格林函数中 $\boldsymbol{r}$ 和 $\boldsymbol{r}'$ 分别为观察点和源点。根据理想导体表面的边界条件：

$$\hat{\boldsymbol{n}} \times (\boldsymbol{E}^{\mathrm{inc}} + \boldsymbol{E}^{\mathrm{sca}}) = 0 \tag{6-4}$$

$$\hat{\boldsymbol{n}} \times (\boldsymbol{H}^{\mathrm{inc}} + \boldsymbol{H}^{\mathrm{sca}}) = \boldsymbol{J}_{\mathrm{e}} \tag{6-5}$$

式中，$\hat{\boldsymbol{n}}$ 为目标表面的单位外法向量。

根据切向电场和切向磁场的两个边界条件，将散射场的表达式代入，可以分别推出电场积分方程（EFIE）和磁场积分方程（MFIE）为：

$$\hat{\boldsymbol{n}} \times j\beta\eta\int_S \left(\bar{\bar{\boldsymbol{I}}} + \frac{\nabla\nabla}{\beta^2}\right) G(\boldsymbol{r},\boldsymbol{r}') \cdot \boldsymbol{J}_{\mathrm{e}}(\boldsymbol{r}')\mathrm{d}S = \hat{\boldsymbol{n}} \times \boldsymbol{E}^{\mathrm{inc}} \tag{6-6}$$

$$\boldsymbol{J}_{\mathrm{e}}(\boldsymbol{r}) - \hat{\boldsymbol{n}} \times \int_S G(\boldsymbol{r},\boldsymbol{r}') \times \boldsymbol{J}_{\mathrm{e}}(\boldsymbol{r}')\mathrm{d}S = \hat{\boldsymbol{n}} \times \boldsymbol{H}^{\mathrm{inc}} \tag{6-7}$$

为了进一步说明“$\hat{\boldsymbol{n}} \times$”的含义，我们先以单位外法线为基准，建立一个局部坐标系，如图 6-2 所示。

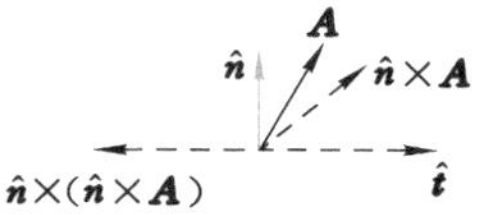

图 6-2　局部坐标系

从图中可以看出，$\hat{\boldsymbol{t}}$ 为矢量 $\boldsymbol{A}$ 沿着目标表面的切向分量所对应的单位方向矢量。如果对矢量 $\boldsymbol{A}$ 施加“$\hat{\boldsymbol{n}} \times$”，则可以得到一个新的矢量。该矢量为矢量 $\boldsymbol{A}$ 沿着目标表面的切向分量，并逆时针旋转 90°，表示为 $\hat{\boldsymbol{n}} \times \hat{\boldsymbol{t}}A_{\mathrm{t}}$，其中 A_{t} 为 $\boldsymbol{A}$ 的

切向分量大小。如果继续再施加一个"$\hat{\boldsymbol{n}}\times$"，那么 $\hat{\boldsymbol{n}}\times(\hat{\boldsymbol{n}}\times\boldsymbol{A})$ 则为矢量 $\boldsymbol{A}$ 沿着目标表面的切向分量，并逆时针旋转 180°，即方向 $-\hat{\boldsymbol{t}}$，表示为：

$$\hat{\boldsymbol{n}}\times(\hat{\boldsymbol{n}}\times\boldsymbol{A})=-\hat{\boldsymbol{t}}A_{\mathrm{t}}=-\hat{\boldsymbol{t}}\hat{\boldsymbol{t}}\boldsymbol{A} \tag{6-8}$$

可见，施加两次"$\hat{\boldsymbol{n}}\times$"，即可得到切向分量。

对于 EFIE，对方程左、右两边可以再施加一个"$\hat{\boldsymbol{n}}\times$"，从而得到：

$$\hat{\boldsymbol{n}}\times\left[\hat{\boldsymbol{n}}\times j\beta\eta\int_S\left(\bar{\bar{\boldsymbol{I}}}+\frac{\nabla\nabla}{\beta^2}\right)G(\boldsymbol{r},\boldsymbol{r}')\cdot\boldsymbol{J}_{\mathrm{e}}(\boldsymbol{r}')\mathrm{d}S\right]=\hat{\boldsymbol{n}}\times(\hat{\boldsymbol{n}}\times\boldsymbol{E}^{\mathrm{inc}}) \tag{6-9}$$

根据几何关系，此时方程可以用表面切向分量来描述，即：

$$\hat{\boldsymbol{t}}\hat{\boldsymbol{t}}\cdot j\beta\eta\int_S\left(\bar{\bar{\boldsymbol{I}}}+\frac{\nabla\nabla}{\beta^2}\right)G(\boldsymbol{r},\boldsymbol{r}')\cdot\boldsymbol{J}_{\mathrm{e}}(\boldsymbol{r}')\mathrm{d}S=\hat{\boldsymbol{t}}\hat{\boldsymbol{t}}\cdot\boldsymbol{E}^{\mathrm{inc}} \tag{6-10}$$

上式即为常用的 EFIE。

对于 MFIE，可以将方程右边第二项写成两部分：

$$\boldsymbol{J}_{\mathrm{e}}(\boldsymbol{r})-\hat{\boldsymbol{n}}\times\int_{\delta S}\nabla G(\boldsymbol{r},\boldsymbol{r}')\cdot\boldsymbol{J}_{\mathrm{e}}(\boldsymbol{r}')\mathrm{d}S-\hat{\boldsymbol{n}}\times\int_{S-\delta S}\nabla G(\boldsymbol{r},\boldsymbol{r}')\times\boldsymbol{J}_{\mathrm{e}}(\boldsymbol{r}')\mathrm{d}S=\hat{\boldsymbol{n}}\times\boldsymbol{H}^{\mathrm{inc}} \tag{6-11}$$

式中，δS 表示靠近观察点 $\boldsymbol{r}$ 的邻域，如图 6-3 所示。

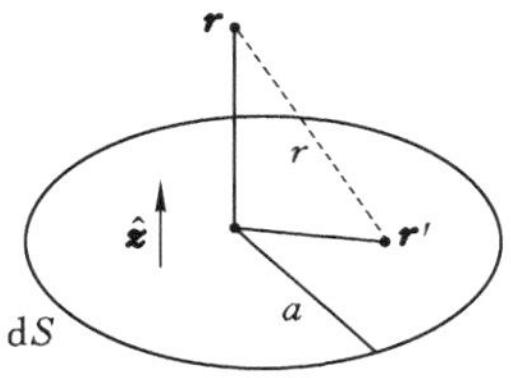

图 6-3　靠近观察点 $\boldsymbol{r}$ 的邻域 δS

在邻域 δS 中，观察点和源点的距离用圆柱坐标表示为 $|\boldsymbol{r}-\boldsymbol{r}'|=\sqrt{\rho'^2+(z-z')^2}$。因此，格林函数可以表示为：

$$G(\boldsymbol{r},\boldsymbol{r}')=\frac{\mathrm{e}^{-jk|\boldsymbol{r}-\boldsymbol{r}'|}}{4\pi|\boldsymbol{r}-\boldsymbol{r}'|}\approx\frac{1}{4\pi\sqrt{\rho'^2+(z-z')^2}},\ |\boldsymbol{r}-\boldsymbol{r}'|\ll 1 \tag{6-12}$$

于是格林函数的梯度为：

$$\begin{aligned}\nabla G(\boldsymbol{r},\boldsymbol{r}')&\approx\left(\hat{\boldsymbol{a}}_\rho\frac{\partial}{\partial\rho}+\hat{\boldsymbol{a}}_\varphi\frac{1}{\rho}\frac{\partial}{\partial\varphi}+\hat{\boldsymbol{a}}_z\frac{\partial}{\partial z}\right)\frac{1}{4\pi\sqrt{\rho'^2+(z-z')^2}}\\&=-\hat{\boldsymbol{a}}_z\frac{z}{4\pi[\rho'^2+(z-z')^2]^{3/2}}\end{aligned} \tag{6-13}$$

于是在邻域 δS 中，根据矢量恒等式 $\boldsymbol{A}\times(\boldsymbol{B}\times\boldsymbol{C})=(\boldsymbol{A}\cdot\boldsymbol{C})\boldsymbol{B}-(\boldsymbol{A}\cdot\boldsymbol{B})\boldsymbol{C}$，且 $\hat{\boldsymbol{n}}(\boldsymbol{r})=\hat{a}$，表面电流的方向与法线方向垂直，于是：

$$
\begin{aligned}
&\hat{\boldsymbol{n}}(\boldsymbol{r})\times[\nabla G(\boldsymbol{r},\boldsymbol{r}')\times\boldsymbol{J}_{\mathrm{e}}(\boldsymbol{r}')]\\
&=[\hat{\boldsymbol{n}}(\boldsymbol{r})\cdot\boldsymbol{J}_{\mathrm{e}}(\boldsymbol{r}')]\nabla G(\boldsymbol{r},\boldsymbol{r}')-[\hat{\boldsymbol{n}}(\boldsymbol{r})\cdot\nabla G(\boldsymbol{r},\boldsymbol{r}')]\boldsymbol{J}_{\mathrm{e}}(\boldsymbol{r}')\\
&=-[\hat{\boldsymbol{n}}(\boldsymbol{r})\cdot\nabla G(\boldsymbol{r},\boldsymbol{r}')]\boldsymbol{J}_{\mathrm{e}}(\boldsymbol{r}')\\
&=\frac{z}{4\pi[\rho'^2+(z-z')^2]^{3/2}}\boldsymbol{J}_{\mathrm{e}}(\boldsymbol{r}')
\end{aligned}\tag{6-14}
$$

代入积分表达式，并令 $z'=0$ 且 $\boldsymbol{J}_{\mathrm{e}}(\boldsymbol{r}')=\boldsymbol{J}_{\mathrm{e}}(\boldsymbol{r})$，则：

$$
\begin{aligned}
\hat{\boldsymbol{n}}\times\int_{\delta S}\nabla G(\boldsymbol{r},\boldsymbol{r}')\times\boldsymbol{J}_{\mathrm{e}}(\boldsymbol{r}')\mathrm{d}S&=\int_{\delta S}\frac{z}{4\pi[\rho'^2+(z-z')^2]^{3/2}}\boldsymbol{J}_{\mathrm{e}}(\boldsymbol{r})\mathrm{d}S\\
&=\int_0^{a}\int_0^{2\pi}\frac{z}{4\pi[\rho'^2+(z-z')^2]^{3/2}}\boldsymbol{J}_{\mathrm{e}}(\boldsymbol{r})\rho'\mathrm{d}\rho'\mathrm{d}\varphi'\\
&=\frac{1}{2}\boldsymbol{J}_{\mathrm{e}}(\boldsymbol{r})\left[\frac{z}{|z|}-\frac{z}{\sqrt{a^2+z^2}}\right]
\end{aligned}\tag{6-15}
$$

当 $z\to 0$ 时，其值为$\frac{1}{2}\boldsymbol{J}_{\mathrm{e}}(\boldsymbol{r})$。于是 MFIE 可以表示为：

$$
\frac{1}{2}\boldsymbol{J}_{\mathrm{e}}(\boldsymbol{r})-\hat{\boldsymbol{n}}\times\int_{S-\delta S}\nabla G(\boldsymbol{r},\boldsymbol{r}')\times\boldsymbol{J}_{\mathrm{e}}(\boldsymbol{r}')\mathrm{d}S=\hat{\boldsymbol{n}}\times\boldsymbol{H}^{\mathrm{inc}}\tag{6-16}
$$

其中，方程的第一项称为主值项，第二项的积分称为主值积分项。方程经过这样的变换，可以在计算中避免奇异性。

6.2.2　基函数和测试函数

当采用矩量法分析理想导体目标的表面积分方程时，对于任意形状物体，其表面均可以采用平面三角形贴片来模拟，表面的电流密度则可以采用平面 RWG 基函数来描述。每个 RWG 基函数均由两个相邻三角形组成，描述电流或磁流从一个三角形（正三角形）流向另一个三角形（负三角形），其数学表达式为：

$$
\boldsymbol{\Lambda}_n(\boldsymbol{r})=\begin{cases}\dfrac{l_n}{2A_n^+}\boldsymbol{\rho}_n^+ & \boldsymbol{r}\in T_n^+\\[2ex] \dfrac{l_n}{2A_n^-}\boldsymbol{\rho}_n^- & \boldsymbol{r}\in T_n^-\\[2ex] 0 & \text{others}\end{cases}\tag{6-17}
$$

式中，$A_n^{\pm}$ 表示相应三角形的面积；l_n 为公共边的边长；$\boldsymbol{\rho}_n^+$ 为三角形中电流的方向矢量，各符号定义如图 6-4 所示。在正三角形中，电流方向始终从顶点流入；

在负三角形中，电流方向始终指向顶点。

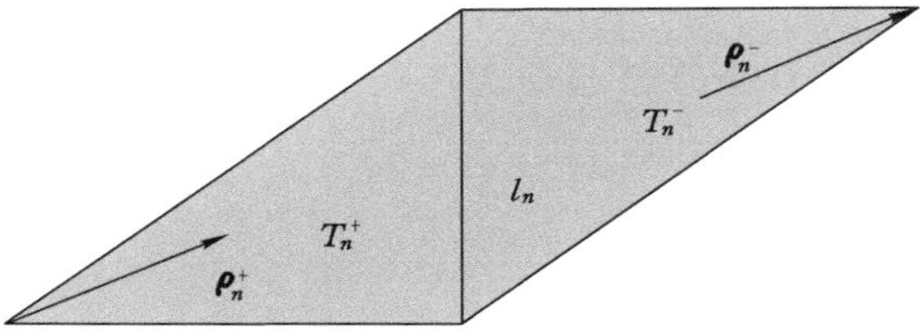

图 6-4　平面 RWG 基函数示意图

RWG 基函数具有两个重要特性：第一个特性是棱边法向分量的连续性，它保证了电流横跨公共边时的连续；第二个特性是两个三角形的基函数散度大小相等、符号相反，该特性保证了与基函数对应的电荷的总和为零。

$$\nabla \cdot \boldsymbol{\Lambda}_n(\boldsymbol{r}) = \begin{cases} \dfrac{l_n}{A_n^+} & \boldsymbol{r} \in T_n^+ \\ -\dfrac{l_n}{A_n^-} & \boldsymbol{r} \in T_n^- \\ 0 & \text{others} \end{cases} \tag{6-18}$$

RWG 基函数是一个矢量基函数，常常被用于展开面电流密度和面磁流密度，即：

$$\boldsymbol{J}_{\mathrm{e}}(\boldsymbol{r}) = \sum_{n=1}^{N} J_{\mathrm{e},n} \boldsymbol{\Lambda}_n(\boldsymbol{r}) \tag{6-19}$$

$$\boldsymbol{J}_{\mathrm{m}}(\boldsymbol{r}) = \sum_{n=1}^{N} J_{\mathrm{m},n} \boldsymbol{\Lambda}_n(\boldsymbol{r}) \tag{6-20}$$

式中，$J_{\mathrm{e},n}$ 和 $J_{\mathrm{m},n}$ 分别是 RWG 展开电流密度和磁流密度的系数；N 为基函数个数。

对于 EFIE 和 MFIE，其电流密度用 RWG 基函数展开后，可得：

$$\hat{t}\hat{t} \cdot j\beta\eta \int_S \left(\overline{\overline{\boldsymbol{I}}} + \frac{\nabla\nabla}{\beta^2} \right) G(\boldsymbol{r}, \boldsymbol{r}') \cdot \sum_{n=1}^{N} J_{\mathrm{e},n} \boldsymbol{\Lambda}_n(\boldsymbol{r}) \mathrm{d}S = \hat{t}\hat{t} \cdot \boldsymbol{E}^{\mathrm{inc}} \tag{6-21}$$

$$\frac{1}{2} \sum_{n=1}^{N} J_{\mathrm{e},n} \boldsymbol{\Lambda}_n(\boldsymbol{r}) - \hat{\boldsymbol{n}} \times \int_{S-\delta S} \nabla G(\boldsymbol{r}, \boldsymbol{r}') \times \sum_{n=1}^{N} J_{\mathrm{e},n} \boldsymbol{\Lambda}_n(\boldsymbol{r}) \mathrm{d}S = \hat{\boldsymbol{n}} \cdot \boldsymbol{H}^{\mathrm{inc}} \tag{6-22}$$

经过整理，可得：

$$\hat{t}\hat{t} \cdot j\beta\eta \sum_{n=1}^{N} \left[J_{\mathrm{e},n} \int_S \left(\overline{\overline{\boldsymbol{I}}} + \frac{\nabla\nabla}{\beta^2} \right) G(\boldsymbol{r}, \boldsymbol{r}') \cdot \boldsymbol{\Lambda}_n(\boldsymbol{r}) \mathrm{d}S \right] = \hat{t}\hat{t} \cdot \boldsymbol{E}^{\mathrm{inc}} \tag{6-23}$$

$$\frac{1}{2}\sum_{n=1}^{N}J_{\mathrm{e},n}\boldsymbol{\Lambda}_n(\boldsymbol{r})-\hat{\boldsymbol{n}}\times\int_{S-\delta S}\nabla G(\boldsymbol{r},\boldsymbol{r}')\times\sum_{n=1}^{N}J_{\mathrm{e},n}\boldsymbol{\Lambda}_n(\boldsymbol{r})\mathrm{d}S=\hat{\boldsymbol{n}}\cdot\boldsymbol{H}^{\mathrm{inc}} \tag{6-24}$$

当积分方程的未知函数用基函数展开后，求解积分方程的任务就转化为求解基函数的未知系数，展开基函数的个数即方程的未知量个数。为了能够求解多个未知量，需要构造一个线性方程，因而需要对方程进行测试。矩量法中测试函数的选取是多样的，较为常用的检验方法包括点匹配法和 Galerkin 法。点匹配就是选择 δ 函数作为测试函数，此时积分方程中的积分形式非常简单，并且计算过程也简单，然而计算效果具有一定的局限性。Galerkin 测试就是选择基函数作为测试函数进行检验计算，测试过程虽然烦琐，却最为稳定。当采用 RWG 函数作为基函数时，Galerkin 测试过程常常被用于表面积分方程的求解。根据 Galerkin 测试原理，方程两边分别与 RWG 函数进行内积，得：

$$\int_{S_m}\boldsymbol{\Lambda}_m\cdot\left\{\hat{t}\hat{t}\cdot j\beta\eta\sum_{n=1}^{N}\left[J_{\mathrm{e},n}\int_{S_m}\left(\bar{\bar{\boldsymbol{I}}}+\frac{\nabla\nabla}{\beta^2}\right)G(\boldsymbol{r},\boldsymbol{r}')\cdot\boldsymbol{\Lambda}_n(\boldsymbol{r})\mathrm{d}S'\right]\right\}\mathrm{d}S$$
$$=\int_{S_m}\boldsymbol{\Lambda}_m\cdot[\hat{t}\hat{t}\cdot\boldsymbol{E}^{\mathrm{inc}}]\,\mathrm{d}S \tag{6-25}$$

$$\frac{1}{2}\int_{S_m}\boldsymbol{\Lambda}_m\cdot\sum_{n=1}^{N}J_{\mathrm{e},n}\boldsymbol{\Lambda}_n\mathrm{d}S-\int_{S_m}\boldsymbol{\Lambda}_m\cdot\left[\hat{\boldsymbol{n}}\times\int_{S_n-\delta S_n}\nabla G(\boldsymbol{r},\boldsymbol{r}')\times\sum_{n=1}^{N}J_{\mathrm{e},n}\boldsymbol{\Lambda}_n\mathrm{d}S'\right]\mathrm{d}S$$
$$=\int_{S_m}\boldsymbol{\Lambda}_m\cdot[\hat{\boldsymbol{n}}\cdot\boldsymbol{H}^{\mathrm{inc}}]\mathrm{d}S \tag{6-26}$$

由于 RWG 函数的方向为表面切向，因而 $\boldsymbol{\Lambda}\cdot(\hat{t}\hat{t}\cdot\boldsymbol{A})=\boldsymbol{\Lambda}\cdot(\boldsymbol{A}-\hat{\boldsymbol{n}}\hat{\boldsymbol{n}}\cdot\boldsymbol{A})=\boldsymbol{\Lambda}\cdot\boldsymbol{A}$，其中 $\boldsymbol{A}$ 为任意矢量。将方程整理后，得：

$$j\beta\eta\sum_{n=1}^{N}\left[J_{\mathrm{e},n}\int_{S_m}\boldsymbol{\Lambda}_m\cdot\int_{S_n}\left(\bar{\bar{\boldsymbol{I}}}+\frac{\nabla\nabla}{\beta^2}\right)G(\boldsymbol{r},\boldsymbol{r}')\cdot\boldsymbol{\Lambda}_n\mathrm{d}S'\mathrm{d}S\right]=\int_{S_m}\boldsymbol{\Lambda}_m\cdot\boldsymbol{E}^{\mathrm{inc}}\mathrm{d}S \tag{6-27}$$

$$\frac{1}{2}J_{\mathrm{e},m}\int_{S_m}\boldsymbol{\Lambda}_m\cdot\boldsymbol{\Lambda}_m\mathrm{d}S-\sum_{\substack{n=1\\n\neq m}}^{N}J_{\mathrm{e},n}\int_{S_m}\boldsymbol{\Lambda}_m\cdot\left[\hat{\boldsymbol{n}}\times\int_{S_n}\nabla G(\boldsymbol{r},\boldsymbol{r}')\times\boldsymbol{\Lambda}_n\mathrm{d}S'\right]\mathrm{d}S$$
$$=\int_{S_n}\boldsymbol{\Lambda}_m\cdot(\hat{\boldsymbol{n}}\times\boldsymbol{H}^{\mathrm{inc}})\mathrm{d}S \tag{6-28}$$

从而形成线性方程组为：

$$\boldsymbol{Z}\cdot\boldsymbol{I}=\boldsymbol{V} \tag{6-29}$$

式中，$\boldsymbol{Z}$ 为阻抗矩阵；$\boldsymbol{I}$ 为 RWG 基函数的系数；$\boldsymbol{V}$ 为目标表面的入射场经测试后形成的右边向量。具体表达式如下：

$$Z_{mn}^{\mathrm{EFIE}}=jk\eta\int_{S_m}\boldsymbol{\Lambda}_m\cdot\int_{S_n}\left(\bar{\bar{\boldsymbol{I}}}+\frac{\nabla\nabla}{\beta^2}\right)G(\boldsymbol{r},\boldsymbol{r}')\cdot\boldsymbol{\Lambda}_n\mathrm{d}S'\mathrm{d}S \tag{6-30}$$

$$Z_{mn}^{\mathrm{MFIE}}=\frac{1}{2}\int_{S_m}\boldsymbol{\Lambda}_m\cdot\boldsymbol{\Lambda}_m\,\mathrm{d}S-\int_{S_m}\boldsymbol{\Lambda}_m\cdot\left[\hat{\boldsymbol{n}}\times\int_{S_n}\nabla G(\boldsymbol{r},\boldsymbol{r}')\cdot\boldsymbol{\Lambda}_n\,\mathrm{d}S'\right]\mathrm{d}S \tag{6-31}$$

$$V_m^{\mathrm{EFIE}}=\int_{S_m}\boldsymbol{\Lambda}_m\cdot\boldsymbol{E}^{\mathrm{inc}}\,\mathrm{d}S,\quad V_m^{\mathrm{MFIE}}=\int_{S_m}\boldsymbol{\Lambda}_m\cdot(\hat{\boldsymbol{n}}\times\boldsymbol{H}^{\mathrm{inc}})\,\mathrm{d}S \tag{6-32}$$

式中，$\boldsymbol{\Lambda}$ 为 RWG 基函数；k 为波数；η 为波阻抗。

通过求解该线性方程组，得到 RWG 基函数的系数，便可以计算任意理想导体目标的散射问题。

为了便于计算 EIFE 元素，可以将 EFIE 的阻抗矩阵元素进行变换。EFIE 阻抗矩阵元素的表达式可以写成：

$$\begin{aligned}Z_{mn}^{\mathrm{EFIE}}&=jk\eta\int_{S_m}\boldsymbol{\Lambda}_m\cdot\int_{S_n}\left(\bar{\bar{\boldsymbol{I}}}+\frac{\nabla\nabla}{\beta^2}\right)G(\boldsymbol{r},\boldsymbol{r}')\cdot\boldsymbol{\Lambda}_n\,\mathrm{d}S'\mathrm{d}S\\&=jk\eta\int_{S_m}\int_{S_n}\boldsymbol{\Lambda}_m\cdot\boldsymbol{\Lambda}_nG(\boldsymbol{r},\boldsymbol{r}')\mathrm{d}S'\mathrm{d}S+j\frac{\eta}{\beta}\int_{S_m}\boldsymbol{\Lambda}_m\cdot\nabla\int_{S_n}\nabla G(\boldsymbol{r},\boldsymbol{r}')\cdot\boldsymbol{\Lambda}_n\,\mathrm{d}S'\mathrm{d}S\end{aligned} \tag{6-33}$$

根据矢量恒等式$\nabla\cdot(g\boldsymbol{f})=g\,\nabla\cdot\boldsymbol{f}+\boldsymbol{f}\cdot\nabla g$，可以得到：

$$\nabla G\cdot\boldsymbol{\Lambda}_n=-\nabla'G\cdot\boldsymbol{\Lambda}_n=G\,\nabla'\cdot\boldsymbol{\Lambda}_n-\nabla'(G\cdot\boldsymbol{\Lambda}_n) \tag{6-34}$$

由于$\int_{S_n}\nabla'(G\cdot\boldsymbol{\Lambda}_n)\mathrm{d}S=\int_{C_n}\hat{\boldsymbol{n}}\cdot(\boldsymbol{G}\boldsymbol{\Lambda}_n)\mathrm{d}l=0$，于是：

$$Z_{mn}^{\mathrm{EFIE}}=jk\eta\int_{S_m}\int_{S_n}\boldsymbol{\Lambda}_m\cdot\boldsymbol{\Lambda}_nG(\boldsymbol{r},\boldsymbol{r}')\mathrm{d}S'\mathrm{d}S+j\frac{\eta}{\beta}\int_{S_m}\boldsymbol{\Lambda}_m\cdot\nabla\int_{S_n}G\,\nabla'\cdot\boldsymbol{\Lambda}_n\,\mathrm{d}S'\mathrm{d}S \tag{6-35}$$

同理，根据矢量恒等式$\nabla\cdot(g\boldsymbol{f})=g\,\nabla\cdot\boldsymbol{f}+\boldsymbol{f}\cdot\nabla g$，可以得到：

$$\boldsymbol{\Lambda}_m\cdot\nabla\Phi=\nabla\cdot(\Phi\boldsymbol{\Lambda}_m)-\Phi\,\nabla\cdot\boldsymbol{\Lambda}_m,\quad\Phi=\int_{S_n}G\,\nabla'\cdot\boldsymbol{\Lambda}_n\,\mathrm{d}S \tag{6-36}$$

由于$\int_{S_m}\nabla\cdot(\Phi\boldsymbol{\Lambda}_m)\mathrm{d}S=\int_{C_m}\hat{\boldsymbol{n}}\cdot(\boldsymbol{\Phi}\boldsymbol{\Lambda}_m)\mathrm{d}l=0$，于是：

$$\begin{aligned}Z_{mn}^{\mathrm{EFIE}}&=j\beta\eta\int_{S_m}\int_{S_n}\boldsymbol{\Lambda}_m\cdot\boldsymbol{\Lambda}_nG(\boldsymbol{r},\boldsymbol{r}')\mathrm{d}S_n\mathrm{d}S_m-j\frac{\eta}{\beta}\int_{S_m}\nabla\cdot\boldsymbol{\Lambda}_m\int_{S_n}G\,\nabla'\cdot\boldsymbol{\Lambda}_n\,\mathrm{d}S'\mathrm{d}S\\&=j\beta\eta\int_{S_m}\int_{S_n}\left(\boldsymbol{\Lambda}_m\cdot\boldsymbol{\Lambda}_n-\frac{1}{\beta^2}\nabla\cdot\boldsymbol{\Lambda}_m\,\nabla'\cdot\boldsymbol{\Lambda}_n\right)G(\boldsymbol{r},\boldsymbol{r}')\mathrm{d}S'\mathrm{d}S\end{aligned} \tag{6-37}$$

如此一来，EFIE 阻抗矩阵的计算得到了简化。由于每个 RWG 基函数包含两个三角形，因此，EFIE 阻抗矩阵计算式应写为：

$$Z_{mn}^{\mathrm{EFIE}}=j\beta\eta\int_{T_m^+}\int_{T_n^+}\left(\boldsymbol{\Lambda}_m\cdot\boldsymbol{\Lambda}_n-\frac{1}{\beta^2}\nabla\cdot\boldsymbol{\Lambda}_m\,\nabla'\cdot\boldsymbol{\Lambda}_n\right)G(\boldsymbol{r},\boldsymbol{r}')\mathrm{d}S'\mathrm{d}S+$$

$$j\beta\eta\int_{T_m^+}\int_{T_n^-}\left(\boldsymbol{\Lambda}_m\cdot\boldsymbol{\Lambda}_n-\frac{1}{\beta^2}\nabla\cdot\boldsymbol{\Lambda}_m\nabla'\cdot\boldsymbol{\Lambda}_n\right)G(\boldsymbol{r},\boldsymbol{r}')\mathrm{d}S'\mathrm{d}S+$$

$$j\beta\eta\int_{T_m^-}\int_{T_n^+}\left(\boldsymbol{\Lambda}_m\cdot\boldsymbol{\Lambda}_n-\frac{1}{\beta^2}\nabla\cdot\boldsymbol{\Lambda}_m\nabla'\cdot\boldsymbol{\Lambda}_n\right)G(\boldsymbol{r},\boldsymbol{r}')\mathrm{d}S'\mathrm{d}S+$$

$$j\beta\eta\int_{T_m^-}\int_{T_n^-}\left(\boldsymbol{\Lambda}_m\cdot\boldsymbol{\Lambda}_n-\frac{1}{\beta^2}\nabla\cdot\boldsymbol{\Lambda}_m\nabla'\cdot\boldsymbol{\Lambda}_n\right)G(\boldsymbol{r},\boldsymbol{r}')\mathrm{d}S'\mathrm{d}S \tag{6-38}$$

式中，T_m^+ 为第 m 个基函数对应的正三角形；T_m^- 为第 m 个基函数对应的负三角形；T_n^+ 为第 n 个基函数对应的正三角形；T_n^- 为第 n 个基函数对应的负三角形。

EFIE 阻抗矩阵元素的积分计算一般采用高斯积分。假定场三角形的高斯积分点个数为 M，正、负三角形的高斯积分点分别为 g_p^+ 和 g_p^-（$p=1,2,\cdots,M$），对应的高斯积分系数为 C_p，源三角形的高斯积分点个数为 N，正、负三角形的高斯积分点分别为 g_q^+ 和 g_q^-（$q=1,2,\cdots,N$），对应的高斯积分系数为 C_q，那么，EFIE 阻抗矩阵元素的计算公式为：

$$\begin{aligned}Z_{mn}^{\mathrm{EFIE}}=&j\beta\eta\sum_{p=1}^{M}\sum_{q=1}^{N}C_pC_q\left[\boldsymbol{\Lambda}_m(g_p^+)\cdot\boldsymbol{\Lambda}_n(g_q^+)A_m^+A_n^+-\frac{l_ml_n}{\beta^2}\right]G(g_p^+,g_q^+)+\\&j\beta\eta\sum_{p=1}^{M}\sum_{q=1}^{N}C_pC_q\left[\boldsymbol{\Lambda}_m(g_p^+)\cdot\boldsymbol{\Lambda}_n(g_q^-)A_m^+A_n^+-\frac{l_ml_n}{\beta^2}\right]G(g_p^+,g_q^-)+\\&j\beta\eta\sum_{p=1}^{M}\sum_{q=1}^{N}C_pC_q\left[\boldsymbol{\Lambda}_m(g_p^-)\cdot\boldsymbol{\Lambda}_n(g_q^+)A_m^-A_n^+-\frac{l_ml_n}{\beta^2}\right]G(g_p^-,g_q^+)+\\&j\beta\eta\sum_{p=1}^{M}\sum_{q=1}^{N}C_pC_q\left[\boldsymbol{\Lambda}_m(g_p^-)\cdot\boldsymbol{\Lambda}_n(g_q^-)A_m^-A_n^--\frac{l_ml_n}{\beta^2}\right]G(g_p^-,g_q^-)\end{aligned} \tag{6-39}$$

式中，A_m^+ 为第 m 个基函数对应的正三角形面积；A_m^- 为第 m 个基函数对应的负三角形面积；A_n^+ 为第 n 个基函数对应的正三角形面积；A_n^- 为第 n 个基函数对应的负三角形面积。

根据公式，计算 EFIE 阻抗矩阵元素的 C 语言代码可扫描如下二维码获得。

为了便于计算 MFIE 元素，可以将 MFIE 的阻抗矩阵元素进行变换，即：

$$Z_{mn}^{\mathrm{MFIE}}=\frac{1}{2}\int_{S_m}\boldsymbol{\Lambda}_m\cdot\boldsymbol{\Lambda}_n\mathrm{d}S-\int_{S_m}\boldsymbol{\Lambda}_m\cdot\left[\hat{\boldsymbol{n}}\times\int_{S_n}\nabla G(\boldsymbol{r},\boldsymbol{r}')\times\boldsymbol{\Lambda}_n\mathrm{d}S'\right]\mathrm{d}S$$

$$= \frac{1}{2}\int_{S_m} \boldsymbol{\Lambda}_m \cdot \boldsymbol{\Lambda}_n \mathrm{d}S - \int_{S_m} \boldsymbol{\Lambda}_m \cdot \left[\hat{\boldsymbol{n}} \times \int_{S_n} \nabla G(\boldsymbol{r},\boldsymbol{r}') \times (\boldsymbol{\Lambda}_m - \boldsymbol{\Lambda}_m + \boldsymbol{\Lambda}_n)\mathrm{d}S'\right]\mathrm{d}S$$

$$= \frac{1}{2}\int_{S_m} \boldsymbol{\Lambda}_m \cdot \boldsymbol{\Lambda}_n \mathrm{d}S - \int_{S_m} \boldsymbol{\Lambda}_m \cdot \left\{\hat{\boldsymbol{n}} \times \int_{S_n} \nabla G(\boldsymbol{r},\boldsymbol{r}') \times [\boldsymbol{\Lambda}_m - \nabla G(\boldsymbol{r},\boldsymbol{r}') \times (\boldsymbol{\Lambda}_m - \boldsymbol{\Lambda}_n)]\mathrm{d}S'\right\}\mathrm{d}S \tag{6-40}$$

由于 $\boldsymbol{\Lambda}_m - \boldsymbol{\Lambda}_n$ 的方向与$\nabla G(\boldsymbol{r},\boldsymbol{r}')$的方向相同，因此两者的叉积为 0，于是：

$$Z_{mn}^{\mathrm{MFIE}} = \frac{1}{2}\int_{S_m} \boldsymbol{\Lambda}_m \cdot \boldsymbol{\Lambda}_n \mathrm{d}S - \int_{S_m} \boldsymbol{\Lambda}_m \cdot \left[\hat{\boldsymbol{n}} \times \int_{S_n} \nabla G(\boldsymbol{r},\boldsymbol{r}') \times \boldsymbol{\Lambda}_m \mathrm{d}S'\right]\mathrm{d}S \tag{6-41}$$

经过简单的矢量恒等式变换，MFIE 阻抗矩阵元素的表达式可以写成：

$$\begin{aligned} Z_{mn}^{\mathrm{MFIE}} &= \frac{1}{2}\int_{S_m} \boldsymbol{\Lambda}_m \cdot \boldsymbol{\Lambda}_n \mathrm{d}S - \int_{S_m} \boldsymbol{\Lambda}_m \cdot \left[\hat{\boldsymbol{n}} \times \int_{S_n} \nabla G(\boldsymbol{r},\boldsymbol{r}') \times \boldsymbol{\Lambda}_m \mathrm{d}S'\right]\mathrm{d}S \\ &= \frac{1}{2}\int_{S_m} \boldsymbol{\Lambda}_m \cdot \boldsymbol{\Lambda}_n \mathrm{d}S + \int_{S_m} \boldsymbol{\Lambda}_m \cdot \left[\hat{\boldsymbol{n}} \times \boldsymbol{\Lambda}_m \times \int_{S_n} \nabla G(\boldsymbol{r},\boldsymbol{r}') \mathrm{d}S'\right]\mathrm{d}S \end{aligned} \tag{6-42}$$

如此一来，MFIE 阻抗矩阵的计算得到了简化。由于每个 RWG 基函数包含两个三角形，因此，MFIE 阻抗矩阵计算式应写为：

$$\begin{aligned} Z_{mn}^{\mathrm{MFIE}} = &\frac{1}{2}\int_{T_m^+} \boldsymbol{\Lambda}_m \cdot \boldsymbol{\Lambda}_n \mathrm{d}S + \int_{T_m^+} \boldsymbol{\Lambda}_m \cdot \left[\hat{\boldsymbol{n}} \times \boldsymbol{\Lambda}_m \times \int_{T_n^+} \nabla G(\boldsymbol{r},\boldsymbol{r}') \mathrm{d}S'\right]\mathrm{d}S + \\ &\frac{1}{2}\int_{T_m^+} \boldsymbol{\Lambda}_m \cdot \boldsymbol{\Lambda}_n \mathrm{d}S + \int_{T_m^+} \boldsymbol{\Lambda}_m \cdot \left[\hat{\boldsymbol{n}} \times \boldsymbol{\Lambda}_m \times \int_{T_n^-} \nabla G(\boldsymbol{r},\boldsymbol{r}') \mathrm{d}S'\right]\mathrm{d}S + \\ &\frac{1}{2}\int_{T_m^-} \boldsymbol{\Lambda}_m \cdot \boldsymbol{\Lambda}_n \mathrm{d}S + \int_{T_m^-} \boldsymbol{\Lambda}_m \cdot \left[\hat{\boldsymbol{n}} \times \boldsymbol{\Lambda}_m \times \int_{T_n^+} \nabla G(\boldsymbol{r},\boldsymbol{r}') \mathrm{d}S'\right]\mathrm{d}S + \\ &\frac{1}{2}\int_{T_m^-} \boldsymbol{\Lambda}_m \cdot \boldsymbol{\Lambda}_n \mathrm{d}S + \int_{T_m^+} \boldsymbol{\Lambda}_m \cdot \left[\hat{\boldsymbol{n}} \times \boldsymbol{\Lambda}_m \times \int_{T_n^-} \nabla G(\boldsymbol{r},\boldsymbol{r}') \mathrm{d}S'\right]\mathrm{d}S \end{aligned} \tag{6-43}$$

式中，T_m^+ 为第 m 个基函数对应的正三角形；T_m^- 为第 m 个基函数对应的负三角形；T_n^+ 为第 n 个基函数对应的正三角形；T_n^- 为第 n 个基函数对应的负三角形。

MFIE 阻抗矩阵元素的积分计算一般采用高斯积分。假定场三角形的高斯积分点个数为 M，正、负三角形的高斯积分点分别为 $\boldsymbol{g}_p^+$ 和 $\boldsymbol{g}_p^-$（$p=1,2,\cdots,M$），对应的高斯积分系数为 C_p，源三角形的高斯积分点个数为 N，正、负三角形的高斯积分点分别为 $\boldsymbol{g}_q^+$ 和 $\boldsymbol{g}_q^-$（$q=1,2,\cdots,N$），对应的高斯积分系数为 C_q，那么，MFIE 阻抗矩阵元素的计算公式为：

$$\begin{aligned} Z_{mn}^{\mathrm{MFIE}} &= \frac{1}{2}\sum_{p=1}^{M} C_p \boldsymbol{\Lambda}_m(g_p^+)\cdot\boldsymbol{\Lambda}_n(g_q^+)A_m^+ + \sum_{p=1}^{M}\boldsymbol{\Lambda}_m(g_p^+)\cdot\left[\hat{\boldsymbol{n}}\times\boldsymbol{\Lambda}_m(g_p^+)\times\sum_{q=1}^{M}\nabla G(g_p^+,g_q^+)A_n^+\right]A_m^+ \\ &= \frac{1}{2}\sum_{p=1}^{M} C_p \boldsymbol{\Lambda}_m(g_p^+)\cdot\boldsymbol{\Lambda}_n(g_q^-)A_m^+ + \sum_{p=1}^{M}\boldsymbol{\Lambda}_m(g_p^+)\cdot\left[\hat{\boldsymbol{n}}\times\boldsymbol{\Lambda}_m(g_p^+)\times\sum_{q=1}^{M}\nabla G(g_p^+,g_q^-)A_n^-\right]A_m^+ \\ &= \frac{1}{2}\sum_{p=1}^{M} C_p \boldsymbol{\Lambda}_m(g_p^-)\cdot\boldsymbol{\Lambda}_n(g_q^+)A_m^+ + \sum_{p=1}^{M}\boldsymbol{\Lambda}_m(g_p^-)\cdot\left[\hat{\boldsymbol{n}}\times\boldsymbol{\Lambda}_m(g_p^-)\times\sum_{q=1}^{M}\nabla G(g_p^-,g_q^+)A_n^+\right]A_m^- \\ &= \frac{1}{2}\sum_{p=1}^{M} C_p \boldsymbol{\Lambda}_m(g_p^-)\cdot\boldsymbol{\Lambda}_n(g_q^-)A_m^- + \sum_{p=1}^{M}\boldsymbol{\Lambda}_m(g_p^-)\cdot\left[\hat{\boldsymbol{n}}\times\boldsymbol{\Lambda}_m(g_p^-)\times\sum_{q=1}^{M}\nabla G(g_p^-,g_q^-)A_n^-\right]A_m^- \end{aligned} \tag{6-44}$$

式中，A_m^+ 为第 m 个基函数对应的正三角形面积；A_m^- 为第 m 个基函数对应的负三角形面积；A_n^+ 为第 n 个基函数对应的正三角形面积；A_n^- 为第 n 个基函数对应的负三角形面积。

根据公式，计算 MFIE 阻抗矩阵元素包含两项，其中第一项的 C 语言代码可扫描如下二维码获得。

6.2.3　奇异性处理

从 EFIE 阻抗矩阵元素的填充公式中可以看出，当测试函数和基函数属于同一个三角形单元时（即 $m=n$ 时），格林函数的分母会因为高斯积分点重合，造成分母为 0，使得高斯积分无法计算，产生数值奇异性。此时，需要通过推导积分的解析公式来去除奇异性。

由于 $\frac{\mathrm{e}^{-jkr}}{r}=\left[\frac{\mathrm{e}^{-jkr}}{r}-\frac{1}{r}\right]+\frac{1}{r}$，且 $\lim\limits_{r\to 0}\left[\frac{\mathrm{e}^{-jkr}}{r}-\frac{1}{r}\right]=-jk$，因此奇异积分主要表现为两类：

$$I_1=\int_S\int_S \frac{1}{r}\mathrm{d}S'\mathrm{d}S \tag{6-45}$$

$$I_2=\int_S\int_S \boldsymbol{\Lambda}_m\cdot\boldsymbol{\Lambda}_n\frac{1}{r}\mathrm{d}S'\mathrm{d}S \tag{6-46}$$

式中，S 为三角形积分区域；$\boldsymbol{\Lambda}$ 为 RWG 基函数。

此时，这两类积分具有解析的计算公式如下：

$$I_1=-\frac{4}{3}A^2\left[\frac{1}{a}\ln\left(1-\frac{a}{p}\right)+\frac{1}{b}\ln\left(1-\frac{b}{p}\right)+\frac{1}{c}\ln\left(1-\frac{c}{p}\right)\right] \tag{6-47}$$

$$I_2=\frac{A^2}{30}\left[\begin{array}{l}\left(10+3\dfrac{c^2-a^2}{b^2}-3\dfrac{a^2-b^2}{c^2}\right)a-\\ \left(5-3\dfrac{a^2-b^2}{c^2}-2\dfrac{b^2-c^2}{a^2}\right)b-\\ \left(5+3\dfrac{c^2-a^2}{b^2}+2\dfrac{b^2-c^2}{a^2}\right)c+\\ \left(a^2-3b^2-3c^2-8\dfrac{A^2}{a^2}\right)\dfrac{2}{a}\ln\left(1-\dfrac{a}{p}\right)+\\ \left(a^2-2b^2-4c^2+6\dfrac{A^2}{b^2}\right)\dfrac{4}{b}\ln\left(1-\dfrac{b}{p}\right)+\\ \left(a^2-4b^2-2c^2+6\dfrac{A^2}{c^2}\right)\dfrac{4}{c}\ln\left(1-\dfrac{c}{p}\right)\end{array}\right] \quad (m=n) \tag{6-48}$$

$$I_2=\frac{A^2}{60}\left[\begin{array}{l}\left(-10+\dfrac{c^2-a^2}{b^2}-\dfrac{a^2-b^2}{c^2}\right)a+\\ \left(5+\dfrac{a^2-b^2}{c^2}-6\dfrac{b^2-c^2}{a^2}\right)b+\\ \left(5-\dfrac{c^2-a^2}{b^2}+6\dfrac{b^2-c^2}{a^2}\right)c+\\ \left(2a^2-b^2-c^2+4\dfrac{A^2}{a^2}\right)\dfrac{12}{a}\ln\left(1-\dfrac{a}{p}\right)+\\ \left(9a^2-3b^2-c^2+4\dfrac{A^2}{b^2}\right)\dfrac{2}{b}\ln\left(1-\dfrac{b}{p}\right)+\\ \left(9a^2-b^2-3c^2+4\dfrac{A^2}{c^2}\right)\dfrac{2}{c}\ln\left(1-\dfrac{c}{p}\right)\end{array}\right] \quad (m\neq n) \tag{6-49}$$

式中，a、b、c 为三角形三条边的边长；p 为三角形的半周长；A 为三角形的面积。

6.2.4 散射场计算

当阻抗矩阵、右边向量填充完毕，即可采用线性代数方程组的求解器求解矩量法生成的大规模线性方程组。成功求解后，可以获得 RWG 基函数的系数（也可称为电流系数）。利用电流系数，通过电流辐射公式，即可以计算出远场和近场散射场。

由于计算散射场需要用到自由空间并矢格林函数，因此先推导自由空间并矢格林函数 $\left(\bar{\bar{\boldsymbol{I}}}+\dfrac{\nabla\nabla}{k^2}\right)G(\boldsymbol{r},\boldsymbol{r}')$ 的展开形式。首先计算 $\nabla G(\boldsymbol{r},\boldsymbol{r}')$，令 $R=|\boldsymbol{r}-\boldsymbol{r}'|$，则：

$$\nabla G(\boldsymbol{r},\boldsymbol{r}')=\nabla\left(\frac{\mathrm{e}^{-j\beta R}}{4\pi R}\right)=-\frac{\mathrm{e}^{-j\beta R}}{4\pi R^2}(1+j\beta R)\hat{\boldsymbol{k}} \tag{6-50}$$

然后计算$\nabla\nabla G(\boldsymbol{r},\boldsymbol{r}')$：

$$\begin{aligned}\nabla\nabla G(\boldsymbol{r},\boldsymbol{r}') &= \nabla\left[-\frac{\mathrm{e}^{-j\beta R}}{4\pi R^2}(1+j\beta R)\hat{\boldsymbol{k}}\right]=\frac{1}{4\pi}\nabla\left[-\left(\frac{1}{R^3}+\frac{j\beta}{R^2}\right)\mathrm{e}^{-j\beta kR}(\boldsymbol{r}-\boldsymbol{r}')\right]\\ &=\frac{1}{4\pi}\left[-\left(\frac{1}{R^3}+\frac{j\beta}{R^2}\right)\mathrm{e}^{-j\beta R}\right]\bar{\bar{\boldsymbol{I}}}+\left[\left(\frac{3}{R^4}+\frac{2j\beta}{R^3}\right)\mathrm{e}^{-j\beta R}+\left(\frac{j\beta}{R^3}-\frac{\beta^2}{R^2}\right)\mathrm{e}^{-j\beta R}\right]R\hat{\boldsymbol{r}}\hat{\boldsymbol{r}}\\ &=-\left(\frac{1}{R^2}+\frac{j\beta}{R}\right)\frac{\mathrm{e}^{-j\beta R}}{4\pi R}\bar{\bar{\boldsymbol{I}}}-\left(\beta^2-\frac{3j\beta}{R}-\frac{3}{R^2}\right)\frac{\mathrm{e}^{-j\beta R}}{4\pi R}\hat{\boldsymbol{r}}\hat{\boldsymbol{r}}\\ &=-\left(\frac{1}{R^2}+\frac{j\beta}{R}\right)G(\boldsymbol{r},\boldsymbol{r}')\bar{\bar{\boldsymbol{I}}}-\left(\beta^2-\frac{3j\beta}{R}-\frac{3}{R^2}\right)G(\boldsymbol{r},\boldsymbol{r}')\hat{\boldsymbol{r}}\hat{\boldsymbol{r}}\end{aligned} \tag{6-51}$$

最后计算$\left(\bar{\bar{\boldsymbol{I}}}+\frac{\nabla\nabla}{\beta^2}\right)G(\boldsymbol{r},\boldsymbol{r}')$，得到：

$$\left(\bar{\bar{\boldsymbol{I}}}+\frac{\nabla\nabla}{\beta^2}\right)G(\boldsymbol{r},\boldsymbol{r}')=\left\{\left[1-\frac{j}{\beta R}-\frac{1}{(\beta R)^2}\right]\bar{\bar{\boldsymbol{I}}}-\left[1-\frac{3j}{\beta R}-\frac{3}{(\beta R)^2}\right]\hat{\boldsymbol{r}}\hat{\boldsymbol{r}}\right\}G(\boldsymbol{r},\boldsymbol{r}') \tag{6-52}$$

当获得了理想导体表面电流的 RWG 基函数的系数之后，就可以根据辐射场公式计算空间任意一点的散射场。公式如下：

$$\begin{aligned}\boldsymbol{E}^{\mathrm{sca}}&=-j\beta\eta\int_S\left(\bar{\bar{\boldsymbol{I}}}+\frac{\nabla\nabla}{\beta^2}\right)G(\boldsymbol{r},\boldsymbol{r}')\cdot\boldsymbol{J}_{\mathrm{e}}(\boldsymbol{r}')\mathrm{d}S\\ &=-j\beta\eta\sum_{n=1}^{N}J_{\mathrm{e},n}\iint_{S_n}\left(\bar{\bar{\boldsymbol{I}}}+\frac{\nabla\nabla}{\beta^2}\right)G(\boldsymbol{r},\boldsymbol{r}')\cdot\boldsymbol{\Lambda}(\boldsymbol{r}')\mathrm{d}S\\ &=-j\beta\eta\sum_{n=1}^{N}J_{\mathrm{e},n}\iint S_n\left\{\left[1-\frac{j}{\beta R}-\frac{1}{(\beta R)^2}\right]\bar{\bar{\boldsymbol{I}}}-\right.\\ &\qquad\left.\left[1-\frac{3j}{\beta R}-\frac{3}{(\beta R)^2}\right]\hat{\boldsymbol{r}}\hat{\boldsymbol{r}}\right\}G(\boldsymbol{r},\boldsymbol{r}')\cdot\boldsymbol{\Lambda}(\boldsymbol{r}')\mathrm{d}S\end{aligned} \tag{6-53}$$

$$\begin{aligned}\boldsymbol{H}^{\mathrm{sca}}&=\int_S\nabla G(\boldsymbol{r},\boldsymbol{r}')\times\boldsymbol{J}_{\mathrm{e}}(\boldsymbol{r}')\mathrm{d}S\\ &=\sum_{n=1}^{N}J_{\mathrm{e},n}\iint S_n\nabla G(\boldsymbol{r},\boldsymbol{r}')\times\boldsymbol{\Lambda}(\boldsymbol{r}')\mathrm{d}S\\ &=\sum_{n=1}^{N}J_{\mathrm{e},n}\iint_{S_n}\left[-\frac{\mathrm{e}^{-jkR}}{4\pi R^2}(1+jkR)\boldsymbol{r}'\right]\times\boldsymbol{\Lambda}(\boldsymbol{r}')\mathrm{d}S\end{aligned} \tag{6-54}$$

式中，$\boldsymbol{J}_{\mathrm{e},n}$为第 n 个 RWG 基函数的系数；$R=|\boldsymbol{r}-\boldsymbol{r}'|$为观察点到源点之间的

距离；N 为 RWG 基函数的个数；S_n 为 RWG 基函数所覆盖的正、负三角形区域。

计算电流产生的电场散射时，可以不直接代入并矢格林函数的表达式，而是采用：

$$\begin{aligned}\boldsymbol{E}^{\mathrm{sca}} &= -j\beta\eta\sum_{n=1}^{N}J_{\mathrm{e},n}\iint_{S_n}\left(\bar{\bar{\boldsymbol{I}}}+\frac{\nabla\nabla}{\beta^2}\right)G(\boldsymbol{r},\boldsymbol{r}')\cdot\boldsymbol{\Lambda}(\boldsymbol{r}')\mathrm{d}S \\ &= -j\beta\eta\sum_{n=1}^{N}J_{\mathrm{e},n}\left\{\int_{S_n}G(\boldsymbol{r},\boldsymbol{r}')\cdot\boldsymbol{\Lambda}(\boldsymbol{r}')\mathrm{d}S+\int_{S_n}\frac{\nabla\nabla}{\beta^2}\cdot G(\boldsymbol{r},\boldsymbol{r}')\boldsymbol{\Lambda}(\boldsymbol{r}')\mathrm{d}S\right\}\end{aligned} \tag{6-55}$$

其中第二项积分可以写成：

$$\int_{S_n}\frac{\nabla\nabla}{\beta^2}G(\boldsymbol{r},\boldsymbol{r}')\cdot\boldsymbol{\Lambda}(\boldsymbol{r}')\mathrm{d}S=-\frac{\nabla}{\beta^2}\int_{S_n}\nabla'G(\boldsymbol{r},\boldsymbol{r}')\cdot\boldsymbol{\Lambda}(\boldsymbol{r}')\mathrm{d}S \tag{6-56}$$

根据矢量恒等式$\nabla\cdot(g\boldsymbol{f})=g\nabla\cdot\boldsymbol{f}+\boldsymbol{f}\cdot\nabla g$，可得：

$$\int_{S_n}\nabla'G(\boldsymbol{r},\boldsymbol{r}')\cdot\boldsymbol{\Lambda}(\boldsymbol{r}')\mathrm{d}S=\int_{S_n}\{\nabla'[G(\boldsymbol{r},\boldsymbol{r}')\boldsymbol{\Lambda}(\boldsymbol{r}')]-G(\boldsymbol{r},\boldsymbol{r}')\nabla'\boldsymbol{\Lambda}(\boldsymbol{r}')\}\,\mathrm{d}S \tag{6-57}$$

根据旋度定理，可得$\int_{S_n}\nabla'[G(\boldsymbol{r},\boldsymbol{r}')\boldsymbol{\Lambda}(\boldsymbol{r}')]\mathrm{d}S=\int_{C_n}\hat{\boldsymbol{n}}\cdot[G(\boldsymbol{r},\boldsymbol{r}')\boldsymbol{\Lambda}(\boldsymbol{r}')]\mathrm{d}l=0$，因此：

$$\int_{S_n}\frac{\nabla\nabla}{\beta^2}G(\boldsymbol{r},\boldsymbol{r}')\cdot\boldsymbol{\Lambda}(\boldsymbol{r}')\mathrm{d}S=\frac{\nabla}{\beta^2}\int_{S_n}G(\boldsymbol{r},\boldsymbol{r}')\nabla'\cdot\boldsymbol{\Lambda}(\boldsymbol{r}')\mathrm{d}S \tag{6-58}$$

代入电场表达式得：

$$\begin{aligned}\boldsymbol{E}^{\mathrm{sca}} &= -j\beta\eta\sum_{i=1}^{N}J_{\mathrm{e},i}\left\{\int_{S_n}G(\boldsymbol{r},\boldsymbol{r}')\cdot\boldsymbol{\Lambda}(\boldsymbol{r}')\mathrm{d}S+\frac{\nabla}{\beta^2}\int_{S_n}G(\boldsymbol{r},\boldsymbol{r}')\nabla'\cdot\boldsymbol{\Lambda}(\boldsymbol{r}')\mathrm{d}S\right\} \\ &= -j\beta\eta\sum_{i=1}^{N}J_{\mathrm{e},i}\left\{\int_{S_n}G(\boldsymbol{r},\boldsymbol{r}')\cdot\boldsymbol{\Lambda}(\boldsymbol{r}')\mathrm{d}S-\frac{1}{\beta^2}\int_{S_n}\nabla'\cdot\boldsymbol{\Lambda}(\boldsymbol{r}')\left(jk+\frac{1}{R}\right)G(\boldsymbol{r},\boldsymbol{r}')\hat{\boldsymbol{k}}\,\mathrm{d}S\right\}\end{aligned} \tag{6-59}$$

该公式的分母出现了 R^2，而传统公式分母则出现 R^3，因而当计算散射时，该公式的数值稳定性更好。下面给出该公式的 C 语言代码，可扫描如下二维码获得。

对于远区场，自由空间格林函数可以近似表示为：

$$G(\boldsymbol{r},\boldsymbol{r}')=\frac{\mathrm{e}^{-j\beta|\boldsymbol{r}-\boldsymbol{r}'|}}{4\pi\,|\,\boldsymbol{r}-\boldsymbol{r}'\,|}\approx\frac{\mathrm{e}^{-j\beta r}\,\mathrm{e}^{-j\beta\hat{\boldsymbol{r}}\cdot\boldsymbol{r}'}}{4\pi r} \tag{6-60}$$

式中，r 表示坐标原点到远区观察点之间的距离。

因此，远区散射场的表达式可以简化，从而得到远区散射场的表达式如下：

$$\begin{aligned}
\boldsymbol{E}^{\mathrm{sca}}&=-j\beta\eta\sum_{n=1}^{N}J_{\mathrm{e},n}\int_{S_n}\left\{\left[1-\frac{j}{\beta R}-\frac{1}{(\beta R)^2}\right]\bar{\bar{\boldsymbol{I}}}-\left[1-\frac{3j}{\beta R}-\frac{3}{(\beta R)^2}\right]\hat{\boldsymbol{r}}\hat{\boldsymbol{r}}\right\}\\
&\quad G(\boldsymbol{r},\boldsymbol{r}')\cdot\boldsymbol{\Lambda}(\boldsymbol{r}')\mathrm{d}S\\
&\approx-j\beta\eta\sum_{n=1}^{N}J_{\mathrm{e},n}\int_{S_n}(\bar{\bar{\boldsymbol{I}}}-\hat{\boldsymbol{r}}\hat{\boldsymbol{r}})\frac{\mathrm{e}^{-j\beta r}\,\mathrm{e}^{-j\beta\hat{\boldsymbol{r}}\cdot\boldsymbol{r}'}}{4\pi r}\cdot\boldsymbol{\Lambda}(\boldsymbol{r}')\mathrm{d}S\\
&=-j\beta\eta\frac{\mathrm{e}^{-j\beta r}}{4\pi r}\sum_{n=1}^{N}J_{\mathrm{e},n}\int_{S_n}(\bar{\bar{\boldsymbol{I}}}-\hat{\boldsymbol{r}}\hat{\boldsymbol{r}})\cdot\boldsymbol{\Lambda}(\boldsymbol{r}')\mathrm{e}^{-j\beta\hat{\boldsymbol{r}}\cdot\boldsymbol{r}'}\mathrm{d}S
\end{aligned} \tag{6-61}$$

$$\begin{aligned}
\boldsymbol{H}^{\mathrm{sca}}&=\sum_{n=1}^{N}J_{\mathrm{e},n}\int_{S_n}\left[-\frac{\mathrm{e}^{-j\beta R}}{4\pi R^2}(1+j\beta R)\hat{\boldsymbol{r}}\right]\times\boldsymbol{\Lambda}(\boldsymbol{r}')\mathrm{d}S\\
&\approx\sum_{n=1}^{N}J_{\mathrm{e},n}\int_{S_n}-j\beta\frac{\mathrm{e}^{-j\beta r}\,\mathrm{e}^{-j\beta\hat{\boldsymbol{r}}\cdot\boldsymbol{r}'}}{4\pi r}\hat{\boldsymbol{r}}\times\boldsymbol{\Lambda}(\boldsymbol{r}')\mathrm{d}S\\
&=-j\beta\frac{\mathrm{e}^{-j\beta r}}{4\pi r}\sum_{n=1}^{N}J_{\mathrm{e},n}\int_{S_n}\hat{\boldsymbol{r}}\times\boldsymbol{\Lambda}(\boldsymbol{r}')\mathrm{e}^{-j\beta\hat{\boldsymbol{r}}\cdot\boldsymbol{r}'}\mathrm{d}S
\end{aligned} \tag{6-62}$$

在一般情况下，当 β 很大时，在积分区域中变化异常地剧烈，应用一般的数值积分方法（如高斯积分）不容易得到准确的结果。因而需要推导出对每个平面三角形单元积分的解析公式，解析公式的推导见下一节。

当计算目标 RCS 的时候，需要计算无穷远处的散射场。由于散射场的计算式中分母有距离 r 存在，因此，无穷远处散射场的值将趋于 0，导致无法计算。此时，再次给出 RCS 计算公式，即：

$$\mathrm{RCS}=10\lg 4\pi r^2\frac{|\boldsymbol{E}^{\mathrm{sca}}|^2}{|\boldsymbol{E}^{\mathrm{inc}}|^2}=10\lg 4\pi\frac{|r\boldsymbol{E}^{\mathrm{sca}}|^2}{|r\boldsymbol{E}^{\mathrm{inc}}|^2} \tag{6-63}$$

$$\mathrm{RCS}=10\lg 4\pi r^2\frac{|\boldsymbol{H}^{\mathrm{sca}}|^2}{|\boldsymbol{H}^{\mathrm{inc}}|^2}=10\lg 4\pi\frac{|r\boldsymbol{H}^{\mathrm{sca}}|^2}{|r\boldsymbol{H}^{\mathrm{inc}}|^2} \tag{6-64}$$

不难看出，将 r 与 $\boldsymbol{E}^{\mathrm{sca}}$ 组合起来计算，r 与 $\boldsymbol{E}^{\mathrm{sca}}$ 分母中的 r 刚好可以抵消，从而避免数值趋向于 0 的情况。因此，计算 RCS 时，我们常常计算 $r\boldsymbol{E}^{\mathrm{sca}}$ 或 $r\boldsymbol{E}^{\mathrm{sca}}$，其表达式为：

$$r\boldsymbol{E}^{\text{sca}}=-j\beta\eta\frac{\mathrm{e}^{-j\beta r}}{4\pi}\sum_{n=1}^{N}J_{\mathrm{e},n}\int_{S_n}(\bar{\bar{\boldsymbol{I}}}-\hat{\boldsymbol{r}}\hat{\boldsymbol{r}})\cdot\boldsymbol{\Lambda}(\boldsymbol{r}')\mathrm{e}^{j\beta\hat{r}-r'}\mathrm{d}S \tag{6-65}$$

$$r\boldsymbol{E}^{\text{sca}}=-j\beta\frac{\mathrm{e}^{-j\beta r}}{4\pi}\sum_{n=1}^{N}J_{\mathrm{e},n}\int_{S_n}\hat{\boldsymbol{r}}\times\boldsymbol{\Lambda}(\boldsymbol{r}')\mathrm{e}^{j\beta\hat{r}-r'}\mathrm{d}S \tag{6-66}$$

上述表达中，分母就没有出现距离 r。计算远区散射场的代码可扫描如下二维码获得。

6.2.5 振荡核在三角形区域的解析积分公式

首先列出计算远区散射场的表达式：

$$\boldsymbol{E}^{\text{sca}}=-j\beta\eta\frac{\mathrm{e}^{-j\beta r}}{4\pi r}\sum_{n=1}^{N}J_{\mathrm{e},n}\int_{S_n}(\bar{\bar{\boldsymbol{I}}}-\hat{\boldsymbol{r}}\hat{\boldsymbol{r}})\cdot\boldsymbol{\Lambda}(\boldsymbol{r}')\mathrm{e}^{-j\beta=\hat{r}-r'}\mathrm{d}S \tag{6-67}$$

$$\boldsymbol{H}^{\text{sca}}=-j\beta\frac{\mathrm{e}^{-j\beta r}}{4\pi r}\sum_{n=1}^{N}J_{\mathrm{e},n}\int_{S_n}\hat{\boldsymbol{r}}\times\boldsymbol{\Lambda}(\boldsymbol{r}')\mathrm{e}^{-j\beta\hat{r}-r'}\mathrm{d}S \tag{6-68}$$

从公式中可以看出，振荡积分主要有两种类型，分别为：

$$S(\boldsymbol{\beta})=\int_S \mathrm{e}^{j\boldsymbol{\beta}\cdot\boldsymbol{r}}\mathrm{d}S \tag{6-69}$$

$$S(\boldsymbol{\beta},\boldsymbol{r}_{\mathrm{v}})=\int_S\boldsymbol{\rho}\,\mathrm{e}^{j\boldsymbol{\beta}\cdot\boldsymbol{r}}\mathrm{d}S=\int_S(\boldsymbol{r}-\boldsymbol{r}_{\mathrm{v}})\mathrm{e}^{j\boldsymbol{\beta}\cdot\boldsymbol{r}}\mathrm{d}S \tag{6-70}$$

式中，$\boldsymbol{r}_{\mathrm{v}}$ 为 RWG 基函数对应的三角形顶点；积分区间 S 为多边形区域（如果采用 RWG 基函数则是三角形区域）。下面就介绍该如何推导这两个积分的解析表达式。

如图 6-5 所示，假设 S 是一个具有 N 条边的多边形，其外形函数如下：

$$S(\boldsymbol{r})=\begin{cases}1 & \text{if } \boldsymbol{r}\in\sum\\ 0 & \text{otherwise}\end{cases} \tag{6-71}$$

设其顶点按逆时针方向分别标注为 $1,2,3,\cdots,N$，其方向与我们积分时所需要的方向一致（其中顶点 1 同时作为最末点 $N+1$，同样的，顶点 0＝顶点 N）。第 n 个顶点表示为 $\boldsymbol{r}=x_n\hat{\boldsymbol{x}}+y_n\hat{\boldsymbol{y}}$，第 n 条边位于点 n 和 $n+1$ 之间（与顶点相同，边 1＝边 $N+1$，边 0＝边 N），其向量形式表示为：

$$\boldsymbol{I}_n=\boldsymbol{r}_{n+1}-\boldsymbol{r}_n \tag{6-72}$$

假设第 n 条边的参数为：

$$\boldsymbol{r}(t)=[(1-t)\boldsymbol{r}_n+(1+t)\boldsymbol{r}_{n+1}]/2 \tag{6-73}$$

其中 $t\in[-1,1]$，则 $\mathrm{d}\boldsymbol{r}=[(\boldsymbol{r}_{n+1}-\boldsymbol{r}_n)/2]\mathrm{d}t=\boldsymbol{I}_n\mathrm{d}t/2$。同时，我们引入第 n 条边的中点，表示为 $\boldsymbol{r}_{nc}=(\boldsymbol{r}_n+\boldsymbol{r}_{n+1})/2$。

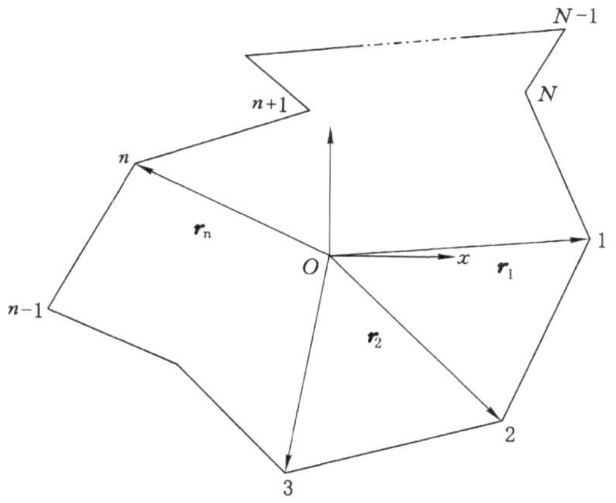

图 6-5　任意平面多边形几何关系

为了求解积分 $S(\boldsymbol{\beta})=\int_S \mathrm{e}^{j\boldsymbol{\beta}\cdot\boldsymbol{r}}\mathrm{d}S$，首先将 $\boldsymbol{\beta}$ 分解为垂直分量和水平分量，其中垂直分量为垂直于多边形平面的分量，水平分量为平行于多边形平面的分量。由于 $\boldsymbol{\beta}$ 的垂直分量与多边形平面中的任意点作点乘为一常数，则积分公式可以化简为：

$$S(\boldsymbol{\beta})=\int_S \mathrm{e}^{j\boldsymbol{\beta}\cdot\boldsymbol{r}}\mathrm{d}S=\int_S \mathrm{e}^{j(\boldsymbol{\beta}_\perp\cdot\boldsymbol{r}+\boldsymbol{\beta}_\perp\cdot\boldsymbol{r})}\mathrm{d}S=\mathrm{e}^{j\boldsymbol{\beta}_\perp\cdot\boldsymbol{r}}\mathrm{d}S \tag{6-74}$$

下面主要分析积分式 $\int_S \mathrm{e}^{j\boldsymbol{\beta}_\perp\cdot\boldsymbol{r}}\mathrm{d}S$ 的求解。根据斯托克斯定理可知：

$$\int_S \nabla\times\boldsymbol{A}\cdot\mathrm{d}S=\int_C \boldsymbol{A}\cdot\mathrm{d}l \tag{6-75}$$

下面分两种情况来讨论积分式的求解。

当 $\boldsymbol{\beta}=0$ 时，令 $\boldsymbol{A}=\dfrac{\hat{\boldsymbol{a}}_z\times\boldsymbol{r}}{2}$，那么，根据斯托克斯定理可知：

$$\begin{aligned}
S(0)&=\int_\Sigma \mathrm{d}S=\frac{1}{4}\sum_{n=1}^{N}\int_{-1}^{1}(\hat{\boldsymbol{a}}_z\times\boldsymbol{r})\cdot\boldsymbol{I}\,\mathrm{d}t\\
&=\frac{1}{8}\sum_{n=1}^{N}(\boldsymbol{I}_n\times\hat{\boldsymbol{a}}_z)\int_{-1}^{1}[(1-t)\boldsymbol{r}_n+(1+t)\boldsymbol{r}_{n+1}]\mathrm{d}t\\
&=\frac{1}{2}\sum_{n=1}^{N}(\boldsymbol{I}_n\times\hat{\boldsymbol{a}}_z)\cdot\boldsymbol{r}_{nc}\\
&=\frac{1}{2}\sum_{n=1}^{N}\hat{\boldsymbol{a}}_z\cdot\boldsymbol{r}_{nc}\times\boldsymbol{I}_n\\
&=\frac{1}{2}\sum_{n=1}^{N}\hat{\boldsymbol{a}}_z\cdot\boldsymbol{r}_n\times\boldsymbol{r}_{n+1}
\end{aligned} \tag{6-76}$$

式中，$\boldsymbol{r}_{nc}$为第 n 条边的中点；$\boldsymbol{r}_n$ 为第 n 条边的矢量。上式便是一个多边形面积公式。对于一个凸多边形，在同样坐标系下，内部的多边形面积可以表示为：

$$\int_{\Sigma} \mathrm{d}S = \frac{1}{2}\sum_{n=1}^{N} | \boldsymbol{r}_n \times \boldsymbol{r}_{n+1} | \tag{6-77}$$

可以理解为是多块三角形面积的累加。

当 $\boldsymbol{\beta} \neq 0$ 时，令 $\boldsymbol{A} = \dfrac{j\,\mathrm{e}^{j\boldsymbol{\beta}\cdot\boldsymbol{r}}}{|\boldsymbol{\beta}|}(\boldsymbol{\beta}\times\hat{\boldsymbol{a}}_z)$，则：

$$\nabla\times\boldsymbol{A} = j\boldsymbol{k}\times\boldsymbol{A} = \frac{j\,\mathrm{e}^{j\boldsymbol{\beta}\cdot\boldsymbol{r}}}{|\boldsymbol{\beta}|}\boldsymbol{\beta}\times(\boldsymbol{\beta}\times\hat{\boldsymbol{a}}_z) = -\frac{j\,\mathrm{e}^{j\boldsymbol{\beta}\cdot\boldsymbol{r}}}{|\boldsymbol{\beta}|}\times\hat{\boldsymbol{a}}_z(-\boldsymbol{\beta}\cdot\boldsymbol{\beta}) = \hat{\boldsymbol{a}}_z\mathrm{e}^{j\boldsymbol{\beta}\cdot\boldsymbol{r}} \tag{6-78}$$

则积分式可以表示为：

$$\begin{aligned}
S(\boldsymbol{\beta}) &= \int_{\Sigma}\nabla\times\boldsymbol{A}\cdot\mathrm{d}S = \int_{C}\boldsymbol{A}\cdot\mathrm{d}\boldsymbol{l} = \frac{1}{2}\sum_{n=1}^{N}\int_{-1}^{1}\boldsymbol{A}\cdot\boldsymbol{l}_n\,\mathrm{d}t \\
&= \frac{j}{2|\boldsymbol{\beta}|^2}\sum_{n=1}^{N}\int_{-1}^{1}\mathrm{e}^{j\boldsymbol{\beta}\cdot[(1-t)\boldsymbol{r}_n+(1+t)\boldsymbol{r}_{n+1}]/2}(\boldsymbol{\beta}\times\hat{\boldsymbol{a}}_z)\cdot\boldsymbol{l}_n\,\mathrm{d}t \\
&= \frac{j}{2|\boldsymbol{\beta}|^2}\sum_{n=1}^{N}\hat{\boldsymbol{a}}_z\cdot(\boldsymbol{l}_n\times\boldsymbol{\beta})\mathrm{e}^{j\boldsymbol{\beta}\cdot\boldsymbol{r}_{nc}}\int_{-1}^{1}\mathrm{e}^{j\frac{\boldsymbol{\beta}\cdot\boldsymbol{l}_n}{2}}\mathrm{d}t \\
&= \frac{j}{2|\boldsymbol{\beta}|^2}\sum_{n=1}^{N}\hat{\boldsymbol{a}}_z\cdot(\boldsymbol{l}_n\times\boldsymbol{\beta})\mathrm{e}^{j\boldsymbol{\beta}\cdot\boldsymbol{r}_{nc}}j_0\left(\frac{\boldsymbol{\beta}\cdot\boldsymbol{l}_n}{2}\right)
\end{aligned} \tag{6-79}$$

式中，j_n 为第一类球形贝塞尔函数；n 为贝塞尔函数的阶数。

对于积分 $S(\boldsymbol{\beta},\boldsymbol{r}_{\mathrm{v}}) = \int_{\Sigma}(\boldsymbol{r}-\boldsymbol{r}_{\mathrm{v}})\mathrm{e}^{j\boldsymbol{\beta}\cdot\boldsymbol{r}}\mathrm{d}S$，其中 $\boldsymbol{r}$ 为三角形中任意一点，$\boldsymbol{r}_{\mathrm{v}}$ 为三角形中 RWG 基函数对应的顶点，于是：

$$S(\boldsymbol{\beta},\boldsymbol{r}_{\mathrm{v}}) = -j\,\nabla S(\boldsymbol{\beta}) - \boldsymbol{r}_{\mathrm{v}}S(\boldsymbol{\beta}) \tag{6-80}$$

其中：

$$\begin{aligned}
\nabla S(\boldsymbol{\beta}) &= j\sum_{n=1}^{N}\nabla\left[\frac{\hat{\boldsymbol{a}}_z\cdot(\boldsymbol{l}_n\times\boldsymbol{\beta})}{|\boldsymbol{\beta}|^2}\mathrm{e}^{j\boldsymbol{\beta}\cdot\boldsymbol{r}_{nc}}j_0\left(\frac{\boldsymbol{\beta}\cdot\boldsymbol{l}_n}{2}\right)\right] \\
&= \frac{j}{|\boldsymbol{\beta}|^2}\sum_{n=1}^{N}\mathrm{e}^{j\boldsymbol{\beta}\cdot\boldsymbol{r}_{nc}}\left\{\left[\hat{\boldsymbol{a}}_z\times\boldsymbol{l}_n + \left(j\boldsymbol{r}_{nc} - \frac{2\boldsymbol{\beta}}{|\boldsymbol{\beta}|^2}\right)\hat{\boldsymbol{a}}_z\cdot\boldsymbol{l}_n\times\boldsymbol{\beta}\right]j_0\left(\frac{\boldsymbol{\beta}\cdot\boldsymbol{l}_n}{2}\right) - \right. \\
&\quad \left. \boldsymbol{l}_n\frac{\hat{\boldsymbol{a}}_z\cdot\boldsymbol{l}_n\times\boldsymbol{\beta}}{2}j_1\left(\frac{\boldsymbol{\beta}\cdot\boldsymbol{l}_n}{2}\right)\right\}
\end{aligned} \tag{6-81}$$

当 $\boldsymbol{\beta} = 0$ 时，$S(0,\boldsymbol{r}_{\mathrm{v}}) = A(\boldsymbol{r}_{\mathrm{c}} - \boldsymbol{r}_{\mathrm{v}})$，$A$ 为多边形面积，$\boldsymbol{r}_{\mathrm{c}}$ 为三角形中心。

上面的推导，就基本建立了在多边形上计算振荡积分的算法。

6.2.6 混合场积分方程

EFIE 能够精确分析任意目标的散射问题，MFIE 只能分析闭合目标的散射问题。而且，EFIE 和 MFIE 都会遇到内谐振现象，即在某些频率点，EFIE 和 MFIE 形成的阻抗矩阵奇异或条件数非常大，从而导致电流存在伪解。通常情况下，EFIE 和 MFIE 的谐振频率不同，因此，为了避免谐振现象，可以引入混合场积分方程（CFIE）：

$$\mathrm{CFIE}=\frac{\alpha}{\eta}\mathrm{EFIE}+(1-\alpha)\mathrm{MFIE} \tag{6-82}$$

此时，阻抗矩阵和右边向量的表达式为：

$$Z_{mn}=\frac{\alpha}{\eta}Z_{mn}^{\mathrm{EFIE}}+(1-\alpha)Z_{mn}^{\mathrm{MFIE}} \tag{6-83}$$

$$V_m=\int_{S_m}\boldsymbol{\Lambda}_m\cdot\left[\alpha\frac{\boldsymbol{E}^{\mathrm{inc}}}{\eta}+(1-\alpha)\hat{\boldsymbol{n}}\times\boldsymbol{H}^{\mathrm{inc}}\right]\mathrm{d}S \tag{6-84}$$

CFIE 可以真正地消除内谐振现象。一般情况下，由于 MFIE 只能分析闭合目标，因此，CFIE 也只能分析闭合目标。CFIE 的计算效率常常是介于 EFIE 和 MFIE 之间，也有可能优于两者，主要受到因子 α 的影响。后面的数值算例也将讨论因子 α 的取值。

6.2.7　数值算例

本节将验证通过矩量法求解 EFIE、MFIE、CFIE 的方式来计算电磁散射的精度、时间及内存。

（1）验证 EFIE、MFIE 的计算精度、时间及内存

该部分的算例采用的计算机 CPU 型号为 Intel Core™ i7-8700，内存型号为 DDR3，容量为 16 GB。

图 6-6 给出了半径为 1 m 的理想导体球的双站 RCS 结果，其中入射波的频率为 300 MHz，俯仰角为 0°，方位角为 0°，未知量为 1 920，剖分密度为每平方波长 102 个三角形单元。从图中可以看出，矩量法求解电场积分方程的结果与 Mie 级数的结果非常吻合，而磁场积分方程的结果略有误差。

算例中采用重启的广义最小余量法进行方程求解，子空间维数设置为 30，收敛精度设置为 10^{-3}。采用电场积分方程时，阻抗矩阵的内存开销均为 56 MB，占内存开销的主要部分。HH 极化和 VV 极化下求解时间均为 6 s，迭代步数分别为 76 和 74；采用磁场积分方程时，HH 极化和 VV 极化下求解时间均为 13 s，迭代步数为 18。虽然磁场积分方程的迭代步数少，但由于磁场积分方程在矩阵填充的时候，不能利用阻抗矩阵的对称性来简化填充效率，反而使得计算时间多于电场积分方程。

图 6-7 给出了半径为 2 m 的理想导体球的双站 RCS 结果，其中入射波的频率为 300 MHz，俯仰角为 0°，方位角为 0°，未知量为 7 680，剖分密度为每平方波

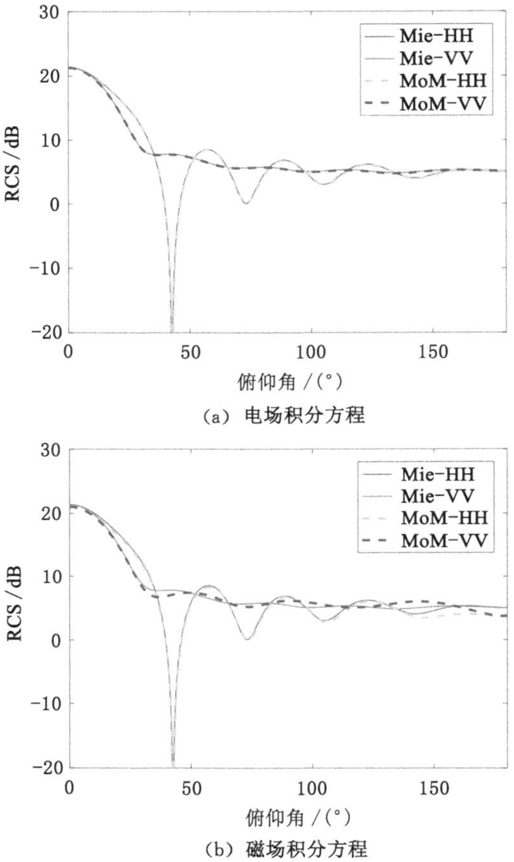

图 6-6　矩量法计算理想导体球的双站 RCS 结果($r=1$ m，$f=300$ MHz)

长 102 个三角形单元。从图中可以看出，矩量法求解电场积分方程的结果与 Mie 级数的结果非常吻合，而磁场积分方程的结果略有误差，尤其是在 150°～180°范围内误差比较大。由于磁场积分方程的误差来源于方程本身，因此增加网格剖分密度只能在一定程度上减少误差，而无法消除。

算例中采用重启的广义最小余量法进行方程求解，子空间维数设置为 30，收敛精度设置为 10^{-3}。采用电场积分方程时，阻抗矩阵的内存开销均为 900 MB，占内存开销的主要部分。HH 极化和 VV 极化下求解时间均为 254 s，迭代步数分别为 253 和 249，由于未知量依然不大，所以迭代步数对总时间的影响不大；采用磁场积分方程时，HH 极化和 VV 极化下求解时间均为 557 s，迭代

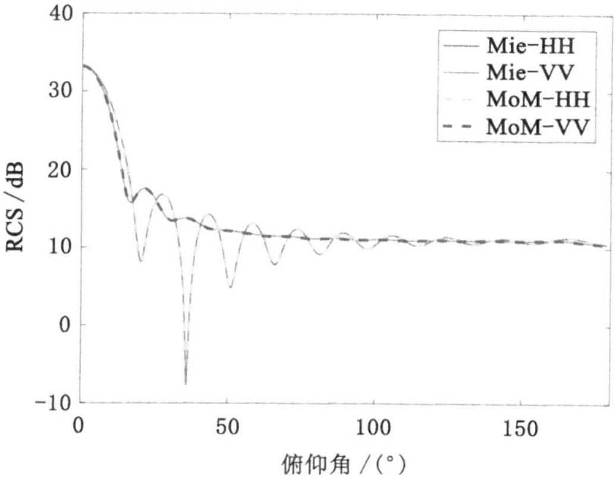

(a) 电场积分方程

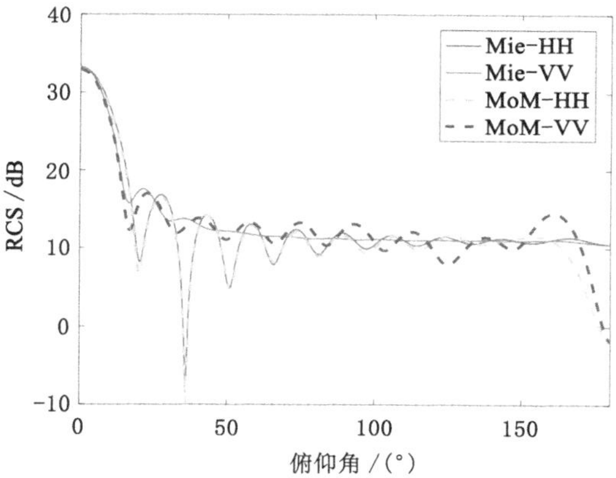

(b) 磁场积分方程

图 6-7　矩量法计算理想导体球的双站 RCS 结果($r=2$ m, $f=300$ MHz)

步数分别为 40 和 43。虽然磁场积分方程的迭代步数少，但由于磁场积分方程在矩阵填充的时候不能利用阻抗矩阵的对称性来简化填充效率，反而使得计算时间多于电场积分方程。

由于内存开销随着未知量的增大而增大，复杂度为 $O(N^2)$，其中 N 为未知量个数。因此，传统的矩量法只能分析小尺寸目标，无法分析大尺寸目标。

(2) 讨论 CFIE 因子 α 的取值。

该部分通过对金属球的散射计算来分析 CFIE 因子 α 不同取值产生的效果并进行对比。该部分算例采用的计算机 CPU 型号为 Intel Core™ i7-8700，内存型号为 DDR3，容量为 16 GB。

图 6-8 给出了半径为 1 m 的理想导体球的双站 RCS 结果，其中入射波的频率为 300 MHz，俯仰角为 0°，方位角为 0°，未知量为 1 920，剖分密度为每平方波长 102 个三角形单元。从图中可以看出，矩量法求解混合场积分方程的结果与 Mie 级数的结果非常吻合，此时的 CFIE 因子为 0.5。

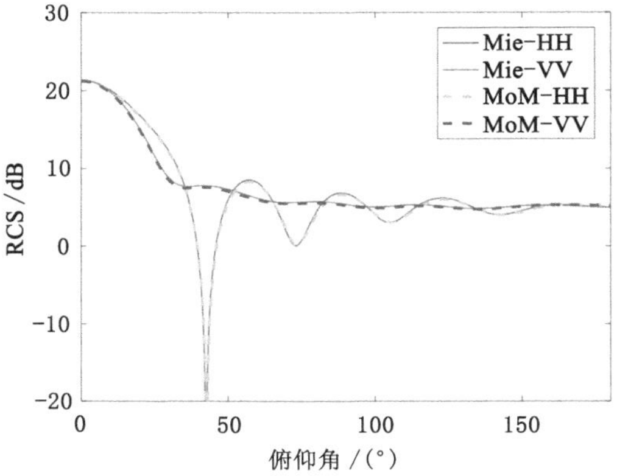

图 6-8　矩量法计算理想导体球的双站 RCS 结果($r=1$ m，$f=300$ MHz，$\alpha=0.5$)

为了分析 CFIE 因子的取值对求解的影响，表 6-1 给出了不同 CFIE 因子在计算理想导体球时的效果对比。从表中可以看出，当 CFIE 因子取值在 0.3 时，迭代步数最小。通常，我们选取 CFIE 因子为 0.5，即 EFIE 和 MFIE 的作用各自占一半。由于问题的未知量过小，因此计算时间均差不多。只有 CFIE 因子取 0 和 1 的时候计算时间比较小，主要原因是此时已经退化为 EFIE 和 MFIE，矩阵的填充时间大大减小。

表 6-1　不同 CFIE 因子在计算理想导体球时的效果对比($r=1$ m，$f=300$ MHz，VV 极化)

CFIE 系数	0.0	0.1	0.2	0.3	0.4	0.5
迭代步数	18	13	11	10	11	15
计算时间	13	18	18	18	18	18
CFIE 系数	0.6	0.7	0.8	0.9	1.0	
迭代步数	20	27	38	55	76	
计算时间	18	18	18	18	6	

(3) 验证 CFIE 的计算精度、时间及内存

该部分通过对 Benchmark 中目标的散射计算来验证 CFIE 的效果。该部分

算例采用的计算机 CPU 型号为 Intel Core™ i7-8700，内存型号为 DDR3，容量为 16 GB。

图 6-9 给出了 NASA Almond 的单站 RCS 结果，其中入射波的频率分别为 1.19 GHz、7 GHz 和 9.92 GHz，俯仰角为 90°，方位角为 0°～180°，未知量为 1 815，计算中 CFIE 因子选取为 0.5。

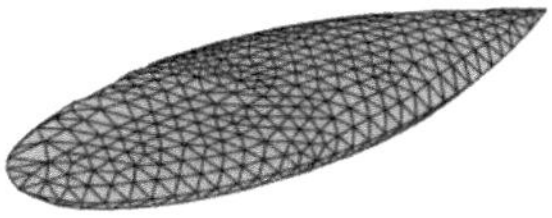

(a) 目标几何模型

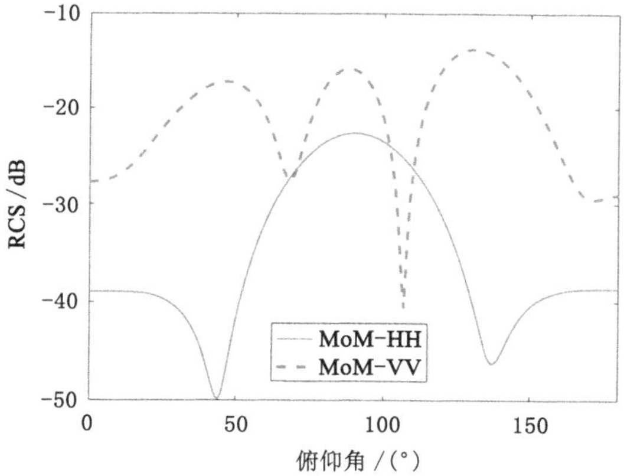

(b) f=1.19 GHz

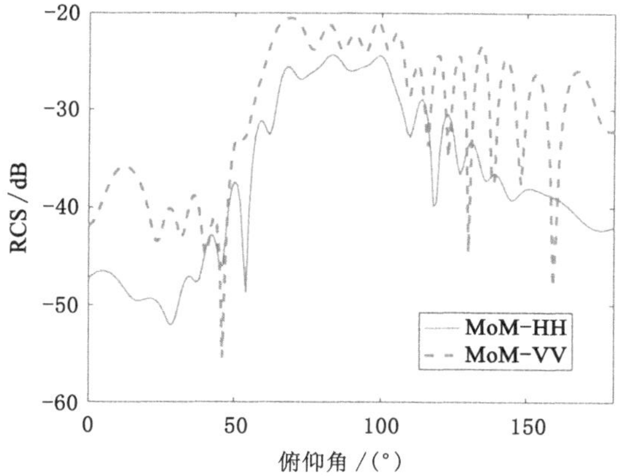

(c) f=7 GHz

图 6-9　矩量法计算 NASA Almond 的单站 RCS 结果

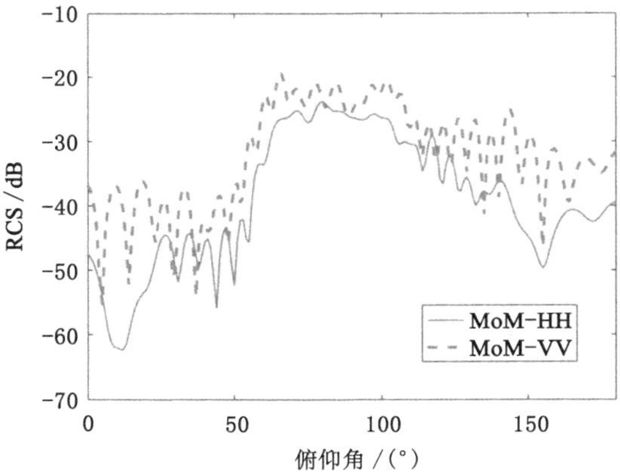

(d) f=9.92 GHz

图 6-9 （续）

与 Benchmark 对比，计算结果与测试结果基本吻合。计算时间、计算内存等数据见表 6-2。

表 6-2　NASA Almond 单站 RCS 计算的时间、内存统计

频率/GHz	剖分密度	极化	阻抗矩阵填充		求解器		总时间/s
			时间/s	内存/MB	子空间维数	时间/s	
1.19	7 725.17	HH	8.55	50.27	30	107.98	116.55
		VV	8.36	50.27	30	215.91	224.29
7	1 313.28	HH	8.65	50.27	30	115.03	123.68
		VV	8.94	50.27	30	202.64	211.59
9.92	926.71	HH	8.85	50.27	30	127.20	136.07
		VV	8.69	50.27	30	214.47	223.18

图 6-10 给出了 Ogive 的单站 RCS 结果，其中入射波的频率分别为 1.18 GHz 和 9 GHz，俯仰角为 90°，方位角为 0°～180°，未知量为 2 571，计算中 CFIE 因子选取为 0.5。

与 Benchmark 对比，计算结果与测试结果基本吻合。计算时间、计算内存等数据见表 6-3。

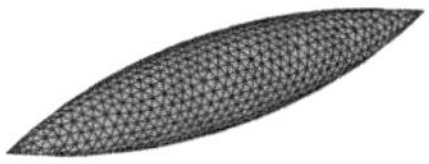

(a) 目标几何模型

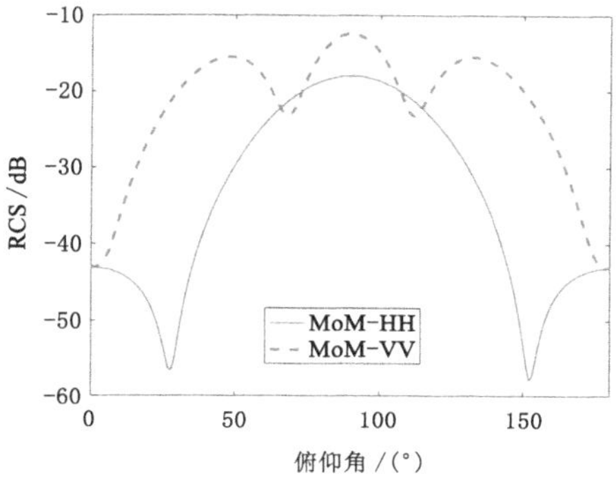

(b) f =1.18 GHz

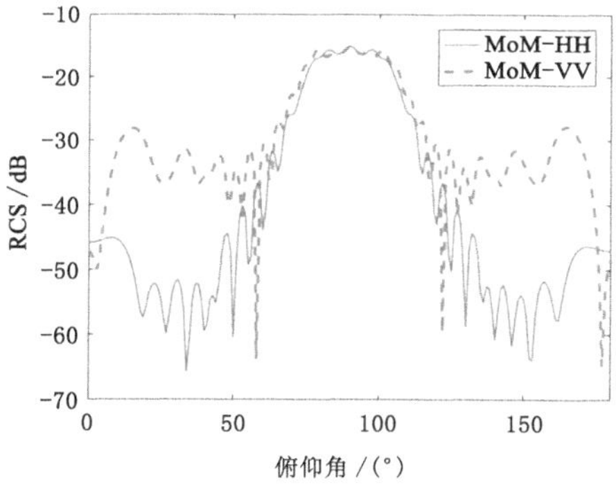

(c) f =9 GHz

图 6-10　矩量法计算 Ogive 的单站 RCS 结果

表 6-3　Ogive 单站 RCS 计算的时间、内存统计

频率/GHz	剖分密度	极化	阻抗矩阵填充		求解器		总时间/s
			时间/s	内存/MB	子空间维数	时间/s	
1.18	15 829.76	HH	16.63	100.86	30	120.66	137.31
		VV	17.26	100.86	30	199.15	216.43
9	2 075.46	HH	17.11	100.86	30	144.59	161.72
		VV	17.49	100.86	30	188.64	206.14

图 6-11 给出了 Double-Ogive 的单站 RCS 结果，其中入射波的频率分别为 1.57 GHz 和 9 GHz，俯仰角为 90°，方位角为 0°～180°，未知量为 4 635，计算中 CFIE 因子选取为 0.5。

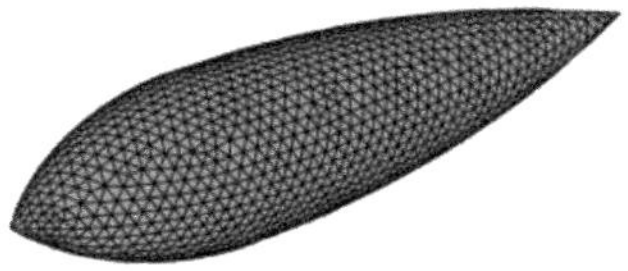

(a) 目标几何模型

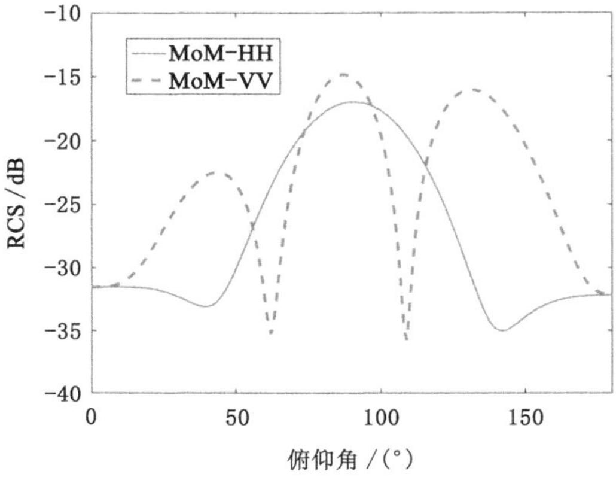

(b) f=1.57 GHz

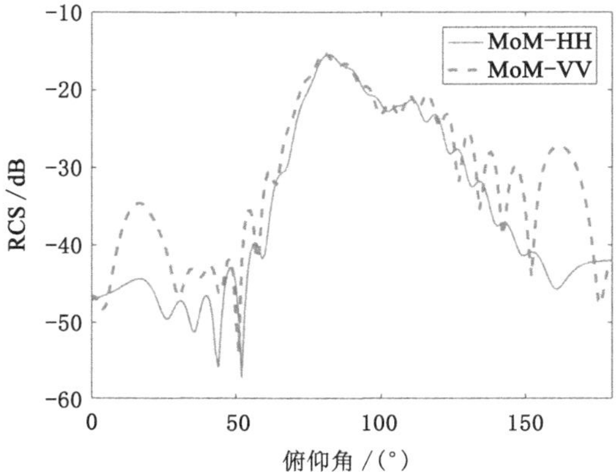

(c) f=9 GHz

图 6-11 矩量法计算 Double-Ogive 的单站 RCS 结果

与 Benchmark 对比，计算结果与测试结果基本吻合。计算时间、计算内存等数据见表 6-4。

表 6-4　Double-Ogive 单站 RCS 计算的时间、内存统计

频率/GHz	剖分密度	极化	阻抗矩阵填充		求解器		总时间/s
			时间/s	内存/MB	子空间维数	时间/s	
1.57	27 763.15	HH	57.75	327.81	30	517.23	574.99
		VV	54.76	327.81	30	771.14	825.91
9	4 843.13	HH	57.81	327.81	30	529.09	586.95
		VV	58.13	327.81	30	681.02	739.17

6.3　均匀介质目标的电磁散射

6.3.1　PMCHWT 方程

根据面等效原理，均匀介质目标的外表面存在等效电流和等效磁流，用 $\boldsymbol{J}_{\mathrm{e}}$ 和 $\boldsymbol{J}_{\mathrm{m}}$ 表示，其散射场的表达式可以表示为：

$$\boldsymbol{E}^{\mathrm{sca}}=-jk\eta\iint_S\left(\bar{\bar{\boldsymbol{I}}}+\frac{\nabla\nabla}{k^2}\right)G(\boldsymbol{r},\boldsymbol{r}')\cdot\boldsymbol{J}_{\mathrm{e}}(\boldsymbol{r}')\mathrm{d}S-\iint_S\nabla G(\boldsymbol{r},\boldsymbol{r}')\times J_{\mathrm{m}}(\boldsymbol{r}')\mathrm{d}S \tag{6-85}$$

$$\boldsymbol{H}^{\mathrm{sca}}=-j\frac{k}{\eta}\iint_S\left(\bar{\bar{\boldsymbol{I}}}+\frac{\nabla\nabla}{k^2}\right)G(\boldsymbol{r},\boldsymbol{r}')\cdot\boldsymbol{J}_{\mathrm{m}}(\boldsymbol{r}')\mathrm{d}S+\iint_S\nabla G(\boldsymbol{r},\boldsymbol{r}')\times J_{\mathrm{e}}(\boldsymbol{r}')\mathrm{d}S \tag{6-86}$$

式中，$\boldsymbol{E}^{\mathrm{sca}}$ 和 $\boldsymbol{H}^{\mathrm{sca}}$ 为散射电场和散射磁场；$G(\boldsymbol{r},\boldsymbol{r}')$ 为自由空间格林函数；k 为介质外部空间的波数；η 为介质外部空间的波阻抗。

根据边界条件，在介质外表面存在关系：

$$\hat{\boldsymbol{n}}(\boldsymbol{E}^{\mathrm{inc}}+\boldsymbol{E}^{\mathrm{sca}})=-\boldsymbol{J}_{\mathrm{m}},\hat{\boldsymbol{n}}(\boldsymbol{H}^{\mathrm{inc}}+\boldsymbol{H}^{\mathrm{sca}})=-\boldsymbol{J}_{\mathrm{e}} \tag{6-87}$$

令并矢格林函数 $\bar{\bar{G}}(\boldsymbol{r},\boldsymbol{r}')=\left(\bar{\bar{\boldsymbol{I}}}+\frac{\nabla\nabla}{k^2}\right)G(\boldsymbol{r},\boldsymbol{r}')$，则可以推出外表面的 EFIE 和 MFIE 分别为：

$$\hat{\boldsymbol{n}}\times\boldsymbol{E}^{\mathrm{inc}}(\boldsymbol{r})=-\frac{1}{2}\boldsymbol{J}_{\mathrm{m}}(\boldsymbol{r})+\hat{\boldsymbol{n}}\times jk\eta\iint_S\bar{\bar{G}}(\boldsymbol{r},\boldsymbol{r}')\cdot\boldsymbol{J}_{\mathrm{e}}(\boldsymbol{r}')\mathrm{d}S+\hat{\boldsymbol{n}}\times\iint_{S-\delta S}\nabla G(\boldsymbol{r},\boldsymbol{r}')\times\boldsymbol{J}_{\mathrm{m}}(\boldsymbol{r}')\mathrm{d}S \tag{6-88}$$

$$\hat{\boldsymbol{n}}\times\boldsymbol{H}^{\mathrm{inc}}(\boldsymbol{r})=\frac{1}{2}\boldsymbol{J}_{\mathrm{e}}(\boldsymbol{r})+\hat{\boldsymbol{n}}\times j\frac{k}{\eta}\iint_S\bar{\bar{G}}(\boldsymbol{r},\boldsymbol{r}')\cdot\boldsymbol{J}_{\mathrm{m}}(\boldsymbol{r}')\mathrm{d}S-\hat{\boldsymbol{n}}\times$$

$$\iint_{S-\delta S} \nabla G(\boldsymbol{r},\boldsymbol{r}') \times \boldsymbol{J}_{\mathrm{e}}(\boldsymbol{r}')\mathrm{d}S \tag{6-89}$$

式中，$\boldsymbol{E}^{\mathrm{inc}}$ 和 $\boldsymbol{H}^{\mathrm{inc}}$ 为入射电场和入射磁场；δS 表示靠近观察点 $\boldsymbol{r}$ 的邻域。

根据面等效原理，均匀介质目标的内表面存在等效电流和等效磁流，且电流和磁流的大小与外表面相等、方向相反，用 $-\boldsymbol{J}_{\mathrm{e}}$ 和 $-\boldsymbol{J}_{\mathrm{m}}$ 表示，其散射场的表达式可以表示为：

$$\boldsymbol{E}_{\mathrm{d}}^{\mathrm{sca}} = jk_{\mathrm{d}}\eta_{\mathrm{d}}\iint_S \left(\bar{\bar{\boldsymbol{I}}} + \frac{\nabla\nabla}{k_{\mathrm{d}}^2}\right) G_{\mathrm{d}}(\boldsymbol{r},\boldsymbol{r}') \cdot \boldsymbol{J}_{\mathrm{e}}(\boldsymbol{r}')\mathrm{d}S + \iint_S \nabla G_{\mathrm{d}}(\boldsymbol{r},\boldsymbol{r}') \times \boldsymbol{J}_{\mathrm{m}}(\boldsymbol{r}')\mathrm{d}S \tag{6-90}$$

$$\boldsymbol{H}_{\mathrm{d}}^{\mathrm{sca}} = j\frac{k_{\mathrm{d}}}{\eta_{\mathrm{d}}}\iint_S \left(\bar{\bar{\boldsymbol{I}}} + \frac{\nabla\nabla}{k_{\mathrm{d}}^2}\right) G_{\mathrm{d}}(\boldsymbol{r},\boldsymbol{r}') \cdot \boldsymbol{J}_{\mathrm{m}}(\boldsymbol{r}')\mathrm{d}S - \iint_S \nabla G_{\mathrm{d}}(\boldsymbol{r},\boldsymbol{r}') \times \boldsymbol{J}_{\mathrm{e}}(\boldsymbol{r}')\mathrm{d}S \tag{6-91}$$

式中，$\boldsymbol{E}_{\mathrm{d}}^{\mathrm{sca}}$ 和 $\boldsymbol{H}_{\mathrm{d}}^{\mathrm{sca}}$ 为散射电场和散射磁场；$G_{\mathrm{d}}(\boldsymbol{r},\boldsymbol{r}')$ 为介质内部空间格林函数；k_{d} 为介质内部空间的波数；η_{d} 为介质内部空间的波阻抗。

根据边界条件且介质体内部入射场为 0，在介质内表面存在关系：

$$\hat{\boldsymbol{n}} \times \boldsymbol{E}_{\mathrm{d}}^{\mathrm{sca}} = \boldsymbol{J}_{\mathrm{m}},\ \hat{\boldsymbol{n}} \times \boldsymbol{H}_{\mathrm{d}}^{\mathrm{sca}} = -\boldsymbol{J}_{\mathrm{e}} \tag{6-92}$$

令并矢格林函数 $\bar{\bar{G}}_{\mathrm{d}}(\boldsymbol{r},\boldsymbol{r}') = \left(\bar{\bar{\boldsymbol{I}}} + \frac{\nabla\nabla}{k_{\mathrm{d}}^2}\right) G_{\mathrm{d}}(\boldsymbol{r},\boldsymbol{r}')$，则可以推出内表面的 EFIE 和 MFIE 分别为：

$$0 = \frac{1}{2}\boldsymbol{J}_{\mathrm{m}}(\boldsymbol{r}) - \hat{\boldsymbol{n}} \times jk_{\mathrm{d}}\eta_{\mathrm{d}}\int_S \bar{\bar{G}}_{\mathrm{d}}(\boldsymbol{r},\boldsymbol{r}') \cdot \boldsymbol{J}_{\mathrm{e}}(\boldsymbol{r}')\mathrm{d}S - \hat{\boldsymbol{n}} \times \iint_{S-\delta S} \nabla G_{\mathrm{d}}(\boldsymbol{r},\boldsymbol{r}') \times \boldsymbol{J}_{\mathrm{m}}(\boldsymbol{r}')\mathrm{d}S \tag{6-93}$$

$$0 = -\frac{1}{2}\boldsymbol{J}_{\mathrm{e}}(\boldsymbol{r}) - \hat{\boldsymbol{n}} \times j\frac{k_{\mathrm{d}}}{\eta_{\mathrm{d}}}\int_S \bar{\bar{G}}_{\mathrm{d}}(\boldsymbol{r},\boldsymbol{r}') \cdot \boldsymbol{J}_{\mathrm{m}}(\boldsymbol{r}')\mathrm{d}S + \hat{\boldsymbol{n}} \times \iint_{S-\delta S} \nabla G_{\mathrm{d}}(\boldsymbol{r},\boldsymbol{r}') \times \boldsymbol{J}_{\mathrm{e}}(\boldsymbol{r}')\mathrm{d}S \tag{6-94}$$

式中，δS 表示靠近观察点 $\boldsymbol{r}$ 的邻域。

此处需要注意的是，法线 $\hat{\boldsymbol{n}}$ 统一定义为外法线。

将外表面的 EFIE 与内表面的 EFIE 相加，将外表面的 MFIE 和内表面的 MFIE 相加，得到如下方程：

$$\hat{\boldsymbol{n}} \times \boldsymbol{E}^{\mathrm{inc}}(\boldsymbol{r}) = \hat{\boldsymbol{n}} \times jk\eta\int_S \bar{\bar{G}}(\boldsymbol{r},\boldsymbol{r}') \cdot \boldsymbol{J}_{\mathrm{e}}(\boldsymbol{r}')\mathrm{d}S + \hat{\boldsymbol{n}} \times \iint_{S-\delta S} \nabla G(\boldsymbol{r},\boldsymbol{r}') \times \boldsymbol{J}_{\mathrm{m}}(\boldsymbol{r}')\mathrm{d}S - \hat{\boldsymbol{n}} \times jk_{\mathrm{d}}\eta_{\mathrm{d}}\int_S \bar{\bar{G}}_{\mathrm{d}}(\boldsymbol{r},\boldsymbol{r}') \cdot \boldsymbol{J}_{\mathrm{e}}(\boldsymbol{r}')\mathrm{d}S - \hat{\boldsymbol{n}} \times$$

$$\iint_{S-\delta S} \nabla G_{\mathrm{d}}(\boldsymbol{r},\boldsymbol{r}') \times \boldsymbol{J}_{\mathrm{m}}(\boldsymbol{r}')\mathrm{d}S \tag{6-95}$$

$$\hat{\boldsymbol{n}} \times \boldsymbol{H}^{\mathrm{inc}}(\boldsymbol{r}) = \hat{\boldsymbol{n}} \times j\frac{k}{\eta}\int_S \overline{\overline{G}}(\boldsymbol{r},\boldsymbol{r}') \cdot \boldsymbol{J}_{\mathrm{m}}(\boldsymbol{r}')\mathrm{d}S - \hat{\boldsymbol{n}} \times \iint_{S-\delta S} \nabla G(\boldsymbol{r},\boldsymbol{r}') \times \boldsymbol{J}_{\mathrm{e}}(\boldsymbol{r}')\mathrm{d}S - \hat{\boldsymbol{n}} \times j\frac{k_{\mathrm{d}}}{\eta_{\mathrm{d}}}\int_S \overline{\overline{G}}_{\mathrm{d}}(\boldsymbol{r},\boldsymbol{r}') \cdot \boldsymbol{J}_{\mathrm{m}}(\boldsymbol{r}')\mathrm{d}S + \hat{\boldsymbol{n}} \times \iint_{S-\delta S} \nabla G_{\mathrm{d}}(\boldsymbol{r},\boldsymbol{r}') \times \boldsymbol{J}_{\mathrm{e}}(\boldsymbol{r}')\mathrm{d}S \tag{6-96}$$

对上述方程组左、右两边可以再增加一个“$\hat{\boldsymbol{n}}\times$”，从而得到：

$$\hat{\boldsymbol{n}} \times [\hat{\boldsymbol{n}} \times \boldsymbol{E}^{\mathrm{inc}}(\boldsymbol{r})] = \hat{\boldsymbol{n}} \times \left[\hat{\boldsymbol{n}} \times jk\eta\iint_S \overline{\overline{G}}(\boldsymbol{r},\boldsymbol{r}') \cdot \boldsymbol{J}_{\mathrm{e}}(\boldsymbol{r}')\mathrm{d}S + \hat{\boldsymbol{n}} \times \iint_{S-\delta S} \nabla G(\boldsymbol{r},\boldsymbol{r}') \times \boldsymbol{J}_{\mathrm{m}}(\boldsymbol{r}')\mathrm{d}S\right] - \hat{\boldsymbol{n}} \times \left[\hat{\boldsymbol{n}} \times jk_{\mathrm{d}}\eta_{\mathrm{d}}\iint_S \overline{\overline{G}}_{\mathrm{d}}(\boldsymbol{r},\boldsymbol{r}') \cdot \boldsymbol{J}_{\mathrm{e}}(\boldsymbol{r}')\mathrm{d}S - \hat{\boldsymbol{n}} \times \iint_{S-\delta S} \nabla G_{\mathrm{d}}(\boldsymbol{r},\boldsymbol{r}') \times \boldsymbol{J}_{\mathrm{m}}(\boldsymbol{r}')\mathrm{d}S\right] \tag{6-97}$$

$$\hat{\boldsymbol{n}} \times [\hat{\boldsymbol{n}} \times \boldsymbol{H}^{\mathrm{inc}}(\boldsymbol{r})] = \hat{\boldsymbol{n}} \times \left[\hat{\boldsymbol{n}} \times j\frac{k}{\eta}\iint_S \overline{\overline{G}}(\boldsymbol{r},\boldsymbol{r}') \cdot \boldsymbol{J}_{\mathrm{m}}(\boldsymbol{r}')\mathrm{d}S + \hat{\boldsymbol{n}} \times \iint_{S-\delta S} \nabla G(\boldsymbol{r},\boldsymbol{r}') \times \boldsymbol{J}_{\mathrm{e}}(\boldsymbol{r}')\mathrm{d}S\right] - \hat{\boldsymbol{n}} \times \left[\hat{\boldsymbol{n}} \times j\frac{k_{\mathrm{d}}}{\eta_{\mathrm{d}}}\iint_S \overline{\overline{G}}_{\mathrm{d}}(\boldsymbol{r},\boldsymbol{r}') \cdot \boldsymbol{J}_{\mathrm{m}}(\boldsymbol{r}')\mathrm{d}S + \hat{\boldsymbol{n}} \times \iint_{S-\delta S} \nabla G_{\mathrm{d}}(\boldsymbol{r},\boldsymbol{r}') \times \boldsymbol{J}_{\mathrm{e}}(\boldsymbol{r}')\mathrm{d}S\right] \tag{6-98}$$

根据几何关系，此时方程可以用表面切向分量来描述，即：

$$\hat{t}\hat{t} \cdot \boldsymbol{E}^{\mathrm{inc}}(\boldsymbol{r}) = \hat{t}\hat{t} \cdot jk\eta\iint_S \overline{\overline{G}}(\boldsymbol{r},\boldsymbol{r}') \cdot \boldsymbol{J}_{\mathrm{e}}(\boldsymbol{r}')\mathrm{d}S + \hat{t}\hat{t} \cdot \iint_{S-\delta S} \nabla G(\boldsymbol{r},\boldsymbol{r}') \times \boldsymbol{J}_{\mathrm{m}}(\boldsymbol{r}')\mathrm{d}S - \hat{t}\hat{t} \cdot jk_{\mathrm{d}}\eta_{\mathrm{d}}\iint_S \overline{\overline{G}}_{\mathrm{d}}(\boldsymbol{r},\boldsymbol{r}') \cdot \boldsymbol{J}_{\mathrm{e}}(\boldsymbol{r}')\mathrm{d}S - \hat{t}\hat{t} \cdot \iint_{S-\delta S} \nabla G_{\mathrm{d}}(\boldsymbol{r},\boldsymbol{r}') \times \boldsymbol{J}_{\mathrm{m}}(\boldsymbol{r}')\mathrm{d}S \tag{6-99}$$

$$\hat{t}\hat{t} \cdot \boldsymbol{H}^{\mathrm{inc}}(\boldsymbol{r}) = \hat{t}\hat{t} \cdot j\frac{k}{\eta}\iint_S \overline{\overline{G}}(\boldsymbol{r},\boldsymbol{r}') \cdot \boldsymbol{J}_{\mathrm{m}}(\boldsymbol{r}')\mathrm{d}S - \hat{t}\hat{t} \cdot \iint_{S-\delta S} \nabla G(\boldsymbol{r},\boldsymbol{r}') \times \boldsymbol{J}_{\mathrm{e}}(\boldsymbol{r}')\mathrm{d}S - \hat{t}\hat{t} \cdot j\frac{k_{\mathrm{d}}}{\eta_{\mathrm{d}}}\iint_S \overline{\overline{G}}_{\mathrm{d}}(\boldsymbol{r},\boldsymbol{r}') \cdot \boldsymbol{J}_{\mathrm{m}}(\boldsymbol{r}')\mathrm{d}S + \hat{t}\hat{t} \cdot \iint_{S-\delta S} \nabla G_{\mathrm{d}}(\boldsymbol{r},\boldsymbol{r}') \times \boldsymbol{J}_{\mathrm{e}}(\boldsymbol{r}')\mathrm{d}S \tag{6-100}$$

上述方程组即为求解散射采用的方程。

6.3.2　构造线性代数方程组

均匀介质目标表面被平面三角形贴片离散之后，表面电流和磁流均用

RWG 基函数展开，并对 PMCHWT 实施 Galerkin 测试，从而形成线性方程组为：

$$\boldsymbol{Z}\cdot\boldsymbol{I}=\boldsymbol{V} \tag{6-101}$$

式中，$\boldsymbol{Z}=\begin{bmatrix}\boldsymbol{Z}^{\mathrm{EJ}} & \boldsymbol{Z}^{\mathrm{EM}}\\ \boldsymbol{Z}^{\mathrm{HJ}} & \boldsymbol{Z}^{\mathrm{HM}}\end{bmatrix}$为阻抗矩阵；$\boldsymbol{I}$ 为 RWG 基函数的系数；$\boldsymbol{V}=\begin{bmatrix}\boldsymbol{V}^{\mathrm{E}}\\ \boldsymbol{V}^{\mathrm{H}}\end{bmatrix}$为目标表面的入射场经测试后形成的右边向量。具体表达式如下：

$$Z_{mn}^{\mathrm{EJ}}=jk\eta\int_{S_m}\Lambda_m\cdot\int_{S_n}\overline{\overline{G}}(\boldsymbol{r},\boldsymbol{r}')\cdot\boldsymbol{\Lambda}_m\,\mathrm{d}S_n\,\mathrm{d}S_m-jk_{\mathrm{d}}\eta_{\mathrm{d}}\int_{S_m}\Lambda_m\cdot\int_{S_n}\overline{\overline{G}}_{\mathrm{d}}(\boldsymbol{r},\boldsymbol{r}')\cdot\boldsymbol{\Lambda}_n\,\mathrm{d}S_n\,\mathrm{d}S_m \tag{6-102}$$

$$Z_{mn}^{\mathrm{EM}}=\int_{S_m}\Lambda_m\cdot\int_{S_n}\nabla G(\boldsymbol{r},\boldsymbol{r}')\times\boldsymbol{\Lambda}_n\,\mathrm{d}S_n\,\mathrm{d}S_m-\int_{S_m}\Lambda_m\cdot\int_{S_n}\nabla G_{\mathrm{d}}(\boldsymbol{r},\boldsymbol{r}')\times\boldsymbol{\Lambda}_n\,\mathrm{d}S_n\,\mathrm{d}S_m \tag{6-103}$$

$$Z_{mn}^{\mathrm{HJ}}=-\int_{S_m}\Lambda_m\cdot\int_{S_n}\nabla G(\boldsymbol{r},\boldsymbol{r}')\times\boldsymbol{\Lambda}_n\,\mathrm{d}S_n\,\mathrm{d}S_m+\int_{S_m}\Lambda_m\cdot\int_{S_n}\nabla G_{\mathrm{d}}(\boldsymbol{r},\boldsymbol{r}')\times\boldsymbol{\Lambda}_n\,\mathrm{d}S_n\,\mathrm{d}S_m \tag{6-104}$$

$$Z_{mn}^{\mathrm{HM}}=j\,\frac{k}{\eta}\int_{S_m}\Lambda_m\cdot\int_{S_n}\overline{\overline{G}}(\boldsymbol{r},\boldsymbol{r}')\cdot\boldsymbol{\Lambda}_m\,\mathrm{d}S_n\,\mathrm{d}S_m-j\,\frac{k_{\mathrm{d}}}{\eta_{\mathrm{d}}}\int_{S_m}\Lambda_m\cdot\int_{S_n}\overline{\overline{G}}_{\mathrm{d}}(\boldsymbol{r},\boldsymbol{r}')\cdot\boldsymbol{\Lambda}_n\,\mathrm{d}S_n\,\mathrm{d}S_m \tag{6-105}$$

$$V_m^{\mathrm{E}}=\int_{S_m}\boldsymbol{\Lambda}_m\cdot\boldsymbol{E}^{\mathrm{inc}}\,\mathrm{d}S,\quad V_m^{\mathrm{H}}=\int_{S_m}\boldsymbol{\Lambda}_m\cdot\boldsymbol{H}^{\mathrm{inc}}\,\mathrm{d}S \tag{6-106}$$

式中，$\boldsymbol{\Lambda}$ 为基函数；k_0、k 为波数；η、η_{d} 为波阻抗。

通过求解该线性方程组，得到 RWG 基函数的系数，便可以计算任意均匀介质目标的散射问题。矩阵奇异性的处理参考金属目标的奇异性处理方式。

6.3.3 计算散射场

获得了均匀介质目标表面电流和磁流的 RWG 基函数的系数之后，就可以根据辐射场公式计算空间任意一点的散射场。公式如下：

$$\begin{aligned}\boldsymbol{E}^{\mathrm{sca}}&=-jk\eta\iint_S\left(\bar{\bar{\boldsymbol{I}}}+\frac{\nabla\nabla}{k^2}\right)G(\boldsymbol{r},\boldsymbol{r}')\cdot\boldsymbol{J}_{\mathrm{e}}(\boldsymbol{r}')\mathrm{d}S-\iint_S\nabla G(\boldsymbol{r},\boldsymbol{r}')\times\boldsymbol{J}_{\mathrm{m}}(\boldsymbol{r}')\mathrm{d}S\\&=-jk\eta\sum_{i=1}^{N}j_{\mathrm{e},i}\iint_{S_i}\left(\bar{\bar{\boldsymbol{I}}}+\frac{\nabla\nabla}{k^2}\right)G(\boldsymbol{r},\boldsymbol{r}')\cdot\boldsymbol{\Lambda}(\boldsymbol{r}')\mathrm{d}S-\sum_{i=1}^{N}j_{\mathrm{m},i}\iint_{S_i}\nabla G(\boldsymbol{r},\boldsymbol{r}')\times\boldsymbol{\Lambda}(\boldsymbol{r}')\mathrm{d}S\\&=-jk\eta\sum_{i=1}^{N}j_{\mathrm{e},i}\iint_{S_i}\left\{\left[1-\frac{j}{kR}-\frac{1}{(kR)^2}\right]\bar{\bar{\boldsymbol{I}}}-\left[1-\frac{3j}{kR}-\frac{3}{(kR)^2}\right]\hat{\boldsymbol{r}}\hat{\boldsymbol{r}}\right\}\frac{\mathrm{e}^{-jkR}}{4\pi R}\cdot\boldsymbol{\Lambda}(\boldsymbol{r}')\mathrm{d}S+\end{aligned}$$

$$\sum_{i=1}^{N} j_{e,i}\iint_{S_i} \frac{e^{-jkR}}{4\pi R^2}(1+jkR)\hat{\boldsymbol{r}}\times\boldsymbol{\Lambda}(\boldsymbol{r}')\mathrm{d}S \tag{6-107}$$

$$\begin{aligned}\boldsymbol{H}^{\mathrm{sca}} &= -j\frac{k}{\eta}\iint_S\left(\bar{\bar{\boldsymbol{I}}}+\frac{\nabla\nabla}{k^2}\right)G(\boldsymbol{r},\boldsymbol{r}')\cdot\boldsymbol{J}_{\mathrm{m}}(\boldsymbol{r}')\mathrm{d}S-\iint_S\nabla G(\boldsymbol{r},\boldsymbol{r}')\times\boldsymbol{J}_{\mathrm{e}}(\boldsymbol{r}')\mathrm{d}S\\ &= -j\frac{k}{\eta}\sum_{i=1}^{N}j_{e,i}\iint_{S_i}\left(\bar{\bar{\boldsymbol{I}}}+\frac{\nabla\nabla}{k^2}\right)G(\boldsymbol{r},\boldsymbol{r}')\cdot\boldsymbol{\Lambda}(\boldsymbol{r}')\mathrm{d}S+\sum_{i=1}^{N}j_{\mathrm{m},i}\iint_{S_i}\nabla G(\boldsymbol{r},\boldsymbol{r}')\times\boldsymbol{\Lambda}(\boldsymbol{r}')\mathrm{d}S\\ &= -j\frac{k}{4\pi\eta}\sum_{i=1}^{N}j_{e,i}\iint_{S_i}\left\{\left[1-\frac{j}{kR}-\frac{1}{(kR)^2}\right]\bar{\bar{\boldsymbol{I}}}-\left[1-\frac{3j}{kR}-\frac{3}{(kR)^2}\right]\hat{\boldsymbol{r}}\hat{\boldsymbol{r}}\right\}\frac{e^{-jkR}}{4\pi R}\cdot\boldsymbol{\Lambda}(\boldsymbol{r}')\mathrm{d}S-\\ &\quad\frac{1}{4\pi}\sum_{i=1}^{N}j_{e,i}\iint_{S_i}\frac{e^{-jkR}}{4\pi R^2}(1+jkR)\hat{\boldsymbol{r}}\times\boldsymbol{\Lambda}(\boldsymbol{r}')\mathrm{d}S\end{aligned} \tag{6-108}$$

式中，$j_{e,i}$ 为第 i 个单元表面电流的 RWG 基函数的系数；$j_{m,i}$ 为第 i 个单元表面磁流的 RWG 基函数的系数；$R=|\boldsymbol{r}-\boldsymbol{r}'|$ 为观察点到源点之间的距离；N 为 RWG 基函数的个数；S_i 为 RWG 基函数所覆盖的正、负三角形区域。

对于远区散射场，格林函数可以近似表示为：

$$G(\boldsymbol{r},\boldsymbol{r}')=\frac{e^{-jk|\boldsymbol{r}-\boldsymbol{r}'|}}{4\pi|\boldsymbol{r}-\boldsymbol{r}'|}\approx\frac{e^{-jkr}e^{-jk\hat{\boldsymbol{r}}\cdot\boldsymbol{r}'}}{4\pi r} \tag{6-109}$$

式中，r 表示坐标原点到远区观察点之间的距离。

因此，远区散射场的表达式可以简化，从而得到远区散射场的表达式如下：

$$\begin{aligned}\boldsymbol{E}^{\mathrm{sca}} &= -jk\eta\sum_{i=1}^{N}j_{e,i}\iint_{S_i}\left\{\left[1-\frac{j}{kR}-\frac{1}{(kR)^2}\right]\bar{\bar{\boldsymbol{I}}}-\left[1-\frac{3j}{kR}-\frac{3}{(kR)^2}\right]\hat{\boldsymbol{r}}\hat{\boldsymbol{r}}\right\}\frac{e^{-jkR}}{4\pi R}\cdot\boldsymbol{\Lambda}(\boldsymbol{r}')\mathrm{d}S+\\ &\quad\sum_{i=1}^{N}j_{e,i}\iint_{S_i}\frac{e^{-jkR}}{4\pi R^2}(1+jkR)\hat{\boldsymbol{r}}\times\boldsymbol{\Lambda}(\boldsymbol{r}')\mathrm{d}S\\ &\approx -jk\eta\sum_{i=1}^{N}j_{e,i}\iint_{S_i}(\bar{\bar{\boldsymbol{I}}}-\hat{\boldsymbol{r}}\hat{\boldsymbol{r}})\frac{e^{-jkr}e^{jk\hat{\boldsymbol{r}}\cdot\boldsymbol{r}'}}{4\pi r}\cdot\boldsymbol{\Lambda}(\boldsymbol{r}')\mathrm{d}S+\sum_{i=1}^{N}j_{\mathrm{m},i}\iint_{S_i}jk\frac{e^{-jkr}e^{jk\hat{\boldsymbol{r}}\cdot\boldsymbol{r}'}}{4\pi r}\hat{\boldsymbol{r}}\times\boldsymbol{\Lambda}(\boldsymbol{r}')\mathrm{d}S\\ &= -jk\eta\frac{e^{-jkr}}{4\pi r}\sum_{i=1}^{N}j_{e,i}\iint_{S_i}(\bar{\bar{\boldsymbol{I}}}-\hat{\boldsymbol{r}}\hat{\boldsymbol{r}})\cdot\boldsymbol{\Lambda}(\boldsymbol{r}')e^{jk\hat{\boldsymbol{r}}\cdot\boldsymbol{r}'}\mathrm{d}S+jk\frac{e^{-jkr}}{4\pi r}\sum_{i=1}^{N}\iint_{S_i}\hat{\boldsymbol{r}}\times\boldsymbol{\Lambda}(\boldsymbol{r}')e^{-jkr}e^{jk\hat{\boldsymbol{r}}\cdot\boldsymbol{r}'}\mathrm{d}S\end{aligned} \tag{6-110}$$

$$\begin{aligned}\boldsymbol{H}^{\mathrm{sca}} &= -j\frac{k}{\eta}\sum_{i=1}^{N}j_{\mathrm{m},i}\iint_{S_i}\left\{\left[1-\frac{j}{kR}-\frac{1}{(kR)^2}\right]\bar{\bar{\boldsymbol{I}}}-\left[1-\frac{3j}{kR}-\frac{3}{(kR)^2}\right]\hat{\boldsymbol{r}}\hat{\boldsymbol{r}}\right\}\frac{e^{-jkR}}{4\pi R}\cdot\boldsymbol{\Lambda}(\boldsymbol{r}')\mathrm{d}S\\ &\quad-\sum_{i=1}^{N}j_{e,i}\iint_{e_i}\frac{e^{-jkR}}{4\pi R^2}(1+jkR)\hat{\boldsymbol{r}}\times\boldsymbol{\Lambda}(\boldsymbol{r}')\mathrm{d}S\\ &\approx -j\frac{k}{\eta}\sum_{i=1}^{N}j_{\mathrm{m},i}\iint_{S_i}(\bar{\bar{\boldsymbol{I}}}-\hat{\boldsymbol{r}}\hat{\boldsymbol{r}})\frac{e^{-jkr}e^{jk\hat{\boldsymbol{r}}\cdot\boldsymbol{r}'}}{4\pi r}\cdot\boldsymbol{\Lambda}(\boldsymbol{r}')\mathrm{d}S-\sum_{i=1}^{N}j_{\mathrm{m},i}\iint_{e_i}jk\frac{e^{-jkr}e^{jk\hat{\boldsymbol{r}}\cdot\boldsymbol{r}'}}{4\pi r}\hat{\boldsymbol{r}}\times\boldsymbol{\Lambda}(\boldsymbol{r}')\mathrm{d}S\end{aligned}$$

$$= -j\,\frac{k}{\eta}\,\frac{\mathrm{e}^{-jkr}}{4\pi r}\sum_{i=1}^{N} j_{\mathrm{m},i}\iint_{S_i}(\bar{\bar{\boldsymbol{I}}}-\hat{\boldsymbol{r}}\hat{\boldsymbol{r}})\cdot\boldsymbol{\Lambda}(\boldsymbol{r}')\mathrm{e}^{jk\hat{\boldsymbol{r}}\cdot\boldsymbol{r}'}\,\mathrm{d}S - jk\,\frac{\mathrm{e}^{-jkr}}{4\pi r}\sum_{i=1}^{N}\iint_{\mathrm{e}_i}\hat{\boldsymbol{r}}\times\boldsymbol{\Lambda}(\boldsymbol{r}')\mathrm{e}^{-jkr}\,\mathrm{e}^{jk\hat{\boldsymbol{r}}\cdot\boldsymbol{r}'}\,\mathrm{d}S \tag{6-111}$$

在一般情况下，当 k 很大时，在积分区域中变化异常地剧烈，应用一般的数值积分方法(如高斯积分)不容易得到准确的结果。因而，需要推导出对每个平面三角形单元积分的解析公式。

下面，将验证矩量法求解 PMCHWT 方程来计算介质目标电磁散射的精度及效率，本节所有算例采用的计算机 CPU 型号为 Intel Core™ i7-8700，内存型号为 DDR3，容量为 16 GB。

图 6-12 给出了半径为 0.5 m 的均匀介质球的双站 RCS 结果，其中入射波的频率为 300 MHz，俯仰角为 0°，方位角为 0°，球的相对介电常数为 2，相对磁导率为 1，未知量为 3 840，目标外表面的剖分密度为每平方波长 409 个三角形单元，内表面的剖分密度为每平方波长 204 个三角形单元。从图中可以看出，矩量法求解 PMCHWT 方程的结果与 Mie 级数的结果非常吻合。算例中采用重启的广义最小余量法进行方程求解，子空间维数设置为 30，收敛精度设置为 10^{-3}。HH 极化和 VV 极化下求解时间均为 32 s，迭代步数均为 125。

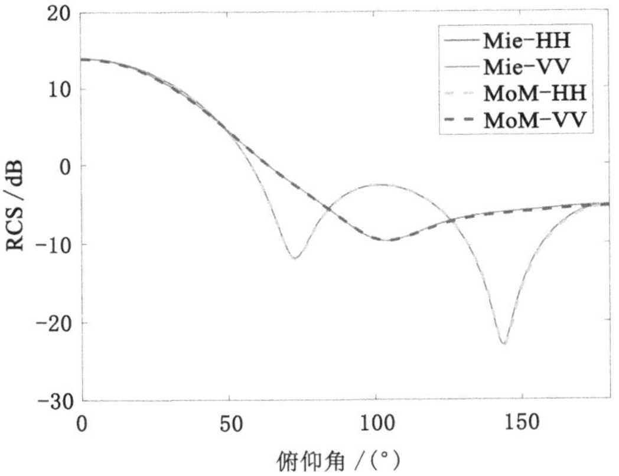

图 6-12　矩量法计算均匀介质球的双站 RCS 结果($r=0.5$ m，$f=300$ MHz，$\varepsilon_r=2.0$，$\mu_r=1.0$)

图 6-13 给出了半径为 1 m 的均匀介质球的双站 RCS 结果，其中入射波的频率为 300 MHz，俯仰角为 0°，方位角为 0°，球的相对介电常数为 2，相对磁导率为 1，未知量为 15 360，目标外表面的剖分密度为每平方波长 409 个三角形单元，内表面的剖分密度为每平方波长 204 个三角形单元。从图中可以看出，矩量法求解 PMCHWT 方程的结果与 Mie 级数的结果非常吻合。算例中采用重启

的广义最小余量法进行方程求解，子空间维数设置为 30，收敛精度设置为 10^{-3}。HH 极化和 VV 极化下求解时间均为 1 096 s，迭代步数分别为 171 和 170。可以看出，随着未知量增大，矩量法的计算时间急剧增大。

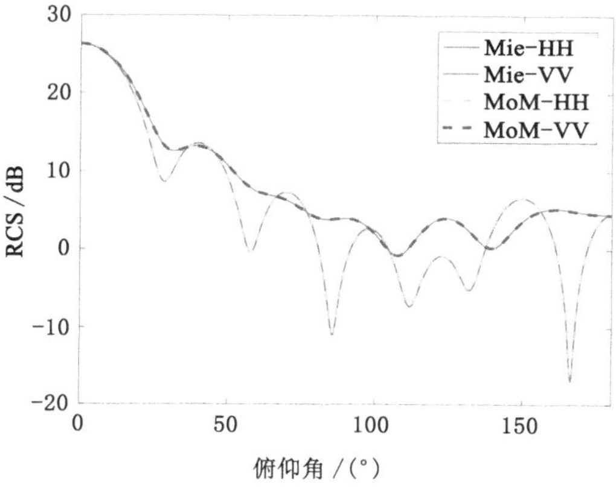

图 6-13　矩量法计算均匀介质球的双站 RCS 结果($r=1$ m，$f=300$ MHz，$\varepsilon_r=2.0$，$\mu_r=1.0$)

6.4　多目标电磁散射

用面积分计算多个目标的电磁散射时，需要在每个目标的外表面和内表面(如果是理想导体目标则不用考虑内表面)建立积分方程。积分方程主要反映的是电磁互耦关系，有两类互耦作用：自作用和相互作用。其中，相互作用分为相同空间内目标的相互作用和包含目标的相互作用，下面分情况讨论。

6.4.1　目标的自作用

面积分方程求解金属目标和介质目标的散射，可以用算子符号来表示。假设 L 和 K 算子定义为：

$$L(\boldsymbol{g})=jk\iint_S\left(\bar{\bar{\boldsymbol{I}}}+\frac{\nabla\nabla}{k^2}\right)G(\boldsymbol{r},\boldsymbol{r}')\cdot\boldsymbol{g}(\boldsymbol{r}')\mathrm{d}S' \tag{6-112}$$

$$K(\boldsymbol{g})=\iint_{S-\delta S}\nabla G(\boldsymbol{r},\boldsymbol{r}')\times\boldsymbol{g}(\boldsymbol{r}')\mathrm{d}S' \tag{6-113}$$

对于金属目标，可以用混合场积分方程描述互耦关系，并引入算子符号，方程为：

$$\hat{\boldsymbol{t}}\cdot\alpha L(\boldsymbol{J}_e)+(1-\alpha)\frac{1}{2}\boldsymbol{J}_e-(1-\alpha)\hat{\boldsymbol{n}}\times K(\boldsymbol{J}_e)=\frac{\alpha}{\eta}\hat{\boldsymbol{t}}\cdot\boldsymbol{E}^{\mathrm{inc}}+(1-\alpha)\hat{\boldsymbol{n}}\times\boldsymbol{H}^{\mathrm{inc}} \tag{6-114}$$

式中，α 为混合场积分方程的比例因子，取值一般在 0 和 1 之间。

对于介质目标，用 PMCHWT 方程描述互耦关系，并引入算子符号，方程为：

$$\hat{t}\cdot\eta L(\boldsymbol{J}_{\mathrm{e}})+\hat{t}\cdot K(\boldsymbol{J}_{\mathrm{m}})-\hat{t}\cdot\eta_{\mathrm{d}}L_{\mathrm{d}}(\boldsymbol{J}_{\mathrm{e}})-\hat{t}\cdot L_{\mathrm{d}}(\boldsymbol{J}_{\mathrm{m}})=\hat{t}\cdot\boldsymbol{E}^{\mathrm{inc}} \tag{6-115}$$

$$\hat{t}\cdot\frac{1}{\eta}L(\boldsymbol{J}_{\mathrm{m}})-\hat{t}\cdot K(\boldsymbol{J}_{\mathrm{e}})-\hat{t}\cdot\frac{1}{\eta_{\mathrm{d}}}L_{\mathrm{d}}(\boldsymbol{J}_{\mathrm{m}})+\hat{t}\cdot K_{\mathrm{d}}(\boldsymbol{J}_{\mathrm{e}})=\hat{t}\cdot\boldsymbol{H}^{\mathrm{inc}} \tag{6-116}$$

因此，对于金属目标，阻抗矩阵的填充过程中，只需要计算和保存 L 算子和 K 算子。对于均匀介质目标，阻抗矩阵的填充过程中，需要计算和保存 L、K、L_{d} 和 K_{d} 四个算子，下标 d 表示在介质目标的内部。将方程写成矩阵形式为：

$$\begin{bmatrix}\eta\boldsymbol{L}-\eta_{\mathrm{d}}\boldsymbol{L}_{\mathrm{d}} & \boldsymbol{K}-\boldsymbol{L}_{\mathrm{d}}\\ -\boldsymbol{K}+\boldsymbol{K}_{\mathrm{d}} & \frac{1}{\eta}\boldsymbol{L}-\frac{1}{\eta_{\mathrm{d}}}\boldsymbol{L}_{\mathrm{d}}\end{bmatrix}\begin{bmatrix}\boldsymbol{J}_{\mathrm{e}}\\ \boldsymbol{J}_{\mathrm{m}}\end{bmatrix}=\begin{bmatrix}\hat{t}\cdot\boldsymbol{E}^{\mathrm{inc}}\\ \hat{t}\cdot\boldsymbol{H}^{\mathrm{inc}}\end{bmatrix} \tag{6-117}$$

式中，$\boldsymbol{L}$、$\boldsymbol{K}$、$\boldsymbol{L}_{\mathrm{d}}$ 和 $\boldsymbol{K}_{\mathrm{d}}$ 为算子生成的阻抗矩阵。

对于单个目标散射的仿真分析，前文已经阐述，这里就不赘述了。

6.4.2 相同空间内目标的相互作用

在同一空间内的两个目标(图 6-14)，其电磁互耦作用主要体现在一个目标外表面的电磁流在另一个目标外表面产生的电磁场。该作用可以用矩阵描述为：

$$\begin{bmatrix}\eta\boldsymbol{L}-\eta_{1\mathrm{d}}\boldsymbol{L}_{1\mathrm{d}} & \boldsymbol{K}-\boldsymbol{K}_{1\mathrm{d}} & \eta\boldsymbol{L} & \boldsymbol{K}\\ -\boldsymbol{K}+\boldsymbol{K}_{1\mathrm{d}} & \frac{1}{\eta}\boldsymbol{L}-\frac{1}{\eta_{1\mathrm{d}}}\boldsymbol{L}_{1\mathrm{d}} & -\boldsymbol{K} & \frac{1}{\eta}\boldsymbol{L}\\ \eta\boldsymbol{L} & \boldsymbol{K} & \eta\boldsymbol{L}-\eta_{2\mathrm{d}}\boldsymbol{L}_{2\mathrm{d}} & \boldsymbol{K}-\boldsymbol{L}_{2\mathrm{d}}\\ -\boldsymbol{K} & \frac{1}{\eta}\boldsymbol{L} & -\boldsymbol{K}+\boldsymbol{K}_{2\mathrm{d}} & \frac{1}{\eta}\boldsymbol{L}-\frac{1}{\eta_{2\mathrm{d}}}\boldsymbol{L}_{2\mathrm{d}}\end{bmatrix}\begin{bmatrix}\boldsymbol{J}_{1\mathrm{e}}\\ \boldsymbol{J}_{1\mathrm{m}}\\ \boldsymbol{J}_{2\mathrm{e}}\\ \boldsymbol{J}_{2\mathrm{m}}\end{bmatrix}=\begin{bmatrix}\hat{t}\cdot\boldsymbol{E}^{\mathrm{inc}}\\ \hat{t}\cdot\boldsymbol{H}^{\mathrm{inc}}\\ \hat{t}\cdot\boldsymbol{E}^{\mathrm{inc}}\\ \hat{t}\cdot\boldsymbol{H}^{\mathrm{inc}}\end{bmatrix} \tag{6-118}$$

如果其中一个目标为理想导体，不妨设目标 1 为理想导体，那么目标 1 表面磁流为 0，方程可以简化为：

$$\begin{bmatrix}\eta\boldsymbol{L} & \eta\boldsymbol{L} & \boldsymbol{K}\\ \eta\boldsymbol{L} & \eta\boldsymbol{L}-\eta_{2\mathrm{d}}\boldsymbol{L}_{2\mathrm{d}} & \boldsymbol{K}-\boldsymbol{L}_{2\mathrm{d}}\\ -\boldsymbol{K} & -\boldsymbol{K}+\boldsymbol{K}_{2\mathrm{d}} & \frac{1}{\eta}\boldsymbol{L}-\frac{1}{\eta_{2\mathrm{d}}}\boldsymbol{L}_{2\mathrm{d}}\end{bmatrix}\begin{bmatrix}\boldsymbol{J}_{1\mathrm{e}}\\ \boldsymbol{J}_{2\mathrm{e}}\\ \boldsymbol{J}_{2\mathrm{m}}\end{bmatrix}=\begin{bmatrix}\hat{t}\cdot\boldsymbol{E}^{\mathrm{inc}}\\ \hat{t}\cdot\boldsymbol{E}^{\mathrm{inc}}\\ \hat{t}\cdot\boldsymbol{H}^{\mathrm{inc}}\end{bmatrix} \tag{6-119}$$

如果两个目标都为理想导体，那么方程可以继续简化为：

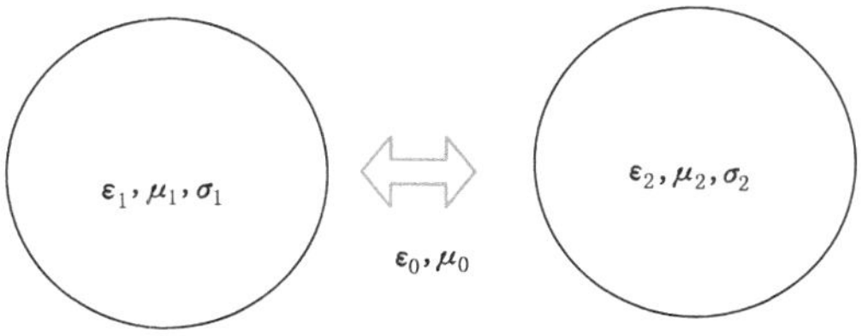

图 6-14　相同媒质区域中目标的相互作用

$$\begin{bmatrix} \eta \boldsymbol{L} & \eta \boldsymbol{L} \\ \eta \boldsymbol{L} & \eta \boldsymbol{L} \end{bmatrix} \begin{bmatrix} \boldsymbol{J}_{1\mathrm{e}} \\ \boldsymbol{J}_{2\mathrm{e}} \end{bmatrix} = \begin{bmatrix} \hat{\boldsymbol{t}} \cdot \boldsymbol{E}^{\mathrm{inc}} \\ \hat{\boldsymbol{t}} \cdot \boldsymbol{E}^{\mathrm{inc}} \end{bmatrix} \tag{6-120}$$

综上可知，当计算相同空间内目标的相互作用时，只需要计算 L 和 K 两个算子即可。

接下来将给出双目标的计算结果，所有算例采用的计算机 CPU 型号为 Intel Core™ i7-8700，内存型号为 DDR3，容量为 16 GB。

首先，仿真了两个 PEC 球的散射，球的半径均为 0.5 m，第一个球的球心位置在(0,0,1)，第二个球的球心位置在(0,0,－1)。两个球均用平面三角形单元剖分，未知量个数为 480×2。入射波为均匀平面波，入射俯仰角为 0°，入射方位角为 0°，频率为 300 MHz。图 6-15(a)给出了双 PEC 球的 HH 极化和 VV 极化下的双站 RCS 曲线。

其次，仿真了一个 PEC 球和一个均匀介质球的散射，球的半径均为 0.5 m，第一个球的球心位置在(0,0,1)，第二个球的球心位置在(0,0,－1)。两个均匀介质球的相对介电常数为 2，相对磁导率为 1。两个球均用平面三角形单元剖分，未知量个数为 480＋960。入射波为均匀平面波，入射俯仰角为 0°，入射方位角为 0°，频率为 300 MHz。图 6-15(b)给出了一个 PEC 球和一个均匀介质球的 HH 极化和 VV 极化下的双站 RCS 曲线。

最后，仿真了两个均匀介质球的散射，球的半径均为 0.5 m，第一个球的球心位置在(0,0,1)，第二个球的球心位置在(0,0,－1)。两个均匀介质球的相对介电常数均为 2，相对磁导率均为 1。两个球均用平面三角形单元剖分，未知量个数为 960×2。入射波为均匀平面波，入射俯仰角为 0°，入射方位角为 0°，频率为 300 MHz。图 6-15(c)给出了双均匀介质球的 HH 极化和 VV 极化下的双站 RCS 曲线。

6.4.3　介质目标对包含目标的相互作用

当一个目标包含另一个目标时(图 6-16)，假设外面的目标称为目标 1，里面的目标称为目标 2，此时电磁互耦作用主要体现在：目标 1 对目标 2 的作用和目

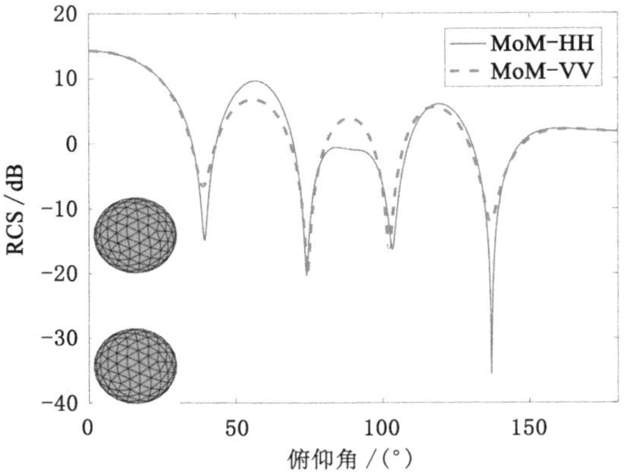

(a) 双 PEC 球

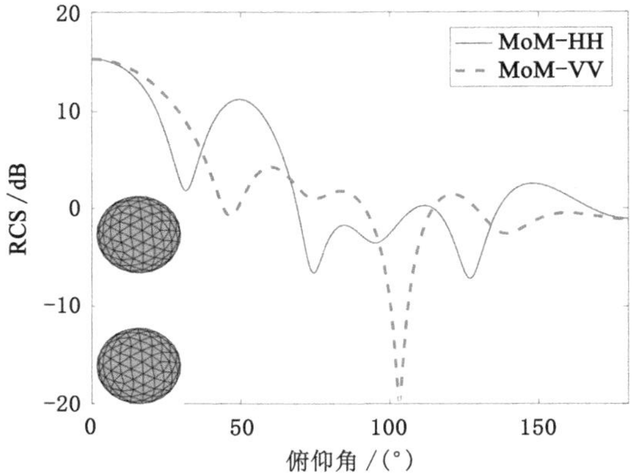

(b) 一个 PEC 球和一个均匀介质球(ε_r=2.0，μ_r=1.0)

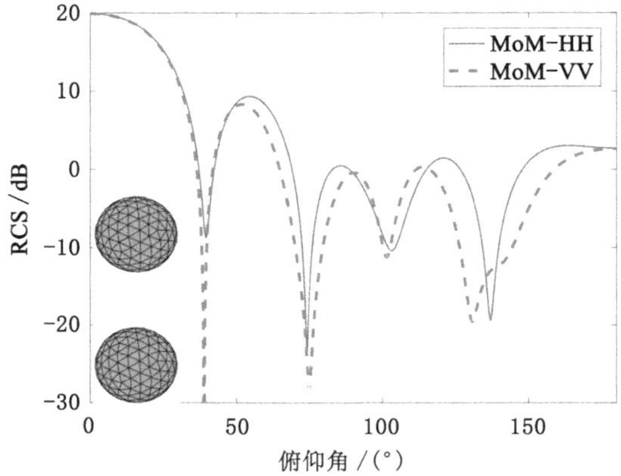

(c) 双均匀介质球($\varepsilon_{r1}=\varepsilon_{r2}$=2.0，$\mu_{r1}=\mu_{r2}$=1.0)

图 6-15　双球散射的 RCS 结果

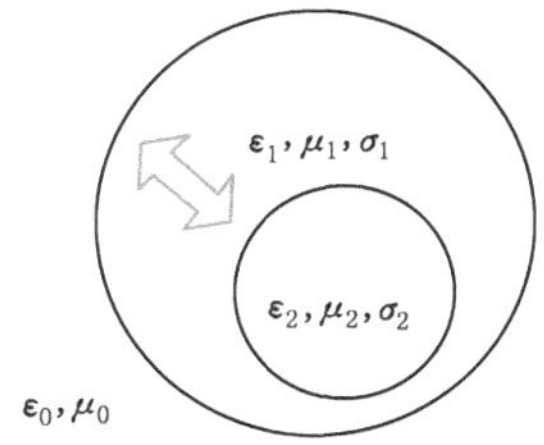

图 6-16　介质目标对包含目标的相互作用

标 2 对目标 1 的作用。两种作用均在目标 1 中产生,矩阵形式为:

$$\begin{bmatrix} \eta\boldsymbol{L}-\eta_{1d}\boldsymbol{L}_{1d} & \boldsymbol{K}-\boldsymbol{K}_{1d} & \eta\boldsymbol{L} & \boldsymbol{K} \\ -\boldsymbol{K}+\boldsymbol{K}_{1d} & \dfrac{1}{\eta}\boldsymbol{L}-\dfrac{1}{\eta_{1d}}\boldsymbol{L}_{1d} & -\boldsymbol{K} & \dfrac{1}{\eta}\boldsymbol{L} \\ -\eta_{1d}\boldsymbol{L}_{1d} & -\boldsymbol{K}_{1d} & \eta\boldsymbol{L}-\eta_{2d}\boldsymbol{L}_{2d} & \boldsymbol{K}-\boldsymbol{L}_{2d} \\ +\boldsymbol{K}_{1d} & -\dfrac{1}{\eta_{1d}}\boldsymbol{L}_{1d} & -\boldsymbol{K}+\boldsymbol{K}_{2d} & \dfrac{1}{\eta}\boldsymbol{L}-\dfrac{1}{\eta_{2d}}\boldsymbol{L}_{2d} \end{bmatrix}\begin{bmatrix} \boldsymbol{J}_{1e} \\ \boldsymbol{J}_{1m} \\ \boldsymbol{J}_{2e} \\ \boldsymbol{J}_{2m} \end{bmatrix}=\begin{bmatrix} \hat{\boldsymbol{t}}\cdot\boldsymbol{E}^{inc} \\ \hat{\boldsymbol{t}}\cdot\boldsymbol{H}^{inc} \\ 0 \\ 0 \end{bmatrix} \tag{6-121}$$

从方程中可以看出,右上角矩阵表示目标 2 的外部区间,左下角表示目标 1 的内部空间,两者形式略有不同。如果目标 2 为理想导体,那么方程可以简化为:

$$\begin{bmatrix} \eta\boldsymbol{L}-\eta_{1d}\boldsymbol{L}_{1d} & \boldsymbol{K}-\boldsymbol{K}_{1d} & \eta\boldsymbol{L} \\ -\boldsymbol{K}+\boldsymbol{K}_{1d} & \dfrac{1}{\eta}\boldsymbol{L}-\dfrac{1}{\eta_{1d}}\boldsymbol{L}_{1d} & -\boldsymbol{K} \\ -\eta_{1d}\boldsymbol{L}_{1d} & -\boldsymbol{K}_{1d} & \eta\boldsymbol{L} \end{bmatrix}\begin{bmatrix} \boldsymbol{J}_{1e} \\ \boldsymbol{J}_{1m} \\ \boldsymbol{J}_{2e} \end{bmatrix}=\begin{bmatrix} \hat{\boldsymbol{t}}\cdot\boldsymbol{E}^{inc} \\ \hat{\boldsymbol{t}}\cdot\boldsymbol{H}^{inc} \\ 0 \end{bmatrix} \tag{6-122}$$

综上可知,当计算目标 2 对目标 1 的作用时,只需要计算 L 和 K 两个算子即可;当计算目标 1 对目标 2 的作用时,只需要计算 L_d 和 K_d 两个算子即可。

接下来将给出双目标的计算结果,所有算例采用的计算机 CPU 型号为 Intel Core™ i7-8700,内存型号为 DDR3,容量为 16 GB。

首先,仿真了一个均匀介质球包含一个 PEC 球的散射,介质球的半径为 0.5 m,相对介电常数为 4,相对磁导率为 1,金属球的半径为 0.2 m。两个球的球心位置均在坐标原点,这样刚好 PEC 球被均匀介质球包裹住。两个球均用平面三角形单元剖分,均匀介质球的未知量个数为 1 920×2,PEC 球的未知量为 480。入射波为均匀平面波,入射俯仰角为 0°,入射方位角为 0°,频率为300 MHz。图 6-17(a)给出了均匀介质球的 HH 极化和 VV 极化下的双站 RCS 曲线。

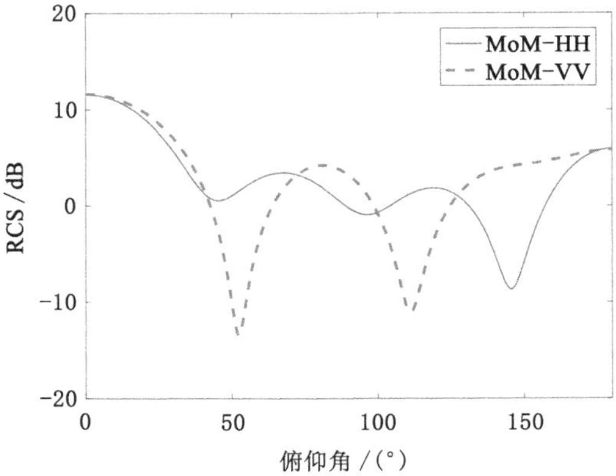

(a) 均匀介质球(ε_r=4.0，μ_r=1.0)包裹PEC球

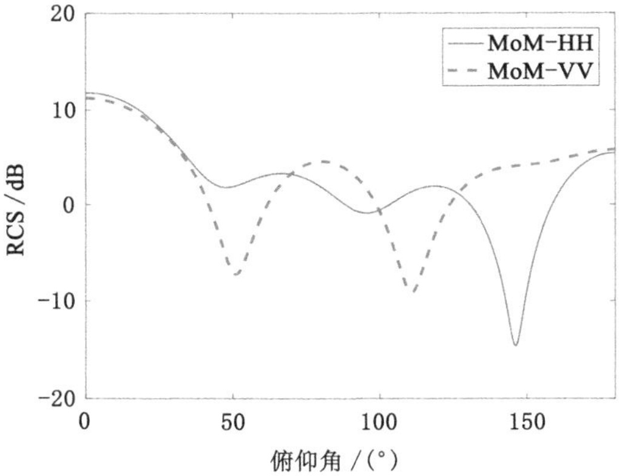

(b) 均匀介质球(ε_r=4.0，μ_r=1.0)包裹均匀介质球(ε_r=2.0，μ_r=1.0)球

图 6-17　双球散射的 RCS 结果

其次，仿真了一个均匀介质球包含另一个均匀介质球的散射，大介质球的半径为 0.5 m，相对介电常数为 4，相对磁导率为 1，小介质球的半径为 0.2 m，相对介电常数为 2，相对磁导率为 1。两个球的球心位置均在坐标原点，这样刚好一个球被另一个球包裹住。两个球均用平面三角形单元剖分，均匀介质球的未知量个数为 1 920×2，PEC 球的未知量为 480×2。入射波为均匀平面波，入射俯仰角为 0°，入射方位角为 0°，频率为 300 MHz。图 6-17(b)给出了均匀介质球包裹均匀介质球的 HH 极化和 VV 极化下的双站 RCS 曲线。

6.5 本章小结

采用矩量法能够分析任意三维目标的电磁散射问题。对于均匀媒质目标，则利用矩量法离散面积分方程；对于非均匀媒质目标，则利用矩量法离散体积分方程。但是，矩量法的计算复杂度比较高，若采用迭代求解器，时间和空间复杂度均为 $O(N^2)$，其中 N 为未知数。因此，还需要有其他方法来对矩量法加速。

参考文献

[1] ADAMS R J.Combined field integral equation formulations for electromagnetic scattering from convex geometries[J]. IEEE transactions on antennas and propagation,2004,52(5):1294-1303.

[2] ADAMS R J.Physical and analytical properties of a stabilized electric field integral equation[J].IEEE transactions on antennas and propagation,2004,52(2):362-372.

[3] CANNING F X. Protecting EFIE-based scattering computations from effects of interior resonances[J]. IEEE transactions on antennas and propagation,1991,39(11):1545-1552.

[4] CHU Y H, CHEW W C, CHEN S Y, et al. Generalized PMCHWT formulation for low-frequency multi-region problems[C]//IEEE Antennas and Propagation Society International Symposium (IEEE Cat. No. 02CH37313). June 16-21, 2002, San Antonio, TX, USA. IEEE, 2002: 664-667.

[5] HODGES R E, RAHMAT-SAMII Y. The evaluation of MFIE integrals with the use of vector triangle basis functions[J].Microwave and optical technology letters,1997,14(1):9-14.

[6] LU C C,CHEW W C,SONG J M.A study of disparate grid sizes for an irregular-shape scatterer on EFIE,MFIE,and CFIE[C]//IEEE Antennas and Propagation Society International Symposium.1996 Digest.July 21-26, 1996,Baltimore,MD,USA.IEEE,2002:1746-1749.

[7] RAO S,WILTON D,GLISSON A.Electromagnetic scattering by surfaces of arbitrary shape[J]. IEEE transactions on antennas and propagation, 1982,30(3):409-418.

[8] RIUS J M, UBEDA E, PARRON J. On the testing of the magnetic field integral equation with RWG basis functions in method of moments[J]. IEEE transactions on antennas and propagation, 2001, 49(11): 1550-1553.

[9] SHENG X Q, JIN J M, SONG J, et al. Solution of combined-field integral equation using multilevel fast multipole algorithm for scattering by homogeneous bodies[J]. IEEE transactions on antennas and propagation, 1998, 46(11): 1718-1726.

[10] SONG J M, CHEW W C. Multilevel fast-multipole algorithm for solving combined field integral equations of electromagnetic scattering [J]. Microwave and optical technology letters, 1995, 10(1): 14-19.

[11] WILTON D, RAO S, GLISSON A, et al. Potential integrals for uniform and linear source distributions on polygonal and polyhedral domains[J]. IEEE transactions on antennas and propagation, 1984, 32(3): 276-281.

[12] YLÄ-OIJALA P, TASKINEN M, JÄRVENPÄÄ S. Analysis of surface integral equations in electromagnetic scattering and radiation problems [J]. Engineering analysis with boundary elements, 2008, 32(3): 196-209.

第 7 章　矩量法的加速

7.1　引言

本章主要介绍了多层快速多极子算法，用于降低矩量法的复杂度。多层快速多极子基于格林函数的加法定理展开，其的实现主要包括树形结构、聚合、转移、配置和球谐函数等。

7.2　快速多极子

快速多极子（FMM）和多层快速多极子（MLFMA）是当今最令人瞩目的积分方程数值算法，具有精度可控和高效率的优点，被广泛应用于各种复杂目标的电磁散射分析，并且被美国计算物理学会评为 20 世纪十大算法之一。

快速多极子方法的数学基础是矢量加法定理，即利用加法定理对积分方程中的格林函数进行处理，通过在角谱空间中展开，利用平面波进行算子对角化，最终将稠密阵与矢量的相乘计算转化为几个稀疏阵与该矢量的相乘计算。其基本原理为：将散射体表面上离散得到的子散射体分组，任意两个子散射体间的互耦根据它们所在组的位置关系而采用不同的方法计算。当场点和源点处于近邻组时，耦合作用采用传统的矩量法直接计算；而当它们处于非近邻组时，则采用聚合、转移和配置三步进行计算，实现场点和源点的分离。对于一个给定的场点组，首先将它的各个非相邻组内所有子散射体产生的贡献“聚合”到各自的组中心表达；其次将这些组的贡献由这些组的组中心“转移”至给定场点组的组中心表达；最后将得到的所有非相邻组的贡献由该组中心“配置”到该组内各子散射体。对于散射体表面上的 N 个子散射体，直接计算它们互耦时每个子散射体都是一个散射中心（即为一个单极子），共需数值计算量为 $O(N^2)$；而应用这种快速多极子方法，任意两个子散射体的互耦由它们所在组的组中心联系，各个组中心就是一个多极子，其数值计算量只为 $O(N^{1.5})$。对于源点组来说，该组中心代表了组内所有子散射体在其非相邻组产生的贡献；对场点组来说，该组中心代表了来自该组的所有非相邻组的贡献，从而减少了散射中心的数目。

对于电大尺寸目标的散射，其未知量数目 $N \gg 1$，此时应用多层快速多极子方法将获得比快速多极子方法更高的效率。多层快速多极子方法是快速多极子方法在多层级结构中的推广。对于 N 体互耦，多层快速多极子方法采用多层分组计算。即对于附近区强耦合量直接计算，对于非附近区耦合量则用多层快速多极子方法实现。多层快速多极子方法基于树形结构计算，其特点是：逐层聚合、逐层转移、逐层配置、嵌套递推。对于二维情况，它将求解区域用一正方形包围，然后再细分为 4 个子正方形，该层记为第一层。将每个子正方形再细分为 4 个更小的子正方形，则得到第二层，此时共有 42 个正方形。依次类推得到更高层。对于三维情况，则用一正方体包围，第一层得到 8 个子正方体。随着层数增加，每个子正方体再细分为 8 个更小的子正方体。显然，对于二维、三维情况，第 i 层子正方形和子正方体的数目分别为 $4i$、$8i$。对于散射问题，最高层的每个正方形或正方体的边长为半个波长左右，由此可以确定求解一个给定尺寸的目标散射时多层快速多极子方法所需的层数。由于每层数值计算量均为 $O(N)$ 量级，共有 $\log N$ 层，所以多层快速多极子方法计算矩阵与矢量相乘的工作量为 $O(N\log N)$ 量级，内存需求也为 $O(N\log N)$ 量级。

7.2.1 加法定理

根据加法定理，当 $d<D$ 时，有：

$$\frac{\mathrm{e}^{-jk|D+d|}}{|D+d|} = -jk\sum_{l=0}^{\infty}(-1)^l(2l+1)j_l(kd)h_l^{(2)}(kD)P_l(\hat{\boldsymbol{d}}\cdot\hat{\boldsymbol{D}}) \tag{7-1}$$

式中，$j_l(x)$ 是第一类球贝塞尔函数；$h_l^{(2)}(x)$ 是第二类球汉克尔函数；$P_l(x)$ 是勒让德多项式。根据恒等式：

$$4\pi j^l j_l(kd)P_l(\hat{\boldsymbol{d}}\cdot\hat{\boldsymbol{D}}) = \oiint_S d^2\hat{\boldsymbol{k}}\,\mathrm{e}^{-j\boldsymbol{k}\cdot\boldsymbol{d}}P_l(\hat{\boldsymbol{k}}\cdot\hat{\boldsymbol{D}}) \tag{7-2}$$

其中对 S 的闭合面积分的范围为单位球面：

$$\oiint d^2\hat{\boldsymbol{k}} = \int_0^{2\pi}\int_0^{\pi}\sin\theta\,\mathrm{d}\theta\,\mathrm{d}\varphi \tag{7-3}$$

将加法定理中的无穷累加项截断，累加项个数为 L，并代入恒等式得：

$$\begin{aligned}\frac{\mathrm{e}^{-jk|D+d|}}{|D+d|} &\approx -\frac{jk}{4\pi}\oiint_S d^2\hat{\boldsymbol{k}}\,\mathrm{e}^{-j\boldsymbol{k}\cdot\boldsymbol{d}}\sum_{l=0}^{L}(-j)^l(2l+1)h_l^{(2)}(kD)P_l(\hat{\boldsymbol{k}}\cdot\hat{\boldsymbol{D}}) \\ &= -\frac{jk}{4\pi}\oiint_S d^2\hat{\boldsymbol{k}}\,\mathrm{e}^{-j\boldsymbol{k}\cdot\boldsymbol{d}}T_L(\hat{\boldsymbol{k}}\cdot\hat{\boldsymbol{D}})\end{aligned} \tag{7-4}$$

其中：

$$T_L(\hat{\boldsymbol{k}} \cdot \hat{\boldsymbol{D}}) = \sum_{l=0}^{L} (-j)^l (2l+1) h_l^{(2)}(kD) P_l(\hat{\boldsymbol{k}} \cdot \hat{\boldsymbol{D}}) \tag{7-5}$$

累加项个数 $L = kd + \beta(kd)^{\frac{1}{3}}$，$d = \max(|\boldsymbol{r}_{mp} - \boldsymbol{r}_{nq}|)$ 为最大分组尺寸，β 由精度决定。

假定将目标所在区域分为 G 个组，每个组有一个组中心。$\boldsymbol{r}_m$ 和 $\boldsymbol{r}_n$ 为场点和源点，$\boldsymbol{r}_p$ 为 $\boldsymbol{r}_m$ 所在组的中心点，$\boldsymbol{r}_q$ 为 $\boldsymbol{r}_n$ 所在组的中心点，于是：

$$\boldsymbol{r}_{mp} = \boldsymbol{r}_m - \boldsymbol{r}_p, \boldsymbol{r}_{pq} = \boldsymbol{r}_p - \boldsymbol{r}_q, \boldsymbol{r}_{nq} = \boldsymbol{r}_n - \boldsymbol{r}_q, \boldsymbol{r}_{mn} = \boldsymbol{r}_{mp} + \boldsymbol{r}_{pq} - \boldsymbol{r}_{nq} \tag{7-6}$$

格林函数用加法定理展开得：

$$\begin{aligned} G(\boldsymbol{r}_i, \boldsymbol{r}_j) &= \frac{\mathrm{e}^{-jk|\boldsymbol{r}_m - \boldsymbol{r}_n|}}{4\pi |\boldsymbol{r}_m - \boldsymbol{r}_n|} \\ &\approx -\frac{jk}{16\pi^2} \oiint_S d^2\hat{\boldsymbol{k}}\, \mathrm{e}^{-j\boldsymbol{k}\cdot(\boldsymbol{r}_{mq} - \boldsymbol{r}_{mp})} \sum_{l=0}^{L} (-j)^l (2l+1) h_l^{(2)}(kr_{pq}) P_l(\hat{\boldsymbol{r}}_{pq} \cdot \boldsymbol{k}) \\ &= \oiint_S d^2\hat{\boldsymbol{k}}\, \mathrm{e}^{-j\boldsymbol{k}\cdot(\boldsymbol{r}_{mq} - \mathbf{r}_{mp})} \alpha_{pq}(\boldsymbol{k}, \hat{\boldsymbol{r}}_{pq}) \end{aligned} \tag{7-7}$$

其中：

$$\alpha_{pq}(\boldsymbol{k}, \hat{\boldsymbol{r}}_{pq}) = -\frac{jk}{16\pi^2} \sum_{l=0}^{L} (-j)^l (2l+1) h_l^{(2)}(kr_{pq}) P_l(\hat{\boldsymbol{r}}_{pq} \cdot \boldsymbol{k}) \tag{7-8}$$

快速多极子是利用格林函数的加法定理展开，将矩阵矢量乘的操作进行分解，从而降低计算复杂度和存储量。

7.2.2　聚合、转移和配置

电场、磁场积分方程的远场阻抗矩阵表达式为：

$$Z_{mn}^{\mathrm{EFIE}} = jk\eta \int_{S_m} \boldsymbol{\Lambda}_m \cdot \int_{S_n} \bar{\bar{G}}(\boldsymbol{r}, \boldsymbol{r}') \cdot \boldsymbol{\Lambda}_n \mathrm{d}S' \mathrm{d}S \tag{7-9}$$

$$Z_{mn}^{\mathrm{MFIE}} = -\int_{S_m} \boldsymbol{\Lambda}_m \cdot \hat{\boldsymbol{n}} \times \int_{S_n} \nabla \times G(\boldsymbol{r}, \boldsymbol{r}') \cdot \boldsymbol{\Lambda}_n \mathrm{d}S' \mathrm{d}S \tag{7-10}$$

式中，$\boldsymbol{\Lambda}$ 为基函数；k 为波数；η 为波阻抗。

将并矢格林函数用加法定理展开得：

$$\bar{\bar{G}}(\boldsymbol{r}_m, \boldsymbol{r}_n) = \left(\bar{\bar{\boldsymbol{I}}} + \frac{\nabla\nabla}{k^2}\right) G(\boldsymbol{r}_m, \boldsymbol{r}_n) = \oiint_S d^2\hat{\boldsymbol{k}} (\bar{\bar{\boldsymbol{I}}} - \hat{\boldsymbol{k}}\hat{\boldsymbol{k}}) \mathrm{e}^{-j\boldsymbol{k}\cdot(\boldsymbol{r}_{mq} - \boldsymbol{r}_{mp})} \alpha_{pq}(\boldsymbol{k}, \hat{\boldsymbol{r}}_{pq}) \tag{7-11}$$

将并矢格林函数的展开式代入 Z_{mn}^{EFIE} 得：

$$\begin{aligned} Z_{mn}^{\mathrm{EFIE}} &= jk\eta \oiint_S d^2\hat{\boldsymbol{k}} \left[\int_{S_m} \mathrm{e}^{j\boldsymbol{k}\cdot\boldsymbol{r}_{mp}} (\bar{\bar{\boldsymbol{I}}} - \hat{\boldsymbol{k}}\hat{\boldsymbol{k}}) \cdot \boldsymbol{\Lambda}_m \mathrm{d}S\right] \cdot \alpha_{pq}(\boldsymbol{k}, \hat{\boldsymbol{r}}_{pq}) \left[\int_{S_n} \mathrm{e}^{-j\boldsymbol{k}\cdot\boldsymbol{r}_{nq}} (\bar{\bar{\boldsymbol{I}}} - \hat{\boldsymbol{k}}\hat{\boldsymbol{k}}) \cdot \boldsymbol{\Lambda}_n \mathrm{d}S'\right] \\ &= jk\eta \oiint_S d^2\hat{\boldsymbol{k}} \boldsymbol{V}_{\mathrm{f},mp}^{\mathrm{E}}(\hat{\boldsymbol{k}}) \cdot \alpha_{pq}(\boldsymbol{k}, \hat{\boldsymbol{r}}_{pq}) \boldsymbol{V}_{\mathrm{s},nq}^{\mathrm{E}}(\hat{\boldsymbol{k}}) \end{aligned} \tag{7-12}$$

由于$(\bar{\bar{\boldsymbol{I}}}-\hat{\boldsymbol{k}}\hat{\boldsymbol{k}})=\hat{\boldsymbol{\theta}}\hat{\boldsymbol{\theta}}+\hat{\boldsymbol{\varphi}}\hat{\boldsymbol{\varphi}}$，因此令 $\mathbf{V}=V_{\theta}\hat{\boldsymbol{\theta}}+V_{\varphi}\hat{\boldsymbol{\varphi}}$，$\mathbf{V}_{\mathrm{f},mp}^{\mathrm{E}}$ 和 $\mathbf{V}_{\mathrm{f},mp}^{\mathrm{E}}$ 仅仅只有 θ 和 φ 分量，表达式为：

$$\mathbf{V}_{\mathrm{f},mp}^{\mathrm{E}}(\hat{\boldsymbol{k}})=\int_{S_m}\mathrm{e}^{j\boldsymbol{k}\cdot\boldsymbol{r}_{mp}}(\bar{\bar{\boldsymbol{I}}}-\hat{\boldsymbol{k}}\hat{\boldsymbol{k}})\cdot\boldsymbol{\Lambda}_m\mathrm{d}S \tag{7-13}$$

$$\mathbf{V}_{\mathrm{s},mp}^{\mathrm{E}}(\hat{\boldsymbol{k}})=\int_{S_n}\mathrm{e}^{-j\boldsymbol{k}\cdot\boldsymbol{r}_{nq}}(\bar{\bar{\boldsymbol{I}}}-\hat{\boldsymbol{k}}\hat{\boldsymbol{k}})\cdot\boldsymbol{\Lambda}_n\mathrm{d}S \tag{7-14}$$

将格林函数的展开式代入 Z_{mn}^{MFIE} 得：

$$\begin{aligned}Z_{mn}^{\mathrm{MFIE}}&=\oiint_S d^2\hat{\boldsymbol{k}}\left[\int_{S_m}\mathrm{e}^{j\boldsymbol{k}\cdot\boldsymbol{r}_{mp}}\boldsymbol{\Lambda}_m\mathrm{d}S\right]\cdot\alpha_{pq}(\boldsymbol{k},\hat{\boldsymbol{r}}_{pq})\left[-\hat{\boldsymbol{k}}\times\int_{S_n}\mathrm{e}^{-j\boldsymbol{k}\cdot\boldsymbol{r}_{nq}}\boldsymbol{\Lambda}_n\mathrm{d}S'\times\hat{\boldsymbol{n}}\right]\\&=\oiint_S d^2\hat{\boldsymbol{k}}\mathbf{V}_{\mathrm{s},mp}^{\mathrm{H}}(\hat{\boldsymbol{k}})\cdot\alpha_{pq}(\boldsymbol{k},\hat{\boldsymbol{r}}_{pq})\mathbf{V}_{\mathrm{s},nq}^{\mathrm{H}}(\hat{\boldsymbol{k}})\end{aligned} \tag{7-15}$$

$\mathbf{V}_{\mathrm{s},nq}^{\mathrm{H}}$ 只有 θ 和 φ 分量，而 $\mathbf{V}_{\mathrm{f},mp}^{\mathrm{H}}$ 仅仅只需要 θ 和 φ 分量，表达式为：

$$\mathbf{V}_{\mathrm{s},mp}^{\mathrm{H}}\hat{\boldsymbol{k}}=\int_{S_m}\mathrm{e}^{j\boldsymbol{k}\cdot\boldsymbol{r}_{mp}}\boldsymbol{\Lambda}_m\mathrm{d}S \tag{7-16}$$

$$\mathbf{V}_{\mathrm{s},nq}^{\mathrm{H}}\hat{\boldsymbol{k}}=-\hat{\boldsymbol{k}}\times\int_{S_n}\mathrm{e}^{-j\boldsymbol{k}\cdot\boldsymbol{r}_{nq}}\boldsymbol{\Lambda}_n\mathrm{d}S\times\hat{\boldsymbol{n}} \tag{7-17}$$

$\mathbf{V}_{\mathrm{f},mp}$ 和 $\mathbf{V}_{\mathrm{f},mp}$ 分别称为配置因子和聚合因子，也可以称为方向图。

快速多极子主要用于加速矩量法中的矩阵矢量乘操作，因此，可以将矩阵矢量乘表示为：

$$\sum_{n=1}^{N}Z_{mn}I_n=\sum_{m\in B_q}\sum_{n\in G_q}Z_{mn}I_n+jk\eta\oiint_S d^2\hat{\boldsymbol{k}}\mathbf{V}_{\mathrm{f},mp}(\hat{\boldsymbol{k}})\cdot\sum_{p\notin B_q}\alpha_{pq}(\boldsymbol{k},\hat{\boldsymbol{r}}_{pq})\sum_{n\in G_q}\mathbf{V}_{\mathrm{s},nq}(\hat{\boldsymbol{k}}) \tag{7-18}$$

式中，m 和 n 表示场和源基函数对应的序号；G_q 为源 n 所在的组；B_q 为第 q 组的近邻组。

由公式可以看出快速多极子对矢量乘的操作，近场部分采用传统矩量法计算，远场部分则采用多极子加速。远场矩阵矢量乘分为三步：第一步基函数向所在组的组中心聚合，第二步组中心向另一个组中心转移，第三步组中心向本组的基函数配置。这三个步骤分别称为聚合、转移和配置（图 7-1），具体操作将在后面介绍。

为了能够进一步应用快速多极子，需要将目标放置在一个大的立方体中，然后将其分为 8 个子立方体。每个子立方体再分为 8 个小立方体，直到最小的立方体的尺寸大约为四分之一波长为止，如图 7-2 所示。每个立方体都对应一个组并包含若干个基函数，如果该组不包含任何基函数，那么称该组为空组，反之为非空组。在第 0 层，有且仅有一个非空组，在第 1 层最多有 8 个非空组，在第 2 层则最多 64 个非空组。

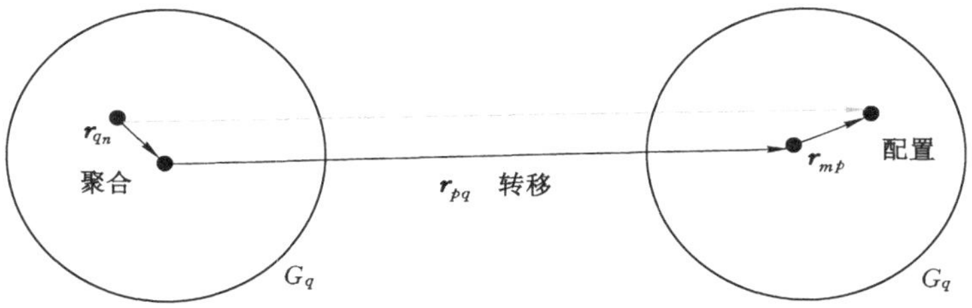

图 7-1　聚合、转移、配置

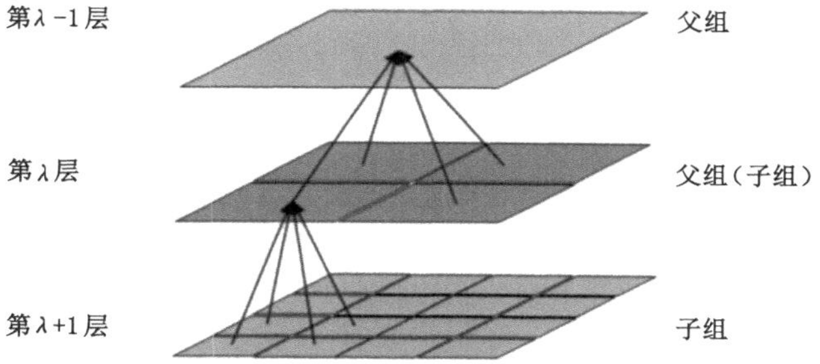

图 7-2　多层树形（四叉树）结构

当目标特别大时，分组特别多，组中心的转移过程依然复杂度高。因此，快速多极子中远场矩阵矢量乘可以利用多层分组进行加速。步骤为：第一步基函数向最低层组中心聚合，第二步组中心向父组中心聚合直到最高层，第三步各层组中心向各层的远场组中心转移，第四步组中心向子组中心配置，第五步最低层组中心向基函数配置。此时，聚合、配置因子可以改写为：

$$\boldsymbol{V}_{\mathrm{f},mp_l}(\hat{\boldsymbol{k}}) = \mathrm{e}^{j\boldsymbol{k}\cdot\boldsymbol{r}_{pl-1pl}}\boldsymbol{V}_{\mathrm{f},mp_{l-1}}(\hat{\boldsymbol{k}}) \tag{7-19}$$

$$\boldsymbol{V}_{\mathrm{f},nq_l}(\hat{\boldsymbol{k}}) = \mathrm{e}^{-j\boldsymbol{k}\cdot\boldsymbol{r}_{pl-1pl}}\boldsymbol{V}_{\mathrm{f},nq_{l-1}}(\hat{\boldsymbol{k}}) \tag{7-20}$$

式中，p_l 和 p_{l-1} 分别为基函数 m 在第 l 层和第 $l-1$ 层的组中心；q_l 和 q_{l-1} 分别为基函数 n 在第 l 层和第 $l-1$ 层的组中心。

由于不同层的累加项个数不一样，因此，在层与层之间的操作中需要进行插值。

7.2.3　树形结构

如图 7-3 所示，在快速多极子的树形结构中，第 1 层有 4^{dim} 个组，第 2 层有 8^{dim} 个组，第 i 层有 $(2\times 2^i)^{\mathrm{dim}}$ 个组，其中 dim 为问题的维数。比如，对于三维散

射问题，第 1 层有 64 个组，第 2 层有 512 个组，第 i 层有$(2\times 2^i)^3$ 个组。第 1 层的基数从 4 开始，是因为 4 是产生远场组的最小整数。树形结构将目标的单元网格划分了不同的区域，其目的是实现将大规模问题"分而治之"，从而提升运算效率。为了能够在程序中实现树形结构，我们需要构造特殊的数据结构，下面将详细介绍。

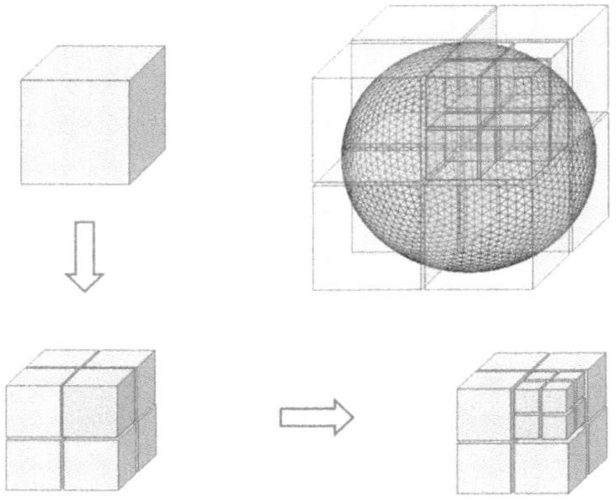

图 7-3　多层树形结构示意图

（1）基本参数

构造一个新的数据类型命名为 tree，并定义两个对象 tree1 和 tree2，用于记录不同材料参数下的树形结构数据。此外，还有如下定义：

nLev：整型变量，记录树形结构的层数。

nNoEmpty：tree 结构中的整型变量，用于记录当前层中的非空组个数。

nBox：tree 结构中的整型变量，用于记录当前层中的组个数。

BoxSize：tree 结构中的实型变量，用于记录当前层中的组的尺寸。

BoxLoc：tree 结构中的二维整型数组，用于记录当前层中每个组的位置。

（2）三角形、边与组的关系

三角形和边都归属于其对应的组，因此需要数据结构来定义这种关系。用 iBoxTri 和 BoxTri 描述组包含的三角形信息，数据结构如图 7-4 所示。每个组都包含数量不等的三角形，每个三角形都从属于一个或多个组。因此，这里采用类似链表的格式，用 BoxTri 记录所有的三角形信息，用 iBoxTri 表示每个组包含的第一个三角形的地址。如第一个组包含 3 个三角形，第二个组包含 2 个三角形，第三个组包含 4 个三角形，那么 iBoxTri 的数据为 1、4、6 和 10，分别为 BoxTri 数组中每个组对应的首地址。

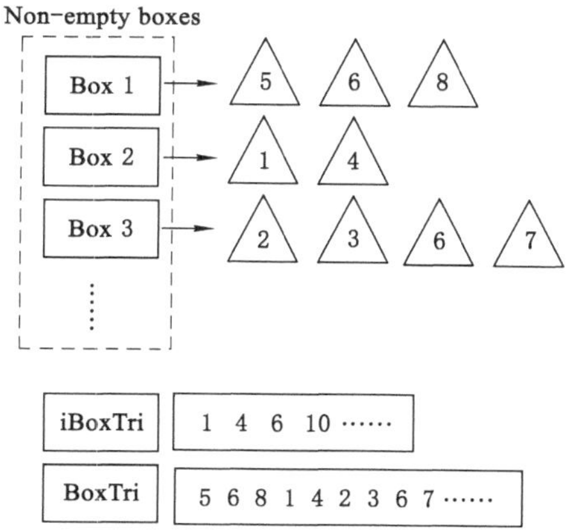

图 7-4　组包含三角形的数据结构

用 iBoxEdgeI 和 BoxEdgeI 描述组包含的边的信息，数据结构如图 7-5 所示。每个组都包含数量不等的边，每个边都从属于唯一的组。因此，这里与三角形类似，也采用类似链表的格式，用 BoxEdgeI 记录所有的三角形信息，用 iBoxEdgeI 表示每个组包含的第一个三角形的地址。如第一个组包含 3 条边，第二个组包含 2 条边，第三个组包含 4 条边，那么 iBoxEdgeI 的数据为 1、4、6 和 10，分别为 BoxEdgeI 数组中每个组对应的首地址。与三角形的数据结构不同的是，BoxEdgeI 中不会出现相同的数，因为边只能从属于唯一的组。

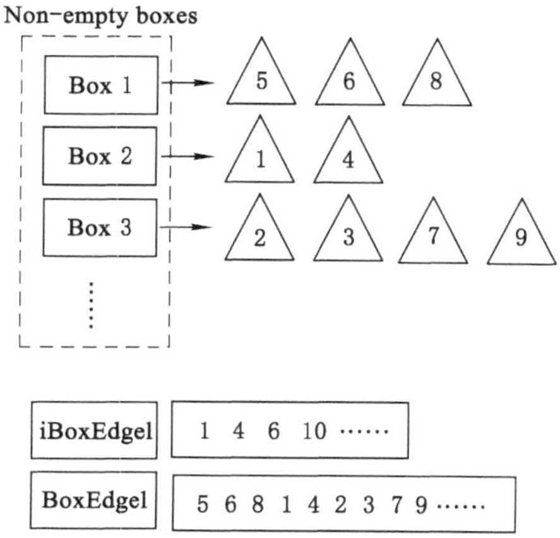

图 7-5　组包含边的数据结构

(3) 父组和子组

在 tree 结构中,用 BoxInBox 表示父组与子组的关系。一个组只能有一个父组,但可以有不只一个子组。为了说明 BoxInBox 的用法,这里举个例子,如图 7-6 所示。tree(1,2).BoxInBox(3)=3 中,tree1(1,2)表示第一个目标的第 2 层树形结构,BoxInBox(3)表示该结构中的第 3 个组,而等号右边的 3 表示这个组的父组也是第 3 个组。这里两个 3 的含义不一样,父组是第 3 个组表示的是第一个目标第 1 层树形结构中的第 3 个组。

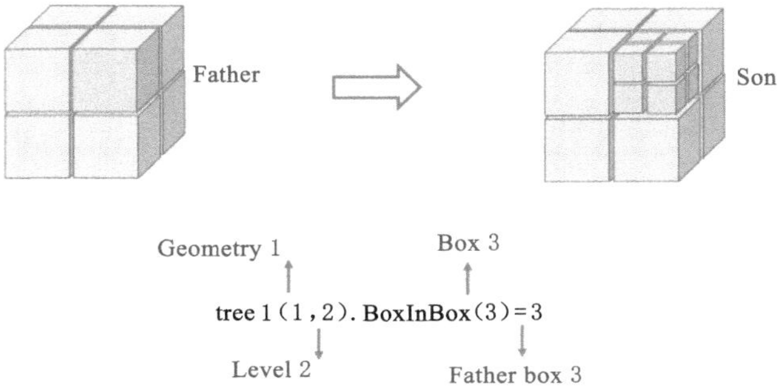

图 7-6　父组和子组的关系

(4) 远场和近场

电磁场中有远场和近场的概念(图 7-7),主要原因是远场可以有一些近似,比如快速远场近似。在树形结构中为了体现远场和近场的概念,也在分组中引入远场组和近场组,用 iBoxNear 和 BoxNear 描述近场组,用 iBoxFar 和 BoxFar 描述远场组。

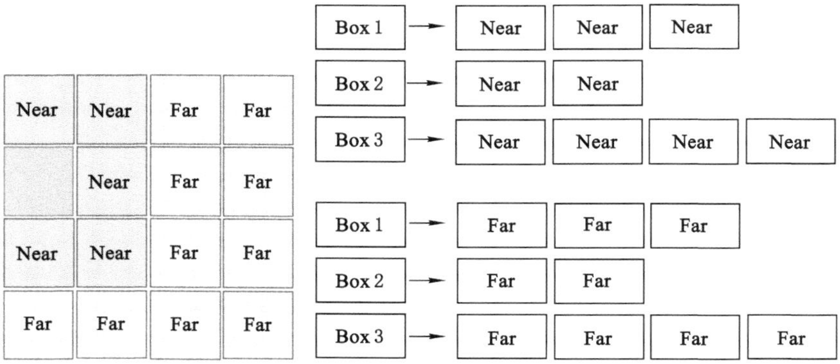

图 7-7　远场和近场

近场组定义为在同一层树形结构中相邻的组。很容易可以看出,只要是同一个父组的组互相肯定是近场组。此外,父层组是相邻组的组,也可能是近场组,这里就需要在程序中做一个判断。除去近场组,其他的组均是远场组。但是,根据快速多极子算法的需要,我们仅仅只把父层组是近邻组的远场组记录下来,而其他远场组则认为无关而不予记录。

由于每个组都有若干近场组和若干远场组,因此在记录的时候采用的数据结构也是链表结构,可以参考边与组的关系中采用的结构。

（5）Morton 码

为了方便程序访问,对于每个组,都有固定的编号,这个编号称为 Morton 码。Morton 码的原理如图 7-8 所示,它是将 x 方向、y 方向及 z 方向的组的号用二进制表示,从最高位到最低位排列。然后扩展成一个 3 倍长度的二进制数,依次填充 x、y、z 从低位向高位的各位二进制数。反之,从 Morton 编号的组可以快速地查组所在的 x、y、z 方向的组号。以 x、y、z 方向第 3、4、5 组为例,假设它们是在最大组号为 7 的情况下,则有:

$$\left. \begin{array}{l} x:3 \rightarrow 011 \\ y:4 \rightarrow 100 \\ z:5 \rightarrow 101 \end{array} \right\}$$

Morton 组号

□□□□□□ 　110001101 → 397

由 Morton 编号的组查询它的父层组的算法是将组号的二进制数右移 3 位。例如:

110001101（十进制数 397）≫110001（十进制数 49）

表示第 i 层的 397 组,是第 $i-1$ 层 49 组的子组。由 Morton 编号的组查询它的子层组的算法是将组号的二进制数左移 3 位（二维情况则是 2 位）后将最后三位填值为从 000（0）到 111（7）的数字,则可得全部子组 Morton 编号。

7.2.4　球谐函数

从辐射和接收方向图的表达式中,可以看出辐射和接收方向图的内存需求为 $N \times N_k \times 2$,其中 N 为未知量个数,乘以 2 表示要同时储存两个正交方向的数值,$N_k = 2L^2$,L 为多极子模式数。一般情况下,多层快速多极子的最细层组的尺寸控制在 $(0.2 \sim 0.4)\lambda$ 之间,此时,模式数 L 一般在 5～8 之间,那么 N_k 取值在 50～128 之间。当未知量 N 非常大时,辐射和接收方向图需要耗费相当大的内存。

方向图是波矢量的 $\hat{k}$ 函数,因此,可以考虑用球形调和函数来逼近方向图,达到减少内存的目的。根据最细层组的尺寸在 $(0.2 \sim 0.4)\lambda$ 之间,采用球谐函数来逼近辐射和接收方向图,其最高阶数选为 2 阶,表达式为:

7	101010 42	101010 43	101010 46	101010 47	111010 58	111011 59	111110 62	111111 63
6	101000 40	101001 41	101100 44	101101 45	111000 56	111001 57	111100 60	111101 61
5	100010 34	100011 35	100110 38	100111 39	110010 50	110011 51	110110 54	110111 55
4	100000 32	100001 33	100100 36	100101 37	110000 48	110001 49	110100 52	110101 53
3	001010 10	001011 11	001110 14	001111 15	011010 26	011011 27	011110 30	011111 31
2	001000 8	001001 9	001100 12	001101 13	011000 24	011001 25	011100 28	011101 29
1	000010 2	000011 3	000110 6	000111 7	010010 18	010011 19	010110 22	010111 23
0	000000 0	000001 1	000100 4	000101 5	010000 16	010001 17	010100 20	010101 21
	0	1	2	3	4	5	6	7

图 7-8　二维情况 8×8 组的 Morton 编号示意图

$$Y_0^0(\theta,\varphi)=\frac{1}{2}\sqrt{\frac{1}{\pi}} \tag{7-21}$$

$$Y_0^{-1}(\theta,\varphi)=\frac{1}{2}\sqrt{\frac{3}{2\pi}}\mathrm{e}^{-j\varphi}\sin\theta \tag{7-22}$$

$$Y_1^0(\theta,\varphi)=\frac{1}{2}\sqrt{\frac{3}{\pi}}\cos\theta \tag{7-23}$$

$$Y_1^1(\theta,\varphi)=-\frac{1}{2}\sqrt{\frac{3}{2\pi}}\mathrm{e}^{j\varphi}\sin\theta \tag{7-24}$$

$$Y_2^{-2}(\theta,\varphi)=\frac{1}{4}\sqrt{\frac{15}{2\pi}}\mathrm{e}^{-2j\varphi}\sin^2\theta \tag{7-25}$$

$$Y_2^{-1}(\theta,\varphi)=\frac{1}{2}\sqrt{\frac{15}{2\pi}}\mathrm{e}^{-j\varphi}\sin\theta\cos\theta \tag{7-26}$$

$$Y_2^{0}(\theta,\varphi)=\frac{1}{4}\sqrt{\frac{5}{\pi}}(3\cos^2\theta-1) \tag{7-27}$$

$$Y_2^{1}(\theta,\varphi)=-\frac{1}{2}\sqrt{\frac{15}{2\pi}}\mathrm{e}^{j\varphi}\sin\theta\cos\theta \tag{7-28}$$

$$Y_2^{2}(\theta,\varphi)=\frac{1}{4}\sqrt{\frac{15}{2\pi}}\mathrm{e}^{2j\varphi}\sin^2\theta \tag{7-29}$$

于是，方向图用球谐函数表示为：

$$\boldsymbol{V}_{\mathrm{f},qn}(\hat{\boldsymbol{k}})\approx\sum_{p=0}^{2}\sum_{q=-p}^{p}\boldsymbol{f}_p^q Y_p^q(\hat{\boldsymbol{k}}) \tag{7-30}$$

$$\boldsymbol{V}_{\mathrm{s},mp}(\hat{\boldsymbol{k}})\approx\sum_{p=0}^{2}\sum_{q=-p}^{p}\boldsymbol{r}_p^q Y_p^q(\hat{\boldsymbol{k}}) \tag{7-31}$$

因此，存储方向图就转化为存储球谐函数的系数。根据球谐函数的对称性，球谐函数的系数仅仅只需要存储 6 个，因此，方向图的存储量就降为 $N\times6\times3$。在这里，最后的 2 之所以变成 3，是因为之前存储两个正交方向的数值，此时需要存储其直角坐标系的三个分量。与不用球谐函数的存储量相比，当未知量 N 非常大时，可以减少大量的内存需求。

当采用球谐函数时，还需要额外增加一些计算量，主要在两个方面：一方面是在计算方向图时需要计算球谐函数的系数；另一方面是在矩阵矢量乘时需要进行球谐函数展开的计算。尽管如此，增加的计算量相对于多层快速多极子的整体计算量来说，可以忽略不计。

7.3　数值算例

本节将用 PEC 球的 RCS 计算结果来验证多层快速多极子的精度及效率，所有算例采用的计算机 CPU 型号为 Intel Core™ i7-8700，内存型号为 DDR3，容量为 16 GB。

图 7-9 展示了多层快速多极子加速的矩量法计算金属球 RCS 的结果，其中球的半径从 1 m 逐渐增大到 32 m，入射波为均匀平面波，频率为 300 MHz，入射俯仰角为 0°，入射方位角为 0°。金属球的表面用三角形网格剖分，剖分密度均大于每平方波长 120 个单元。为了加快迭代，方程选取混合场积分方程且

CFIE 因子为 0.5。从图中可以看出，多层快速多极子加速后的矩量法，依然能够与 Mie 级数的结果完全吻合，说明多层快速多极子算法的误差很小。为了能够进一步分析多层快速多极子的性能，表 7-1 列出了未知量、迭代步数等信息，以及各部分的计算时间和内存。由于矩量法的空间复杂度高，因此一般只能计算数千未知量的问题。经过多层快速多极子加速后，在本算例中未知量已经达到了 100 万以上。

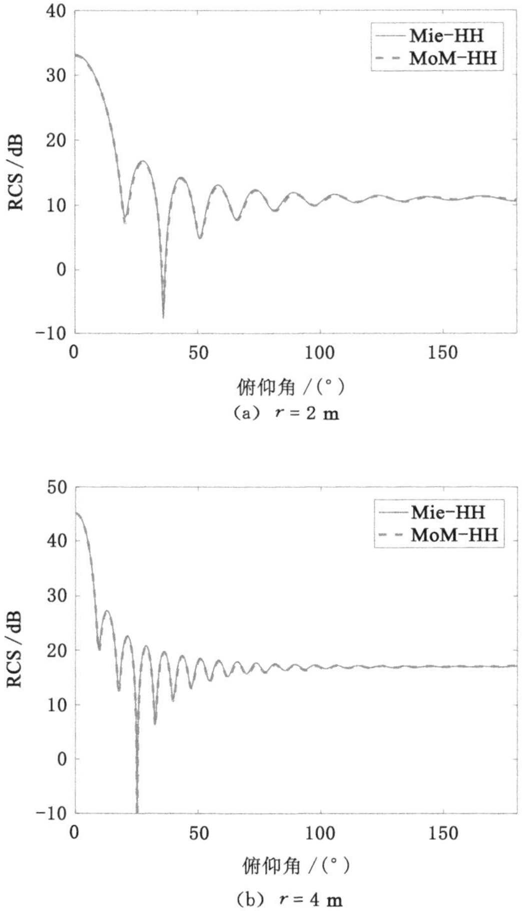

图 7-9　多层快速多极子计算理想导体球的双站 RCS 结果($f=300$ MHz，HH 极化)

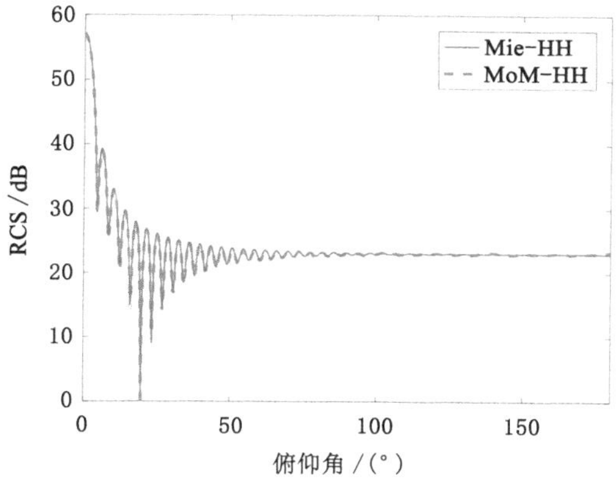

(c) $r = 8$ m

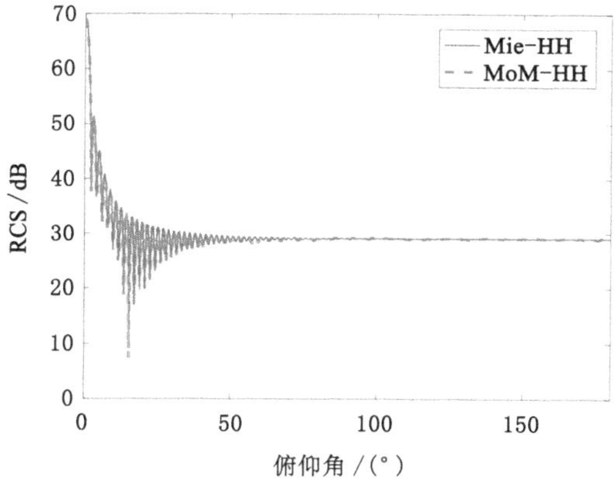

(d) $r = 16$ m

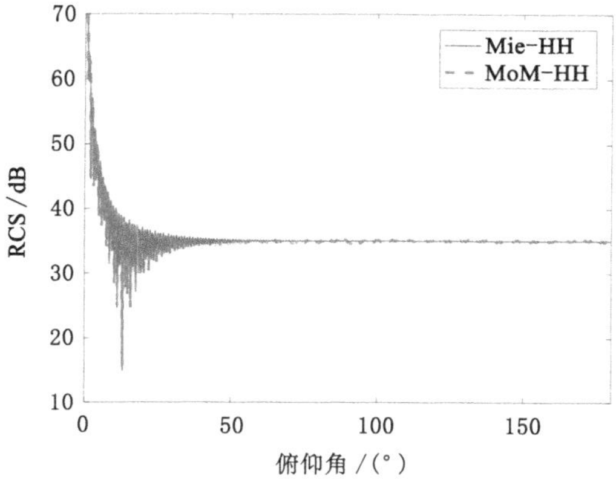

(e) $r = 32$ m

图 7-9 （续）

表 7-1 计算不同理想导体球散射时的效果对比($f=300$ MHz,VV 极化)

半径	未知量	层数	迭代步数	时间/s		内存/MB	
				阻抗矩阵填充	方程求解	近场阻抗矩阵	总内存
2	7 680	3	17	3	14	12	37
4	30 720	4	20	11	74	47	174
8	122 880	5	23	47	377	189	706
16	491 502	6	27	232	1 947	754	2 881
32	1 966 080	7	34	1 628	11 170	3 019	11 700

7.4 本章小结

采用多层快速多极子加速矩量法,利用树形结构,将阻抗矩阵元素分为远场作用和近场作用,其计算复杂度可从 $O(N^2)$降低到 $O(N\log N)$,空间复杂度也可从 $O(N^2)$降低到 $O(N\log N)$。

参考文献

[1] 高玉颖,刘志伟,张世琳,等.基于积分方程的地下管线电磁散射计算[J].太赫兹科学与电子信息学报,2017,15(2):247-252.

[2] 盛新庆.计算电磁学要论[M].北京:科学出版社,2004.

[3] BAO Y,LIU Z W,SONG J M.Adaptive cross approximation algorithm for accelerating BEM in eddy current nondestructive evaluation[J].Journal of nondestructive evaluation,2018,37(4):68.

[4] COIFMAN R,ROKHLIN V,WANDZURA S.The fast multipole method for electromagnetic scattering calculations [C]//Proceedings of IEEE Antennas and Propagation Society International Symposium.June 28-July 2,1993,Ann Arbor,MI,USA.IEEE,2002:48-51.

[5] ENGHETA N,MURPHY W D,ROKHLIN V,et al.The fast multipole method (FMM) for electromagnetic scattering problems [J]. IEEE transactions on antennas and propagation,1992,40(6):634-641.

[6] GENG N,SULLIVAN A,CARIN L.Multilevel fast-multipole algorithm for scattering from conducting targets above or embedded in a lossy half space[J].IEEE transactions on geoscience and remote sensing,2000,38

(4):1561-1573.

[7] HAMILTON L R,ROKHLIN V,STALZER M A,et al.The importance of accurate surface models in RCS computations[C]//Proceedings of IEEE Antennas and Propagation Society International Symposium.June 28-July 2,1993,Ann Arbor,MI,USA.IEEE,2002:1136-1139.

[8] HELDRING A, UBEDA E, RIUS J M. On the convergence of the ACA algorithm for radiation and scattering problems[J].IEEE transactions on antennas and propagation,2014,62(7):3806-3809.

[9] KURZ S,RAIN O,RJASANOW S.The adaptive cross-approximation technique for the 3D boundary-element method[J].IEEE transactions on magnetics,2002, 38(2):421-424.

[10] LIU Z W,CHEN R S,CHEN J Q,et al.Using adaptive cross approximation for efficient calculation of monostatic scattering with multiple incident angles[J]. Applied computational electromagnetics society journal,2011,26(4): 325-333.

[11] LIU Z W,ZHANG Z Y,GAO Y Y,et al.Using adaptive cross approximation to accelerate simulation of B-scan GPR for detecting underground pipes[C]//2016 Progress in Electromagnetic Research Symposium (PIERS). August 8-11, 2016,Shanghai.IEEE,2016:4335-4338.

[12] ROKHLIN V.Rapid solution of integral equations of scattering theory in two dimensions [J]. Journal of computational physics, 1990, 86 (2): 414-439.

[13] SHENG X Q,JIN J M,SONG J,et al.Solution of combined-field integral equation using multilevel fast multipole algorithm for scattering by homogeneous bodies[J].IEEE transactions on antennas and propagation, 1998,46(11):1718-1726.

[14] SONG J M,CHEW W C.Fast multipole method solution using parametric geometry[J]. Microwave and optical technology letters, 1994, 7 (16): 760-765.

[15] SONG J M,CHEW W C.Multilevel fast-multipole algorithm for solving combined field integral equations of electromagnetic scattering [J]. Microwave and optical technology letters,1995,10(1):14-19.

[16] SONG J,LU C C,CHEW W C.Multilevel fast multipole algorithm for electromagnetic scattering by large complex objects[J].IEEE transactions on antennas and propagation,1997,45(10):1488-1493.

[17] WANG G H, SUN Y F, CHEN Z P. Fast computation of monostatic radar cross section using compressive sensing and ACA-accelerated block LU factorization method [J]. Journal of electromagnetic waves and applications, 2016, 30(11): 1417-1427.

[18] ZHAO J S, CHEW W C. MLFMA for solving boundary integral equations of 2D electromagnetic scattering at low frequencies[C]//IEEE Antennas and Propagation Society International Symposium. 1998 Digest. Antennas: Gateways to the Global Network. Held in conjunction with: USNC/URSI National Radio Science Meeting (Cat. No. 98CH36). June 21-26, 1998, Atlanta, GA, USA. IEEE, 2002: 1762-1765.

[19] ZHAO K Z, VOUVAKIS M N, LEE J F. The adaptive cross approximation algorithm for accelerated method of moments computations of EMC problems [J]. IEEE transactions on electromagnetic compatibility, 2005, 47(4): 763-773.

[20] ZHAO K Z, VOUVAKIS M, LEE J F. Application of the multilevel adaptive cross-approximation on ground plane designs [C]//2004 International Symposium on Electromagnetic Compatibility (IEEE Cat. No. 04CH37559). August 9-13, 2004, Silicon Valley, CA, USA. IEEE, 2004: 124-127.

第 8 章　计算电磁散射的高频法

8.1　引言

本章主要介绍计算电磁散射的另一类算法——高频近似方法。采用高频近似假设，可以极大简化计算，且物理含义也可用光学的概念来清晰解释。

8.2　物理光学

8.2.1　物理光学近似

平面波在无限大金属面的反射如图 8-1 所示。从图中可以看出，无论是 TE 极化还是 TM 极化，由于受到边界条件的限制，切向总电场恒为零。反射系数为 1，切向总磁场等于入射磁场的 2 倍，即：

$$\hat{\boldsymbol{n}} \times \boldsymbol{H}^{\mathrm{tol}} = \hat{\boldsymbol{n}} \times (\boldsymbol{H}^{\mathrm{inc}} + \boldsymbol{H}^{\mathrm{sca}}) = 2\hat{\boldsymbol{n}} \times \boldsymbol{H}^{\mathrm{inc}} \tag{8-1}$$

式中，$\boldsymbol{H}^{\mathrm{tol}}$表示总磁场；$\boldsymbol{H}^{\mathrm{inc}}$表示入射磁场；$\boldsymbol{H}^{\mathrm{sca}}$表示散射磁场。

根据感应定理，表面的感应电流为：

$$\boldsymbol{J}_{\mathrm{e}} = \hat{\boldsymbol{n}} \times \boldsymbol{H}^{\mathrm{tol}} = 2\hat{\boldsymbol{n}} \times \boldsymbol{H}^{\mathrm{inc}} \tag{8-2}$$

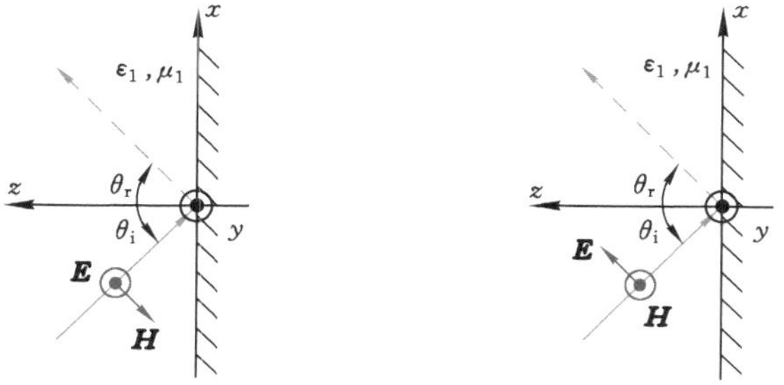

(a) TE 极化　　(b) TM 极化

图 8-1　无限大金属平面对电磁波的反射

当考虑任意形状的金属目标，表面被平面单元(如平面三角形单元)离散，放置于某入射场中。如果此时目标是电大尺寸，那么目标表面单元上的感应电流则可以用 $\boldsymbol{J}_e=2\hat{\boldsymbol{n}}\times\boldsymbol{H}^{\text{inc}}$ 来近似计算。从数学角度看，即将每个单元都视为无限大平面；从物理角度看，即忽略了单元和单元之间的耦合。当采用这种近似之后，虽然引入了不小的误差，但能够快速地得到散射结果，对于需要快速计算金属目标的高频散射并对精度要求不高时，是一种比较好的方法。这种近似称为物理光学近似或高频近似。

8.2.2 PEC 目标的电磁散射

假定入射电场和磁场分别为 $\boldsymbol{E}^{\text{inc}}$ 和 $\boldsymbol{H}^{\text{inc}}$，根据物理光学近似，PEC 目标被入射波照亮的部分会产生感应电流，电流的大小和强度的计算公式为：

$$\boldsymbol{J}_e=2\hat{\boldsymbol{n}}\times\boldsymbol{H}^{\text{inc}}=2\hat{\boldsymbol{n}}\times\boldsymbol{h}H_0\mathrm{e}^{-jk^{\mathbf{i}}\hat{\mathbf{k}}\cdot\mathbf{r}'} \tag{8-3}$$

式中，$\boldsymbol{H}^{\text{inc}}$ 为入射磁场强度；$\hat{\boldsymbol{k}}^i$ 为入射波的传播方向矢量；$\hat{\boldsymbol{h}}$ 为入射波的磁场方向；H_0 为入射波的磁场强度大小；$\hat{\boldsymbol{n}}$ 为单位外法向量；$\boldsymbol{J}_e$ 为电流密度。

根据辐射公式，PEC 目标的散射场可以表示为：

$$\boldsymbol{E}^{\text{sca}}=-jk\eta\int_S\left(\bar{\bar{\boldsymbol{I}}}+\frac{\nabla\nabla}{k^2}\right)G(\boldsymbol{r},\boldsymbol{r}')\boldsymbol{J}_e(\boldsymbol{r}')\mathrm{d}S \tag{8-4}$$

式中，$G(\boldsymbol{r},\boldsymbol{r}')=\dfrac{\mathrm{e}^{-jk|\boldsymbol{r}-\boldsymbol{r}'|}}{4\pi|\boldsymbol{r}-\boldsymbol{r}'|}$ 为自由空间格林函数；k 为自由空间传播常数；η 为自由空间波阻抗。

当需要计算远场时，散射场可以近似为：

$$\boldsymbol{E}^{\text{sca}}=-jk\eta(\bar{\bar{\boldsymbol{I}}}-\hat{\boldsymbol{k}}\hat{\boldsymbol{k}})\cdot\int_S G(\boldsymbol{r},\boldsymbol{r}')\boldsymbol{J}_e(\boldsymbol{r}')\mathrm{d}S \tag{8-5}$$

式中，$\boldsymbol{r}'$ 为源点指向场点的方向矢量。

散射场也可以写成 TE 和 TM 两个分量：

$$\hat{\boldsymbol{\theta}}\cdot\boldsymbol{E}^{\text{sca}}=-jk\eta\hat{\boldsymbol{\theta}}\cdot\int_S G(\boldsymbol{r},\boldsymbol{r}')\boldsymbol{J}_e(\boldsymbol{r}')\mathrm{d}S \tag{8-6}$$

$$\hat{\boldsymbol{\varphi}}\cdot\boldsymbol{E}^{\text{sca}}=-jk\varphi\hat{\boldsymbol{\varphi}}\cdot\int_S G(\boldsymbol{r},\boldsymbol{r}')\boldsymbol{J}_e(\boldsymbol{r}')\mathrm{d}S \tag{8-7}$$

此外，由空间格林函数有近似表达式 $G(\boldsymbol{r},\boldsymbol{r}')\approx\dfrac{\mathrm{e}^{-jkr}}{4\pi r}\mathrm{e}^{jk(\hat{\boldsymbol{k}}-\hat{\boldsymbol{k}}^i)\cdot\boldsymbol{r}'}$。其中 r 为坐标原点到观察点之间的距离；$\hat{\boldsymbol{k}}$ 表示坐标原点指向观察点的方向矢量。将格林函数的近似表达式和电流的物理光学近似表达式都代入散射场远场公式，可以得到：

$$\hat{\boldsymbol{\theta}}\cdot\boldsymbol{E}^{\text{sca}}=-j\hat{\boldsymbol{\theta}}\cdot(\hat{\boldsymbol{n}}\times\hat{\boldsymbol{h}})\frac{\omega\mu H_0}{2\pi r}\mathrm{e}^{-jkr}\int_S\mathrm{e}^{jk(\hat{\boldsymbol{k}}-\hat{\boldsymbol{k}}^i)\cdot\boldsymbol{r}'}\mathrm{d}S \tag{8-8}$$

$$\hat{\boldsymbol{\varphi}} \cdot \boldsymbol{E}^{\text{sca}} = -j\hat{\boldsymbol{\varphi}} \cdot (\hat{\boldsymbol{n}} \times \hat{\boldsymbol{h}}) \frac{\omega\mu H_0}{2\pi r} \mathrm{e}^{-jkr} \int_S \mathrm{e}^{jk(\hat{k}-\hat{k}^i)\cdot \boldsymbol{r}'} \mathrm{d}S \tag{8-9}$$

因此,雷达散射截面就可以用表达式 $\mathrm{RCS}=4\pi r^2 \dfrac{|\boldsymbol{H}^{\text{sca}}|^2}{|\boldsymbol{H}^{\text{inc}}|^2}$ 来计算。积分运算在整个散射求解的过程中比较麻烦,一般采用高斯积分。当利用平面三角形对目标进行剖分时,则可以采用三角区域的振荡核解析积分方法得到积分的解析解。

图 8-2 给出了半径为 1 m 的理想导体球的双站 RCS 结果,其中入射波的频率为 300 MHz,俯仰角为 0°,方位角为 0°,未知量为 1 920,剖分密度为每平方波长 102 个三角形单元。从图中可以看出,物理光学法的结果与 Mie 级数的结果有一定的偏差,趋势基本保持一致,后向散射方向的结果吻合较好。偏差的主要原因是物理光学法是近似方法,忽略了单元和单元之间的电磁耦合。

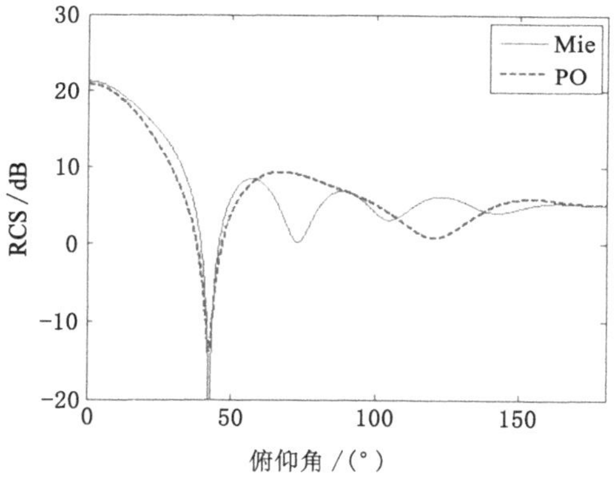

图 8-2　物理光学法计算金属球的双站 RCS 结果($r=1.0$ m,$f=300$ MHz)

8.3　遮挡判别

目标未被入射波照亮的部分不会产生感应电流,即电流密度 $\boldsymbol{J}_e$ 为零。因此,整个目标分为两个区域:照明区和阴影区。高频方法首先要把散射体模型的照明面和阴影面分离出来,该过程就是面元遮挡判断。一个高效的自动遮挡判断算法既直接影响计算结果的精度,又可使计算过程更加快速。

为了能够进行遮挡判别,先将遮挡判别分为单重遮挡和多重遮挡两类:如果某个面元仅仅是因为朝向,使得入射射线无法到达面元的外表面,从而被判断为阴影面,则称该面元被单重遮挡;如果某个面元被判断为阴影面,其原因是其他面元挡在该面元与入射波之间，则称该面元被多重遮挡。单重遮挡的判别比较简单，只需要利用面元的外法向量和入射波的方向矢量即可，如图 8-3 所示。

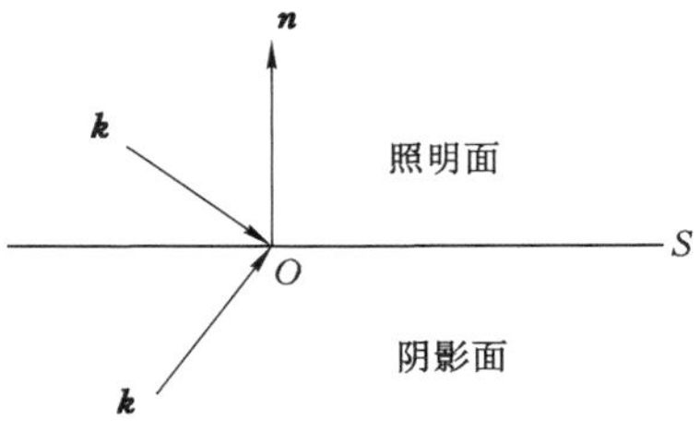

图 8-3　单重遮挡示意图

假设入射波的方向矢量为 $\hat{\boldsymbol{k}}$，面元的外法线为 $\hat{\boldsymbol{n}}$，则单重遮挡的判别公式为：

$$\begin{cases}\hat{\boldsymbol{k}}\cdot\hat{\boldsymbol{n}}<0 & \text{照明面}\\ \hat{\boldsymbol{k}}\cdot\hat{\boldsymbol{n}}\geqslant 0 & \text{阴影面}\end{cases} \tag{8-10}$$

对于多重遮挡判别，计算过程比单重遮挡要复杂，一般在单重遮挡识别后，对剩余的照明面元再进行处理。多重遮挡的示意图如图 8-4 所示，假定此时面元 S_1、S_2、S_3 和 S_4 在单重遮挡判别的过程中被识别为照明面，下面分析 S_3 的多重遮挡判别过程。首先从面元 S_3 的中点引出一条射线，方向为入射波方向 $\hat{\boldsymbol{k}}$ 的反方向 $-\hat{\boldsymbol{k}}$，从而将问题转化为分析该射线与其余面元是否有交点。依次判断该射线与各个面元是否有交点。如果有，则面元 S_3 被判断为阴影面；反之，面元 S_3 被判断为照明面。

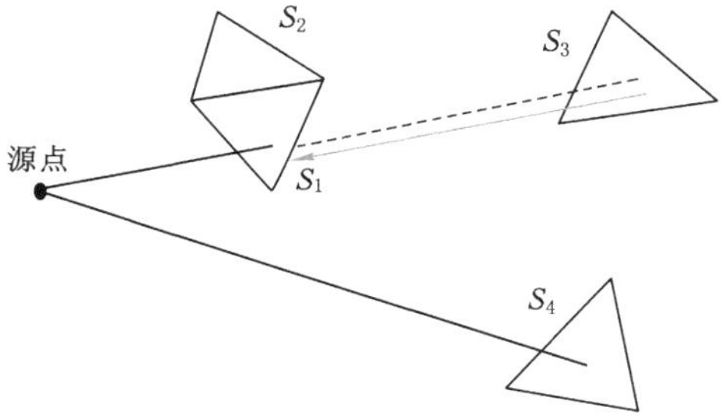

图 8-4　多重遮挡示意图

多重遮挡判断的运算量主要集中在通过几何关系求解射线与面元之间的交点。经过单重遮挡判断后，假设有 N 个照明面元，则多重遮挡的运算过程需要

求解 N^2 次交点。对于电大尺寸目标，面元特别多，则多重遮挡过程就特别缓慢。为了加速这个过程，可以引入树形结构。首先将目标区域按照空间位置进行分组；其次，计算射线与面元的交点时，可以先计算射线与子区域的交点；若射线与某个子区域没有交点，则该子区域包含的所有面元都不会与该射线有交点；若射线与某个子区域有交点，则依次计算该区域包含的所有面元与该射线的交点。通过这种分组的策略，大大降低了射线与面元求交的过程，提高了计算效率。对于更大规模的问题，可以通过多层的树形结果来加速，其结构类似多层快速多极子中的树形结构，这里不再赘述。

下面用两组数值算例来说明物理光学方法中遮挡算法的效率，模型分别是 VFY-218 和 Tank，剖分的平面三角形面元个数分别是 108 600 和 335 892。图 8-5 和图 8-6 分别给出了这两个算例的遮挡结果，从中可以看出多重遮挡算法的正确性。表 8-1 给出了传统多重遮挡算法与基于树形结构的多重遮挡算法的计算时间，从中可以看出引入树形结构之后，遮挡判别的效率大大提高。但随着树形结构层数的不断增加，计算时间先快速降低然后又升高，原因是分层数量不断增加，射线与面元之间的交点计算时间不断减少，但射线与子区域之间的交点计算时间逐渐增加，并逐渐成为计算的主要负担。

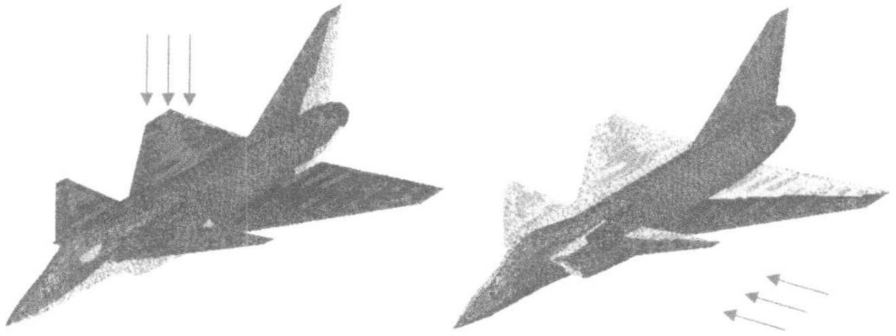

(a) 顶部入射($\theta=0°,\varphi=0°$)　(b) 侧面入射($\theta=90°,\varphi=90°$)

图 8-5　VFY-218 的多重遮挡结果

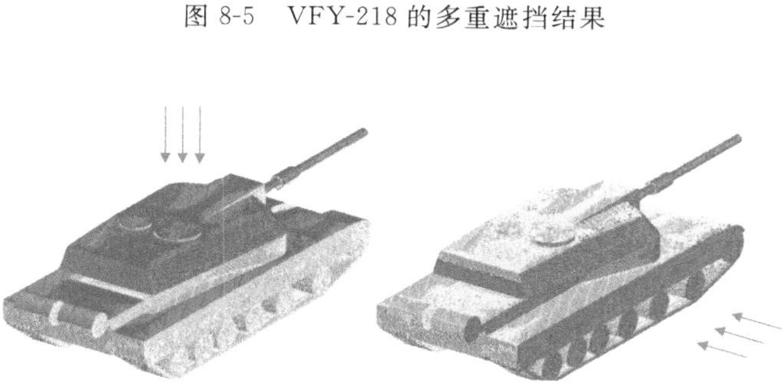

(a) 顶部入射($\theta=0°,\varphi=0°$)　(b) 侧面入射($\theta=90°,\varphi=90°$)

图 8-6　Tank 的多重遮挡结果

表 8-1　传统多重遮挡方法和基于树形结构的多重遮挡方法比较

单位：s

目标	面元数	入射角	传统方法	基于树形结构方法			
				1 层	2 层	3 层	4 层
VFY-218	108 600	$\theta=0°$ $\varphi=0°$	149.6	42.0	20.0	11.6	9.5
		$\theta=90°$ $\varphi=90°$	154.1	57.1	26.4	15.4	11.9
Tank	335 892	$\theta=0°$ $\varphi=0°$	623.2	175.7	79.5	45.7	42.1
		$\theta=90°$ $\varphi=90°$	352.5	93.0	53.6	34.0	32.0

从表中可以看出，基于树形结构的快速遮挡算法可以极大地改善计算效率。然而，对于单站 RCS 计算、雷达回波数据仿真等问题，需要反复地判别遮挡区域，使得有必要寻求更多的方法对遮挡判别进行加速。对于遮挡判别问题来说，由于每个面元的判别过程是独立于其他面元的，不存在前后的因果关系。因此，可以在树形结构加速的基础上，采用并行处理技术，对遮挡判别再次加速。下面列出采用并行技术后，VFY-218 和 Tank 的遮挡判别时间(表 8-2)。

表 8-2　传统多重遮挡方法和基于树形结构的多重遮挡方法比较

单位：s

目标	入射角	3 层树形方法	并行加速的树形方法					
			2 进程	加速比	4 进程	加速比	8 进程	加速比
VFY-218	$\theta=0°$ $\varphi=0°$	11.6	7.1		4.6		3.3	
	$\theta=90°$ $\varphi=90°$	15.4	9.2		5.2		3.4	
Tank	$\theta=0°$ $\varphi=0°$	45.7	29.4		19.5		8.1	
	$\theta=90°$ $\varphi=90°$	34.0	21.8		12.1		5.7	

8.4　本章小结

采用物理光学法计算电磁散射，复杂度为 $O(N)$，其中 N 为未知数。虽然效率很高，但存在较大的计算误差。高频法仅适用于电大尺寸目标，且有必要采用棱边绕射理论进行修正。当存在较为明显的多次反射时，还需要增加射线追踪算法。

参考文献

[1] 丁大志，杨婕，杨宝金，等.基于弹跳射线法的海上目标快速成像与识别算法[J].信号处理，2020，36(12)：1998-2006.
[2] 经文，赵宇姣，江舸，等.基于物理光学法的近场多入多出雷达成像模拟[J].太赫兹科学与电子信息学报，2019，17(6)：981-987.
[3] 李弘祖，郭立新，董春雷，等.基于八叉树优化的 MoM-PO/PTD 混合算法分析目标电磁散射及辐射问题[J].系统工程与电子技术，2021，43(11)：3033-3039.
[4] 陆金文，闫华，殷红成，等.用于三维散射中心 SBR 建模的边缘绕射修正[J].西安电子科技大学学报，2021，48(2)：117-124.
[5] 吴安雯，吴语茂，杨杨，等.矩量法-物理光学混合算法计算多尺度复合目标电磁散射场[J].电波科学学报，2019，34(1)：83-90.
[6] 吴家珣，王友成，陈士举，等.超电大目标与分形海面复合散射研究[J].微波学报，2021，37(5)：39-45.
[7] 闫华，陈勇，李胜，等.基于弹跳射线法的海面舰船目标三维散射中心快速建模方法[J].雷达学报，2019，8(1)：107-116.
[8] 张楠，吴语茂.计算电大尺寸目标物理光学散射场的快速算法[J].电波科学学报，2018，33(6)：635-641.
[9] BEHDANI M，DEHKHODA P，TAVAKOLI A，et al. Modified PO-PO hybrid method for scattering of 2D ship model on the rough sea surface[J]. IET microwaves，antennas and propagation，2019，13(2)：156-162.
[10] BOURLIER C，KUBICKé G，POULIGUEN P. Accelerated computation of the physical optics approximation for near-field single- and double-bounces backscattering[J]. IEEE transactions on antennas and propagation，2019，67(12)：7518-7527.

[11] DJORDJEVIC M, NOTAROS B M. Higher order hybrid method of moments-physical optics modeling technique for radiation and scattering from large perfectly conducting surfaces [J]. IEEE transactions on antennas and propagation, 2005, 53(2): 800-813.

[12] DONG C L, GUO L X, MENG X, et al. An accelerated SBR for EM scattering from the electrically large complex objects[J]. IEEE antennas and wireless propagation letters, 2018, 17(12): 2294-2298.

[13] DONG C L, GUO L X, MENG X. An accelerated algorithm based on GO-PO/PTD and CWMFSM for EM scattering from the ship over a sea surface and SAR image formation[J]. IEEE transactions on antennas and propagation, 2020, 68(5): 3934-3944.

[14] FAN T Q, GUO L X, LV B, et al. An improved backward SBR-PO/PTD hybrid method for the backward scattering prediction of an electrically large target[J]. IEEE antennas and wireless propagation letters, 2016, 15: 512-515.

[15] GHANBARABAD S J H, ASADI Z, MOHTASHAMI V. Adaptive supersampling of rays for accurate calculation of physical optics scattering from parametric surfaces[J]. IEEE antennas and wireless propagation letters, 2018, 17(6): 960-963.

[16] GUO G B, GUO L X. Hybrid time-domain PTD and physical optics contour integral representations for the near-field backscattering problem [J]. IEEE transactions on antennas and propagation, 2019, 67(4): 2655-2665.

[17] HUO J C, XU L, SHI X W, et al. An accelerated shooting and bouncing ray method based on GPU and virtual ray tube for fast RCS prediction[J]. IEEE antennas and wireless propagation letters, 2021, 20(9): 1839-1843.

[18] KASDORF S, TROKSA B, KEY C, et al. Advancing accuracy of shooting and bouncing rays method for ray-tracing propagation modeling based on novel approaches to ray cone angle calculation[J]. IEEE transactions on antennas and propagation, 2021, 69(8): 4808-4815.

[19] KLEMENT D, PREISSNER J, STEIN V. Special problems in applying the physical optics method for backscatter computations of complicated objects[J]. IEEE transactions on antennas and propagation, 1988, 36(2): 228-237.

[20] LEE J I, YUN D J, KIM H J, et al. Fast ISAR image formations over multiaspect angles using the shooting and bouncing rays [J]. IEEE

antennas and wireless propagation letters,2018,17(6):1020-1023.

[21] LING H,CHOU R C,LEE S W.Shooting and bouncing rays:calculating the RCS of an arbitrarily shaped cavity[J].IEEE transactions on antennas and propagation,1989,37(2):194-205.

[22] NIU X D,HE H B,JIN M.Application of ray-tracing method in electromagnetic numerical simulation algorithm[C]//2021 International Applied Computational Electromagnetics Society (ACES-China) Symposium. July 28-31, 2021, Chengdu,China.IEEE,2021:1-2.

[23] JP2PAIRON T, CRAEYE C, OESTGES C. Improved physical optics computation near the forward scattering region: application to 2-D scenarios[J]. IEEE transactions on antennas and propagation, 2021, 69 (1):417-428.

[24] UFIMTSEV P Y. Elementary edge waves and the physical theory of diffraction[J].Electromagnetics,1991,11(2):125-160.

[25] YANG W,KEE C Y,WANG C F.Novel extension of SBR-PO method for solving electrically large and complex electromagnetic scattering problem in half-space[J]. IEEE transactions on geoscience and remote sensing, 2017,55(7):3931-3940.

[26] ZHANG N, WU Y M, HU J, et al. The fast physical optics method on calculating the scattered fields from electrically large scatterers[J].IEEE transactions on antennas and propagation,2020,68(3):2267-2276.

[27] ZHANG N, WU Y M, JIN Y Q, et al. The two-dimensional numerical steepest descent path method for calculating the physical optics scattered fields from different quadratic patches[J].IEEE transactions on antennas and propagation,2020,68(3):2246-2255.

第9章 几何模型

9.1 引言

本章主要介绍了描述目标几何结构的网格，并以平面三角形网格为例，阐述如何用程序实现网格离散。

9.2 平面三角形网格

9.2.1 网格信息介绍

当对三维目标进行表面建模和剖分时，最常采用的是平面三角形网格单元，如图 9-1 所示。一般情况下，对目标进行自动剖分采用商用软件如 ANSYS。然而，商用软件获得的网格信息虽然是完备的，但还有一些信息需要依据已获得的信息进行推导，且这些信息往往对数值算法来说是至关重要的。

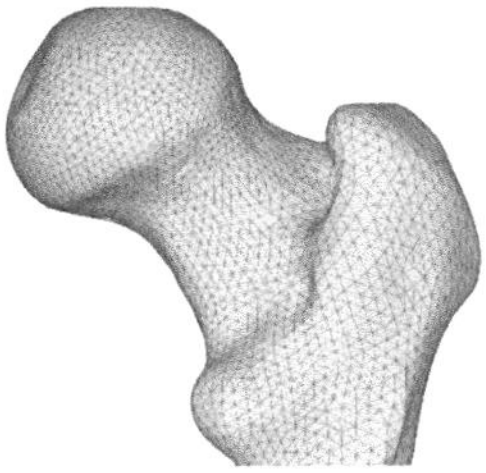

图 9-1 任意结构表面的平面三角形剖分

对于平面三角形网格单元，在保证信息完备的前提下，利用商用软件可以获得至少两个信息：一是节点的坐标；二是三角形单元包含的节点的序号，即三角形与节点之间的关系。下面用 ANSYS 生成的 LIS 文件为例，展示这两种信息的表示方式。

图 9-2(a)中，每一行表示一个三角形单元，第一列是三角形单元的序号，最

```
LIST ALL SELECTED ELEMENTS.  (LIST NODES)

  ELEM MAT TYP REL ESY SEC         NODES

     1   1   1   1   0   1    128    67   127
     2   1   1   1   0   1    188   128   127
     3   1   1   1   0   1    659   670   662
     4   1   1   1   0   1    659   667   670
     5   1   1   1   0   1    635   654   636
     6   1   1   1   0   1    635   653   654
     7   1   1   1   0   1    625   642   605
     8   1   1   1   0   1    625   638   642
     9   1   1   1   0   1    611   643   612
    10   1   1   1   0   1    611   633   643
    11   1   1   1   0   1    579   623   580
    12   1   1   1   0   1    579   609   623
    13   1   1   1   0   1    539   574   540
    14   1   1   1   0   1    539   570   574
    15   1   1   1   0   1    482   520   483
    16   1   1   1   0   1    482   519   520
    17   1   1   1   0   1    402   468   452
    18   1   1   1   0   1    402   403   468
    19   1   1   1   0   1    363   441   364
    20   1   1   1   0   1    363   419   441

  ELEM MAT TYP REL ESY SEC         NODES

    21   1   1   1   0   1    128   188   189
    22   1   1   1   0   1    127   244   188
    23   1   1   1   0   1    127   185   244
    24   1   1   1   0   1     97   185    65
    25   1   1   1   0   1     97   156   185
```

(a) 三角形文本

```
LIST ALL SELECTED NODES.   DSYS=      0
SORT TABLE ON  NODE  NODE  NODE

 NODE       X                   Y                   Z
   1    0.00000000000       0.00000000000       -1.00000000000
   2   -1.00000000000       0.122460635382E-15   0.00000000000
   3   -0.980171403099E-01  0.120032412807E-16  -0.995184726674
   4   -0.195090321977      0.238908847863E-16  -0.980785280411
   5   -0.290284677198      0.355484460113E-16  -0.956940335749
   6   -0.382683432292      0.468636562687E-16  -0.923879532542
   7   -0.471396736677      0.577275438905E-16  -0.881921264428
   8   -0.555570232860      0.680354837155E-16  -0.831469612409
   9   -0.634393284000      0.776882046408E-16  -0.773010453497
  10   -0.707106781026      0.865927456876E-16  -0.707106781347
  11   -0.773010453215      0.946633512578E-16  -0.634393284343
  12   -0.831469612172      0.101822297008E-15  -0.555570233214
  13   -0.881921264236      0.108000638375E-15  -0.471396737036
  14   -0.923879532416      0.113138874556E-15  -0.382683432594
  15   -0.956940335656      0.117187521527E-15  -0.290284677507
  16   -0.980785280348      0.120107588605E-15  -0.195090322293
  17   -0.995184726643      0.121870953947E-15  -0.980171406306E-01
  18    0.00000000000       0.00000000000        1.00000000000
  19   -0.995184726674      0.121870953951E-15   0.980171403098E-01
  20   -0.980785280411      0.120107588613E-15   0.195090321978

 NODE       X                   Y                   Z
  21   -0.956940335748      0.117187521539E-15   0.290284677202
  22   -0.923879532536      0.113138874571E-15   0.382683432305
  23   -0.881921264380      0.108000638393E-15   0.471396736767
  24   -0.831469612337      0.101822297028E-15   0.555570232969
  25   -0.773010453398      0.946633512802E-16   0.634393284121
  26   -0.707106781227      0.865927457122E-16   0.707106781146
```

(b) 节点文本

图 9-2　三角形网格 LIS 文件格式

后三列是三角形单元顶点的全局序号，中间的数据在这里暂不考虑。图 9-2(b)中，每一行表示的是一个节点，第一列是节点的序号，紧接着三列分表表示节点的全局 x、y、z 坐标。可以很容易看出，这两个文件可以唯一确定一个三维目标。为了实现 LIS 函数数据的读取，我们用 C++语言建立一个 Mesh 类，来实现对三角形网格数据的操作。Mesh 类的定义程序可扫描如下二维码获得。

Mesh 类中，定义了各类变量、指针或数组来保存三角形网格中点、线、面的信息。可以通过一段读写文件的函数，来实现对存储网格数据的文件(如 LIS 文件)进行读取，并将三角形数据保存在相应的数据结构中。文件读写的操作这里就不详细介绍，大家可以去查阅相关的程序基础教材。

三角形网格数据被读取进来后，往往只保存了点和面的信息，缺乏边的信息，因此需要对读入的信息进行预处理。对平面三角形网格单元进行预处理，目的就是要从节点坐标、三角形包含哪些节点等中推导出以下信息：三角形面积、三角形中点、三角形外法线、三角形包含哪些内边、三角形包含哪些边界边、内边从属哪些三角形、边界边从属哪些三角形、内边顶点的全局序号、边界边顶点的全局序号、边长等。这些信息可以分为三类：① 三角形的信息；② 边的信息；③ 三角形和边之间的联系。为了能够获取这些信息，就必须研究相应的预处理算法和编写相应的预处理程序。

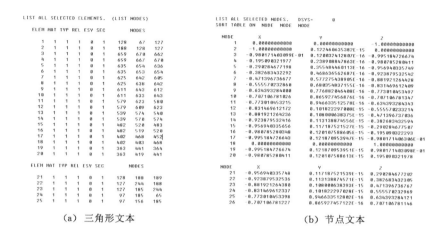

在详细讲解预处理程序的原理和步骤之前，先阐述一下 Mesh 类中变量、指针和数组的命名：num_Ver 用来存储节点的个数，Ver 用来存储节点的坐标，num_Tri 用来存储三角形单元的个数，TriVer 用来存储三角形包含了哪几个点，TriEdgeI 用来存储三角形包含了哪几条边，TriNor 用来表示三角形对应的单位外法向量，TriArea 用来表示三角形的面积，num_EdgeI 用来表示内边个数，EdgeITri 用来表示内边对应哪两个三角形，EdgeIVer 用来表示内边对应哪两个节点，EdgeILen 用来表示内边的边长，边界边 EdgeIB 对应的命名参考内边 EdgeI。

9.2.2 三角形信息获取

如图 9-3 所示，假设三角形三个顶点的坐标分别为(x_1,y_1,z_1)、(x_2,y_2,z_2)和(x_3,y_3,z_3)，三角形三条边的边长为 l_1、l_1 和 l_3，且存在关系：

$$l_1=\sqrt{(x_3-x_2)^2+(y_3-y_2)^2+(z_3-z_2)^2} \tag{9-1}$$

$$l_2=\sqrt{(x_1-x_3)^2+(y_1-y_3)^2+(z_1-z_3)^2} \tag{9-2}$$

$$l_3=\sqrt{(x_2-x_1)^2+(y_2-y_1)^2+(z_2-z_1)^2} \tag{9-3}$$

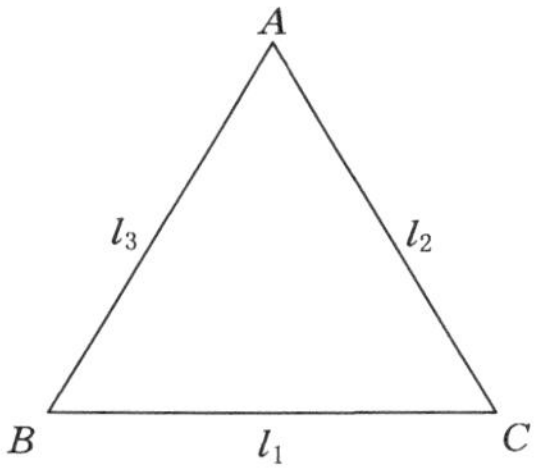

图 9-3　三角形网格单元示意图

根据三角形面积公式

$$S=\sqrt{l(l-l_1)(l-l_2)(l-l_3)} \tag{9-4}$$

可以直接计算出三角形的面积。

三角形的中点公式为：

$$\begin{pmatrix} x_c \\ y_c \\ z_c \end{pmatrix}=\frac{1}{3}\begin{pmatrix} x_1+x_2+x_3 \\ y_1+y_2+y_3 \\ z_1+z_2+z_2 \end{pmatrix} \tag{9-5}$$

三角形的外法线则按照顶点逆时针顺序，依据右手螺旋法则来定义。计算时需要先选择三角形的两条边，在这里不失一般性，选择 l_1 和 l_2。这两条边的矢量为：

$$\boldsymbol{I}_1=\begin{bmatrix}x_3-x_2\\y_3-y_2\\z_3-z_2\end{bmatrix},\quad \boldsymbol{I}_2=\begin{bmatrix}x_1-x_3\\y_1-y_3\\z_1-z_3\end{bmatrix}\tag{9-6}$$

则单位外法线定义为：

$$\hat{\boldsymbol{n}}=\frac{\boldsymbol{I}_1\times\boldsymbol{I}_2}{|\boldsymbol{I}_1\times\boldsymbol{I}_2|}\tag{9-7}$$

只要三角形的面积不为零或无限接近于零，计算外法线的公式就不会出现奇异。如果需要计算单位内法线，则只需要在单位外法线公式前面加一个负号。

9.2.3 边信息获取

边分为内边(EdgeI)和边界边(EdgeB)。对于闭合结构目标来说只有内边，此时内边的数量和三角形的数量之比为 3 ∶ 2；对于开放结构目标来说，则既有内边又有边界边。这里仅以内边的获取为例，说明边信息的获取步骤。

边信息的获取比较复杂，主要思路是：首先建立一个存放边的二维数组 EdgeIVer，该数组表示边的节点的全局序号，即某条边包含了哪两个节点；然后遍历每个三角形，依次在每个三角形单元中分别取出三条边，并检查是否与之前已经选取的边有重复，如果没有重复，则放入数组 EdgeIVer；当所有边都保存完毕之后，则将数组 EdgeIVer 中的边分为内边和边界边分别存放。下面详细阐述这个过程。

边的初始化主要包括三个步骤：① 寻找边并建立边的数据结构；② 区分内边和边界边；③ 计算边长。

为了建立边的数据结构，必须要统计计算三角形包含哪三条边和一条边与哪些三角形相邻(内边与两个三角形相邻，边界边只与一个三角形相邻)。为了实现这个过程，我们采用列表结构来快速实现这个过程。首先定义 4 个数组分别为：TriEdegeI、Order、EdgeIVer1 和 EdgeITri1。它们的定义如下：

integer TriVer(nTri,3)：二维数组，记录三角形包含哪三条边。

integer Order(nTri * 3)：一维数组，记录边的顺序。

integer EdgeIVer1(nTri * 3,2)：二维数组，记录边包含哪两个节点。

integer EdgeITri1(nTri * 3,2)：二维数组，记录边与哪两个三角形相邻。

如果是内边，则两个值分别为两个三角形的序号；如果是边界边，则其中一个值为三角形序号，另一个值为 0。

下面讨论建立边的数据结构的主要思路。对所有的三角形循环，当考察第 i 个三角形时，依次考察该三角形包含的三条边，并将当前考察的边视为可能增加的新边。如此一来，当前考察边是否与之前存储的边有重复，成为算法的关键。假定当前已经存储了 nEdgeI 条不同的边，则将当前边与之前的 nEdgeI 条边比较，如果没有相同的，则该边是新边，应当将当前边加入边的数据结构中，并令 nEdgeI++，同时更新 TriEdgeI、EdgeIVer1 和 EdgeITri1，否则，仅仅更新 TriEdgeI 和 EdgeITri1。

为了降低边与边比较的计算复杂度，则引入 Order 这个排序数组来减少边与边的比较次数，Order 既可用升序也可用降序。每次出现可能增加的新边时，则用二分法在 Order 数组中查找当前这条边所在的位置，然后比较前后是否有相同的边，如果没有相同的边，则说明该边是新边，反之则是旧边。经过查找过程，可以迅速得到边的数据结构，然后将 EdgeIVer1 和 EdgeITri1 中的数据转移到 EdgeIVer 和 EdgeITri 中即可。最终的数组定义如下：

integer EdgeIVer(nEdgeI,2)：二维数组，记录边包含哪两个节点。

integer EdgeITri(nEdgeI,2)：二维数组，记录边与哪两个三角形相邻。如果是内边，则两个值分别为两个三角形的序号；如果是边界边，则其中一个值为三角形序号，另一个值为 0。

接下来的任务就是区分内边和边界边，并实现边界数据结构的建立。首先建立两个临时数组：

integer EdgeBVer1(nLine,2)：二维数组，记录边界边包含哪两个节点。

integer EdgeBTri1(nLine,2)：二维数组，记录边界边与哪个三角形相邻。

接下来这个过程比较简单，只要利用数组 EdgeITri。主要思路是：对所有的边循环，对于任意一条边，如果该边与两个三角形相邻，则该边是内边，不需要任何操作；如果该边只与一个三角形相邻，则该边是边界边，此时 nEdgeI−−，并令 nEdgeB++，更新 EdgeBVer1 和 EdgeBTri1。循环结束后，将 EdgeBVer1 和 EdgeBTri1 中的数据转移到 EdgeBVer 和 EdgeBTri 中即可。最终的数组定义如下：

integer EdgeBVer1(nEdgeB,2)：二维数组，记录边界边包含哪两个节点。

integer EdgeBTri1(nEdgeB,2)：二维数组，记录边界边与哪个三角形相邻。

对于边的初始化，最后一步就是计算边长。边长的计算公式为：

$$L_{ij}=|\boldsymbol{N}_j-\boldsymbol{N}_i| \tag{9-8}$$

式中，L_{ij} 为边 ij 的边长；$\boldsymbol{N}_i$、$\boldsymbol{N}_j$ 为节点 i、j 的位置矢量。

对三角形网格初始化的参考代码可扫描如下二维码获得。

9.2.4 网格细分

在数值仿真的时候，往往需要对现有网格再进行细分。对于三角形网格来说，一般合理的细分方案是将 1 个三角形细分为 4 个相似三角形，如图 9-4 所示。这种细分方案可以保证每个细分后的三角形与原三角形相似，且避免出现非常狭长的三角形。

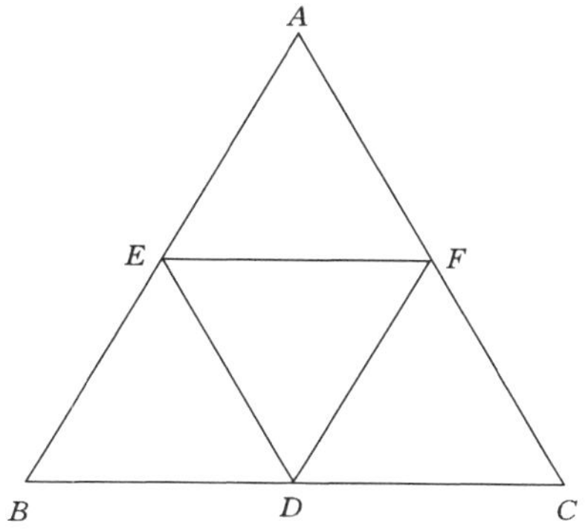

图 9-4 三角形网格细分示意图

在网格细分过程中，每次要取三角形中每条边的中点，并配合原本三角形的 3 个顶点，来组合成 4 个新三角形。因此，每次细分都要先对网格进行初始化，获取边的信息，然后再进行细分。细分结束后，再进行初始化。

三角形网格细分的参考代码可扫描如下二维码获得。

9.3 简单几何体的平面三角形网格

9.3.1 矩形盘

创建矩形盘的平面三角形网格划分比较简单。首先，假定矩形的长和高分别为 length 和 height，并定义对矩阵的长和高分别平均划分为 nLength 和 nHeight 段，从而将整个长方形划分为 nLength × nHeight 个小长方形。其次，对长和高两个方向遍历，对遍历中的每个小长方形进行操作，将每个小长方形划分为两个三角形。最后，记录所有三角形信息并预处理，即可获得矩形盘的平面三角形网格剖分数据。

在遍历时，小长方形分解为两个三角形有两种情形：一是所有划分都按照同一个方向；二是相邻划分沿着不同方向，如图 9-5 所示。

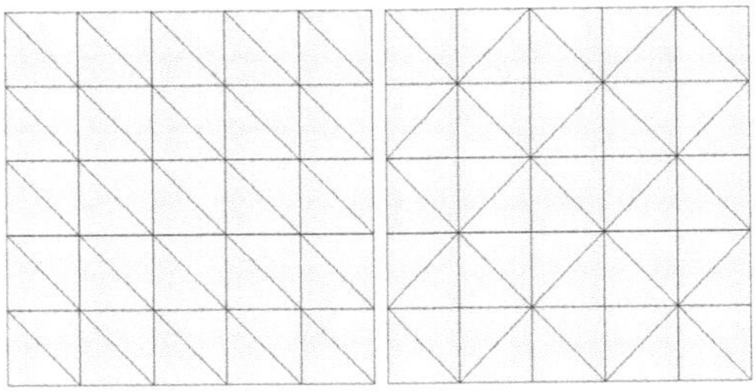

(a) 同向剖分　　(b) 对称剖分

图 9-5　采用平面三角形剖分矩形盘

矩形盘几何建模的参考程序可扫描如下二维码获得。

9.3.2　圆盘

创建圆盘的平面三角形网格划分比较复杂，主要思路是按照 ρ 方向从内向外一层一层地填充三角形单元。第一层有 6 个三角形，第二层有 18 个三角形，直到第 n 层有 $3n$ 个三角形。

首先，给出初始形状，如图 9-6(a)所示，定义 7 个节点和 6 个三角形。初始定义三角形个数为 6 的原因是保证每个三角形都是等边三角形，可以使得网格剖分比较均匀。其次，初始形状的外面增加一层，规则是本层每个三角形向外伸展 3 个三角形，如图 9-6(b)所示。再次，继续向外延伸，直到达到规定的层数为止。最后，记录所有三角形信息并预处理，即可获得矩形盘的平面三角形网格剖分数据。

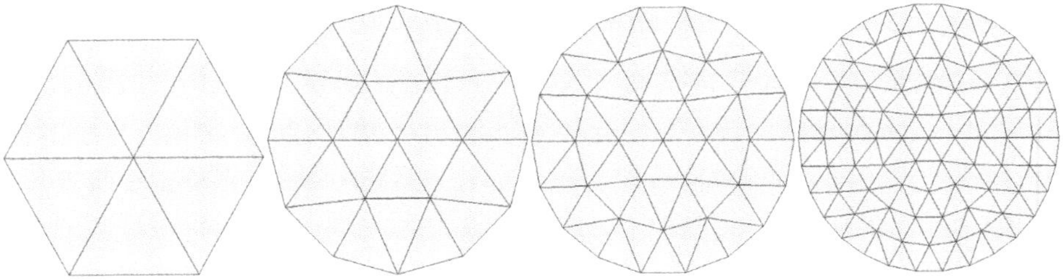

(a) 1层　　(b) 2层　　(c) 3层　　(d) 5层

图 9-6　采用平面三角形剖分圆盘

向外延伸的过程中，首先要确定外层的节点坐标，然后依据节点坐标构造对应的三角形即可。

圆盘几何建模的参考程序可扫描如下二维码获得。

9.3.3 球体

创建球的平面三角形网格划分，需要对球进行一个预划分，即初始网格。一般来说，要求初始网格尽可能都是等边三角形。由于对球体剖分最多只能保证 20 个等边三角形，因此，初始网格最多是 20 个三角形单元。这里列举三种初始网格，三角形个数分别为 4、8 和 20，如图 9-7 所示。

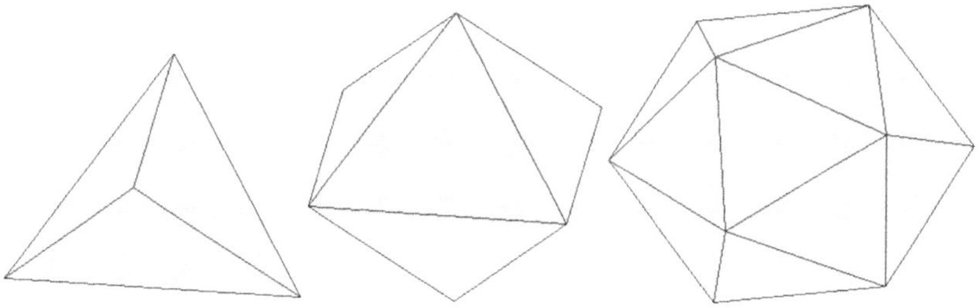

(a) 四面体　(b) 八面体　(c) 二十面体

图 9-7　球体初始网格

当三角形个数为 4 时，顶点个数为 4，初始网格是一个四面体。相应参数为：

Node(1,1) = sqrt(3.0)/3.0; Node(1,2) = sqrt(3.0)/3.0; Node(1,3) = sqrt(3.0)/3.0

Node(2,1) = − sqrt(3.0)/3.0; Node(2,2) = − sqrt(3.0)/3.0; Node(2,3) = sqrt(3.0)/3.0

Node(3,1) = − sqrt(3.0)/3.0; Node(3,2) = sqrt(3.0)/3.0; Node(3,3) = − sqrt(3.0)/3.0

Node(4,1) = sqrt(3.0)/3.0; Node(4,2) = − sqrt(3.0)/3.0; Node(4,3) = − sqrt(3.0)/3.0

TriNode(1,1)=1;TriNode(1,2)=2;TriNode(1,3)=3

TriNode(2,1)=1;TriNode(2,2)=3;TriNode(2,3)=4

TriNode(3,1)=1;TriNode(3,2)=4;TriNode(3,3)=2

TriNode(4,1)=2;TriNode(4,2)=3;TriNode(4,3)=4

当三角形个数为 8 时，顶点个数为 6，初始网格是一个八面体。相应参数为：

Node(1,1)=0.0;Node(1,2)=0.0;Node(1,3)=1.0

Node(2,1)=0.0;Node(2,2)=0.0;Node(2,3)=−1.0

Node(3,1)=1.0;Node(3,2)=0.0;Node(3,3)=0.0

Node(4,1)=0.0;Node(4,2)=1.0;Node(4,3)=0.0

Node(5,1)=−1.0;Node(5,2)=0.0;Node(5,3)=0.0

Node(6,1)=0.0;Node(6,2)=−1.0;Node(6,3)=0.0

TriNode(1,1)=1;TriNode(1,2)=3;TriNode(1,3)=4

TriNode(2,1)=1;TriNode(2,2)=4;TriNode(2,3)=5

TriNode(3,1)=1;TriNode(3,2)=5;TriNode(3,3)=6

TriNode(4,1)=1;TriNode(4,2)=6;TriNode(4,3)=3

TriNode(5,1)=2;TriNode(5,2)=4;TriNode(5,3)=3

TriNode(6,1)=2;TriNode(6,2)=5;TriNode(6,3)=4

TriNode(7,1)=2;TriNode(7,2)=6;TriNode(7,3)=5

TriNode(8,1)=2;TriNode(8,2)=3;TriNode(8,3)=6

当三角形个数为 20 时，顶点个数为 12，初始网格是一个二十面体。相应参数为：

tau=0.850 650 808 4;

one=0.525 731 112 1;

! t=(1+sqrt(5))/2,tau=t/sqrt(1+t^2),one=1/sqrt(1+t^2)

Node(1,1)=tau;Node(1,2)=one;Node(1,3)=0.0

Node(2,1)=−tau;Node(2,2)=one;Node(2,3)=0.0

Node(3,1)=−tau;Node(3,2)=−one;Node(3,3)=0.0

Node(4,1)=tau;Node(4,2)=−one;Node(4,3)=0.0

Node(5,1)=one;Node(5,2)=0.0;Node(5,3)=tau

Node(6,1)=one;Node(6,2)=0.0;Node(6,3)=−tau

Node(7,1)=−one;Node(7,2)=0.0;Node(7,3)=−tau

```
Node(8,1)=-one;Node(8,2)=0.0;Node(8,3)=tau
Node(9,1)=0.0;Node(9,2)=tau;Node(9,3)=one
Node(10,1)=0.0;Node(10,2)=-tau;Node(10,3)=one
Node(11,1)=0.0;Node(11,2)=-tau;Node(11,3)=-one
Node(12,1)=0.0;Node(12,2)=tau;Node(12,3)=-one
TriNode(1,1)=1;TriNode(1,2)=5;TriNode(1,3)=4
TriNode(2,1)=1;TriNode(2,2)=4;TriNode(2,3)=6
TriNode(3,1)=2;TriNode(3,2)=3;TriNode(3,3)=8
TriNode(4,1)=2;TriNode(4,2)=7;TriNode(4,3)=3
TriNode(5,1)=5;TriNode(5,2)=9;TriNode(5,3)=8
TriNode(6,1)=5;TriNode(6,2)=8;TriNode(6,3)=10
TriNode(7,1)=6;TriNode(7,2)=11;TriNode(7,3)=7
TriNode(8,1)=6;TriNode(8,2)=7;TriNode(8,3)=12
TriNode(9,1)=9;TriNode(9,2)=1;TriNode(9,3)=12
TriNode(10,1)=9;TriNode(10,2)=12;TriNode(10,3)=2
TriNode(11,1)=10;TriNode(11,2)=3;TriNode(11,3)=11
TriNode(12,1)=10;TriNode(12,2)=11;TriNode(12,3)=4
TriNode(13,1)=1;TriNode(13,2)= 9;TriNode(13,3)=5
TriNode(14,1)=2;TriNode(14,2)= 8;TriNode(14,3)=9
TriNode(15,1)=3;TriNode(15,2)=10;TriNode(15,3)=8
TriNode(16,1)=4;TriNode(16,2)=5;TriNode(16,3)=10
TriNode(17,1)=1;TriNode(17,2)=6;TriNode(17,3)=12
TriNode(18,1)=2;TriNode(18,2)=12;TriNode(18,3)=7
TriNode(19,1)=3;TriNode(19,2)=7;TriNode(19,3)=11
TriNode(20,1)=4;TriNode(20,2)=11;TriNode(20,3)=6
```

有了初始网格之后，就可以采用对初始网格细分的方式构造球的网格划分。如图 9-8(a)所示，假设球的半径为 r。首先，在球体表面构造八面体的初始网格。其次，依次对每个三角形细分一次，每个三角形会分为 4 个小三角形。与上文提到的细分方法类似，不同之处在于：新产生的节点不在三角形上，而是在球体表面。再次，继续细分，直至达到规定的层数为止。最后，记录所有三角形信息并预处理，即可获得矩形盘的平面三角形网格剖分数据。

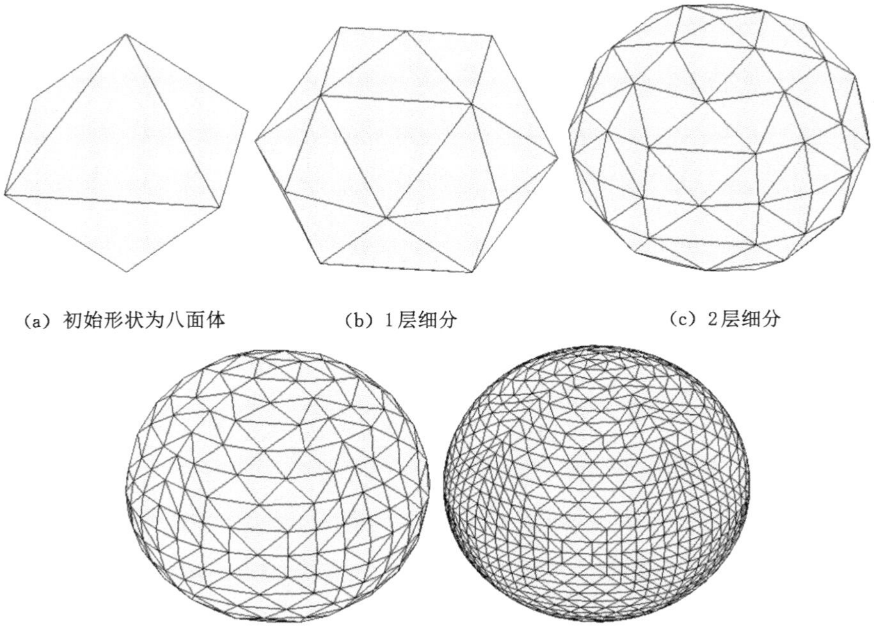

(a) 初始形状为八面体　(b) 1层细分　(c) 2层细分

(e) 3层细分　(f) 4层细分

图 9-8　采用平面三角形剖分球体表面

球体几何建模的参考代码可扫描如下二维获得。

9.3.4　圆柱体

圆柱体包括上、下底面和一个侧面，因此在生成的时候也就是依次生成三个面，然后对面与面的连接处做一些特殊处理。假定需要生成的圆柱的高为 h，底面半径为 a，底面平行于 x-y 平面，下底面的中心为坐标原点，具体步骤如下：

第一步，确定剖分的最小尺寸 Δ，一般设置为波长的十分之一。

第二步，根据 Δ 的值，确定底面三角形剖分的层数 n 和侧面三角形剖分的层数 m。根据圆盘三角形网格生成方法，底面最外圈三角形的个数为 $6n$，为了让三角形的边长不大于 Δ，则剖分的层数 n 的计算公式为：

$$n = \mathrm{int}\left(\frac{2\pi a}{6\Delta}\right) = \mathrm{int}\left(\frac{\pi a}{3\Delta}\right) \tag{9-9}$$

同样为了保证侧面三角形的边长不大于 Δ，则侧面的高度剖分间隔不能大于$\frac{\sqrt{3}}{2}\Delta$，则侧面剖分的层数 m 的计算公式为：

$$m = \mathrm{int}\left(\frac{2h}{\sqrt{3}\,\Delta}\right) \tag{9-10}$$

第三步，根据 n 的值，按照圆盘的生成算法生成上、下底面。在生成下底面的三角形网格时，要注意法方向。由于下底面法方向朝下，因此在生成三角形的时候，节点顺序与生成上表面时节点顺序相反。

第四步，根据 m 的值，按照矩形盘的生成算法生成侧面。这里与上文所述的生成算法有一些区别，主要在于相邻两行节点不是垂直对齐，而是相互交错的。比如上一行节点的坐标为(x_1, y_1, z)，(x_2, y_2, z)，…，(x_{6n}, y_{6n}, z)，那么下一行节点的坐标则为：

$$x_i^{(j)} = \frac{x_i^{(j-1)} + x_{i+1}^{(j-1)}}{2}, y_i^{(j)} = \frac{y_i^{(j-1)} + y_{i+1}^{(j-1)}}{2}, z_i^{(j)} = z_i^{(j-1)} - \frac{h}{m} \tag{9-11}$$

根据上述步骤，生成一个底面半径为 1 m，高度为 10 m，剖分密度为 0.5 m 的圆柱，如图 9-9 所示。

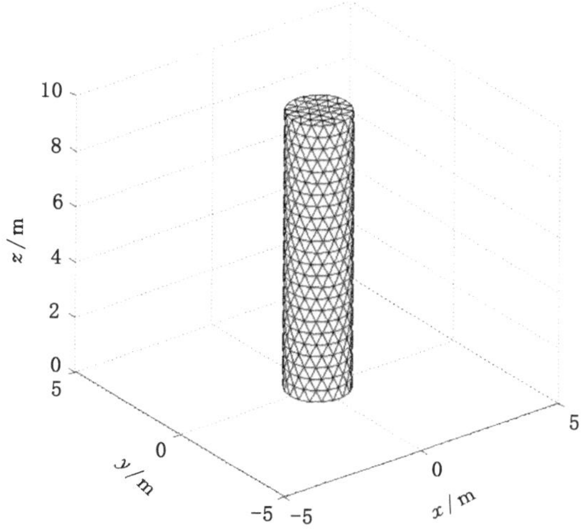

图 9-9 采用平面三角形剖分圆柱表面

圆柱几何建模的参考代码可扫描如下二维码获得。

9.4 随机粗糙面的平面三角形网格

9.4.1 基本概念

所谓粗糙表面，是指该平面的高度起伏 $f(x)$ 对于任意 $x_1, x_2, \cdots, x_n$，如果随机变量 $f(x_1), f(x_2), \cdots, f(x_n)$ 服从某种联合概率分布，则 $f(x)$ 是一个随机过程，其能量谱密度 $\Phi(\omega)$ 与频谱 $F(\omega)$ 存在如下关系：

$$W(\omega) = \left| \frac{1}{\sqrt{2\pi}} \sum_{n=-\infty}^{\infty} f(n) \mathrm{e}^{-j\omega n} \right|^2 = \frac{F(\omega) F^*(\omega)}{2\pi} \tag{9-12}$$

于是可以得到频谱的表达式为：

$$F(\omega) = \sqrt{2\pi W(\omega)} \tag{9-13}$$

利用频谱的表达式可以求出粗糙面的高度起伏。

9.4.2 谱 FFT 算法构造随机粗糙面

（1）一维随机粗糙面

假设描述一维随机粗糙面高度起伏的离散函数为 $f(n)$，其中 $n=0,1,2,\cdots$。根据能量谱密度 Φ 与频谱 F 的关系，可以得到：

$$f(n) = \frac{1}{N} \sum_{k=0}^{N-1} \sqrt{2\pi W(k)}\, \mathrm{e}^{j\frac{2\pi}{N}nk} \tag{9-14}$$

通过这个关系，只要知道粗糙面高度起伏的能量谱密度函数，就可以很容易地利用 IFFT 来获得该随机粗糙面的高度起伏 $f(n)$。具体步骤为：

第一步，确定需要生成的随机粗糙面的表面长度 L 和离散间隔 Δx。

第二步，生成两组服从标准正态分布的随机数，$r_{1,0}, r_{1,1}, \cdots, r_{1,N-1}$ 和 $r_{2,0}, r_{2,1}, \cdots, r_{2,N-1}$，第一组用于构造随机复数的实部，第二组用于构造随机复数的虚部。

第三步，根据谱密度函数 Φ 和高斯随机数计算随机粗糙面的频谱 F，公式为：

$$F(k) = c_k F\left(\frac{\pi k}{L}\right) = \begin{cases} c_k \sqrt{2\pi W\left(\dfrac{\pi k}{L}\right)} & c_k \in \mathrm{R} \\ c_k \sqrt{\pi W\left(\dfrac{\pi k}{L}\right)} & c_k \in \mathrm{C} \end{cases} \tag{9-15}$$

第四步，利用 IFFT 计算粗糙面高度起伏：

$$f(n)=\frac{1}{N}\sum_{k=0}^{N-1}F(k)\mathrm{e}^{j\frac{2\pi}{N}nk} \tag{9-16}$$

由于高度起伏 $f(n)$ 是实数，使得 IFFT 的结果必须是实数。根据离散傅里叶变换的性质，要使得 IFFT 的结果为实数，则频谱必须满足对称性。由于谱密度函数是实数且关于 $x=0$ 对称，所以，只要让随机数满足对称性即可。因此，高斯随机数的构造需要满足：

① 随机数关于 $x=0$ 共轭对称。

② 如果 N 为偶数，则 c_0 为实数，其余为复数。

在实际应用中，由于 FFT 的操作默认对实际序列进行了截断，造成一定误差，因此，要生成长度为 L 的粗糙面，正确的做法是首先生成长度为 $3L$ 的粗糙面，然后再截取中间 L 长度的粗糙面作为最后的结果。

(2) 二维随机粗糙面

假设描述二维随机粗糙面高度起伏的离散函数为 $f(m,n)$，其中 $m,n=0,1,2,\cdots$。根据能量谱密度 Φ 与频谱 F 的关系，可以得到：

$$f(m,n)=\frac{1}{MN}\sum_{k=0}^{M-1}\sum_{k=0}^{N-1}\sqrt{2\pi W(k,l)}\,\mathrm{e}^{j\frac{2\pi}{M}mk}\,\mathrm{e}^{j\frac{2\pi}{N}nl} \tag{9-17}$$

通过这个关系，只要知道粗糙面高度起伏的能量谱密度函数，就可以很容易地利用二维 IFFT 来获得该随机粗糙面的高度起伏 $f(m,n)$。具体步骤为：

第一步，确定需要生成的随机粗糙面的表面长度 L_x、L_y 和离散间隔 Δx、Δy。

第二步，生成两组服从标准正态分布的随机数，$r_{1,0},r_{1,1},\cdots,r_{1,MN-1}$ 和 $r_{2,0},r_{2,1},\cdots,r_{2,MN-1}$，第一组用于构造随机复数的实部，第二组用于构造随机复数的虚部。

第三步，根据谱密度函数 Φ 和高斯随机数计算随机粗糙面的频谱 F，公式为：

$$F(k,l)=c_kF\left(\frac{\pi k}{L_x},\frac{\pi l}{L_y}\right)=\begin{cases}c_{kl}\sqrt{2\pi W\left(\dfrac{\pi k}{L_x},\dfrac{\pi l}{L_y}\right)} & c_{kl}\in \mathrm{R}\\ c_{kl}\sqrt{\pi W\left(\dfrac{\pi k}{L_x},\dfrac{\pi l}{L_y}\right)} & c_{kl}\in \mathrm{C}\end{cases} \tag{9-18}$$

第四步，利用 IFFT 计算粗糙面高度起伏：

$$f(m,n)=\frac{1}{M}\frac{1}{N}\sum_{k=0}^{M-1}\sum_{l=0}^{N-1}F(k,l)\mathrm{e}^{j\frac{2\pi}{M}mk}\mathrm{e}^{j\frac{2\pi}{N}nl} \tag{9-19}$$

由于高度起伏 $f(m,n)$是实数,使得 2D-IFFT 的结果必须是实数。根据离散傅里叶变换的性质,要使得 2D-IFFT 的结果为实数,则频谱必须满足对称性。由于谱密度函数是实数且关于 $x=0,y=0$ 对称,所以,只要让随机数满足对称性即可。因此,高斯随机数的构造需要满足:

① 随机数关于 $x=0,y=0$ 共轭对称。

② $c_{0,0}$为实数,第一行和第一列满足共轭对称。

③ 如果 M 为偶数,则 $c_{M/2,0}$为实数,第 $M/2$ 行满足共轭对称。

④ 如果 N 为偶数,则 $c_{0,N/2}$为实数,第 $N/2$ 列满足共轭对称。

⑤ 如果 M 和 N 均为偶数,则 $c_{M/2,N/2}$为实数。

在实际应用中,由于 FFT 的操作默认对实际序列进行了截断,造成一定误差。因此,要生成面积为 $L_x\times L_y$ 的粗糙面,正确的做法是生成面积为 $3L_x\times 3L_y$ 的粗糙面,然后再截取中间 $L_x\times L_y$ 面积的粗糙面作为最后的结果。

9.4.3 高斯随机粗糙面

一维高斯随机粗糙面能量谱密度 $W(k)$形式如下:

$$W(k)=\frac{h^2 l}{2\sqrt{\pi}}\exp\left(-\frac{k^2 l^2}{4}\right) \tag{9-20}$$

式中,h 为相关长度;l 为 RMS 长度。

一维高斯谱函数如图 9-10 所示。从图中可以看出,高斯谱表征了低频能量占主要部分,能量随着频率的增加逐渐趋于 0。

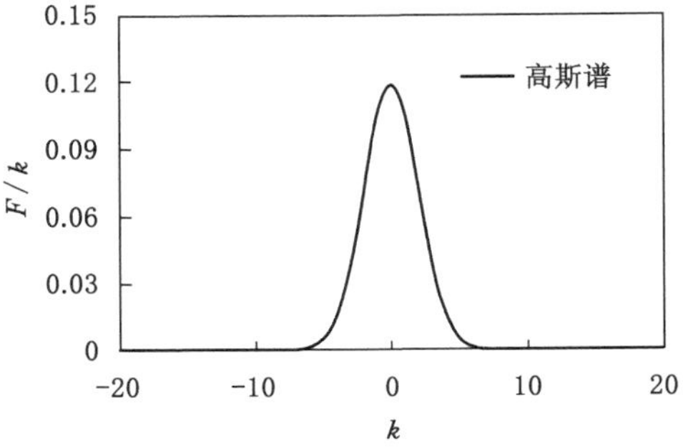

图 9-10 一维高斯谱密度函数

二维高斯谱密度函数 $W(k_x, k_y)$ 可以写为如下形式：

$$W(k_x, k_y) = \frac{h^2 l_x l_y}{4\pi} \exp\left(-\frac{k_x^2 l_x^2 + k_y^2 l_y^2}{4}\right) \tag{9-21}$$

式中，h 为相关长度；l_x 和 l_y 为 RMS 长度。

生成的能量谱密度 W 是一组固定的数列，直接进行逆傅里叶变换得到的数列也是固定的，不具有随机性，因此进行逆傅里叶变换之前需要乘上服从标准正态分布的随机数 $N(0,1)$，以保证粗糙面的随机性。服从正态分布的随机数由 Box-Muller 方法生成。

在构造高斯随机粗糙面时，两个重要的参数就是均方根高度 h 和相关长度 RMS，这两个参数决定了所构造的高斯随机粗糙面的高低起伏和光滑程度。在实际应用中需要根据不同情况设置不同参数，来生成符合需求的模型。下面对高斯随机粗糙面进行参数及结果的分析。

固定 RMS 不变，$l_x = 0.5$，$l_y = 0.5$，观察改变 h 值造成的影响。从图 9-11 中可以看出，当 h 逐渐从 $h = 0.5$，$h = 1.0$ 变成 $h = 2.0$ 时，粗糙面的起伏变化也逐渐越来越剧烈。可见 h 的改变影响了高斯粗糙面的起伏剧烈程度。

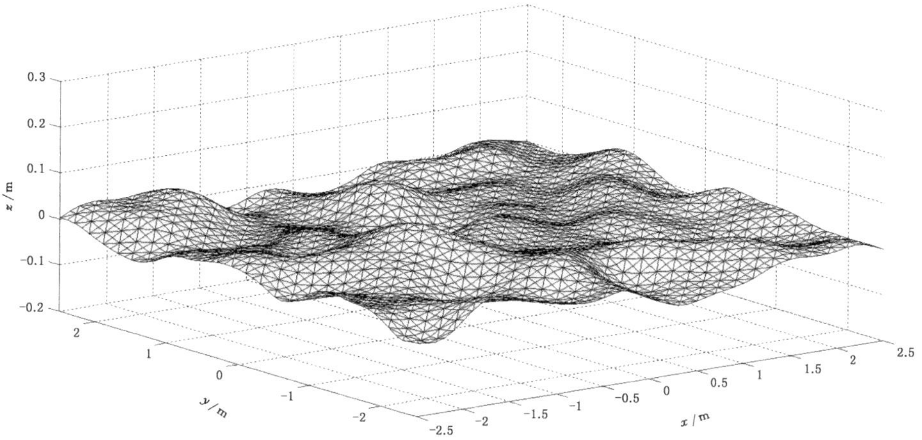

(a) $h = 0.5$

图 9-11　高斯随机粗糙面

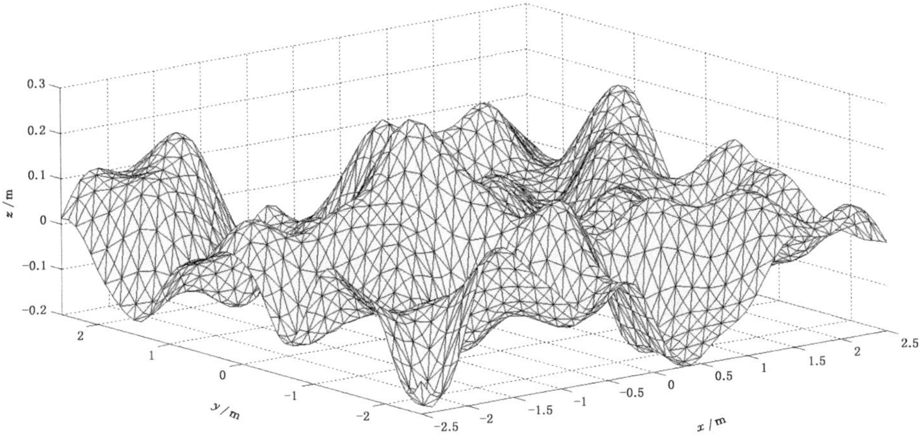

(c) $h=2.0$

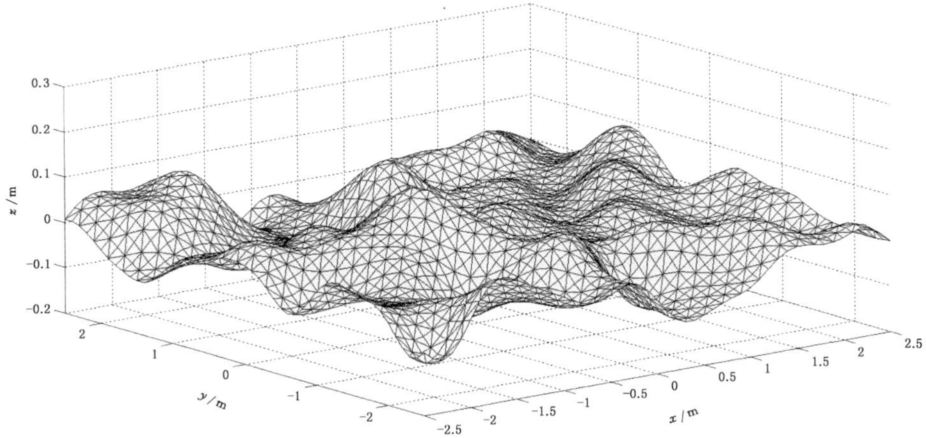

(b) $h=1.0$

图 9-11 (续)

固定 h 不变($h=1.0$)，观察改变 RMS 值 l_x 和 l_y 造成的影响。从图 9-12 中可以看出，当 l_x 和 l_y 逐渐从 $l_x=0.1$，$l_y=0.1$ 增大为 $l_x=0.5$，$l_y=0.5$，并进而增大到 $l_x=1.0$，$l_y=1.0$ 时，粗糙面的起伏变化越来越平滑。可见 RMS 值的改变影响了高斯粗糙面的表面平滑程度。

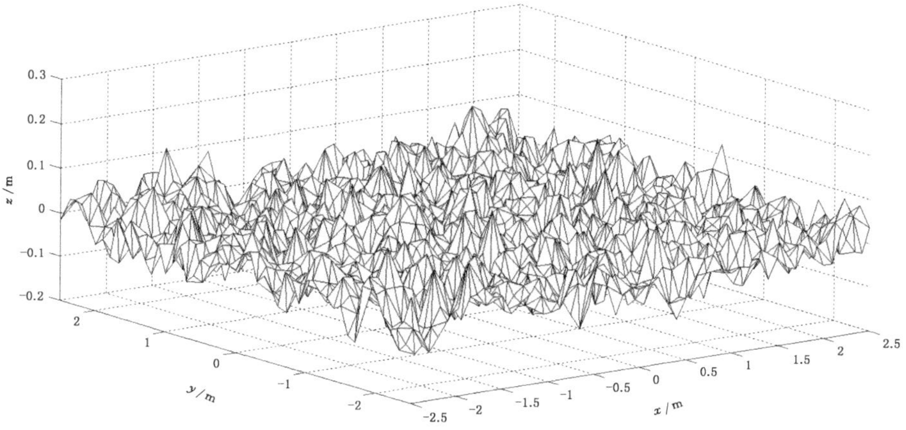

(a) $L_x=0.1$，$L_y=0.1$

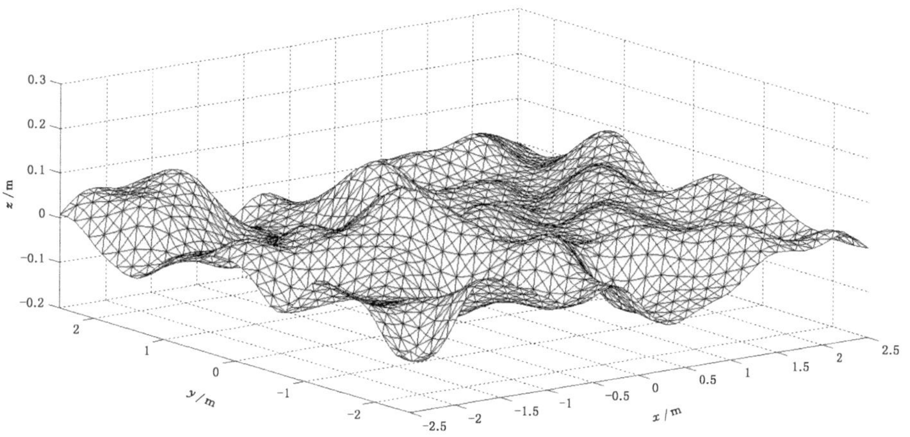

(b) $L_x=0.5$，$L_y=0.5$

图 9-12　高斯随机粗糙面

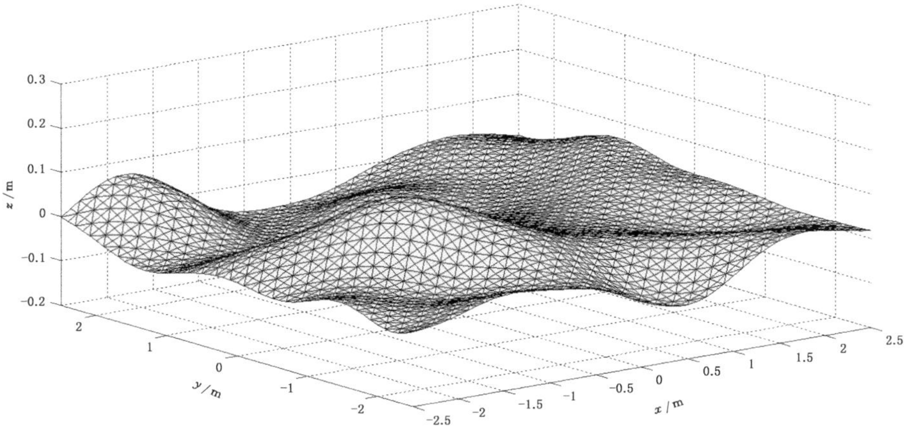

(c) $L_x=1.0, L_y=1.0$

图 9-12 (续)

9.5 本章小结

平面三角形网格是面积分方程中常用来描述目标结构的网格，与 RWG 基函数配合使用非常方便。在网格实现过程中，主要采用 CAD 软件生成网格，并编写接口函数实现数据的输入和输出。